ENCYCLOPÉDIE-RORET.

NOUVEAU MANUEL

DU

CORDIER.

AVIS.

Le mérite des ouvrages de l'*Encyclopédie-Roret* leur a valu les honneurs de la traduction, de l'imitation et de la contrefaçon. Pour distinguer ce volume, il portera, à l'avenir, la *véritable* signature de l'éditeur.

MANUELS-RORET.

NOUVEAU MANUEL

DU

CORDIER,

CONTENANT

L'HISTOIRE ET LA CULTURE DE TOUTES LES PLANTES TEXTILES;
LES DIVERSES MÉTHODES DE ROUISSAGE ET D'EXTRACTION
DE LA FILASSE; LA FABRICATION DE TOUTES SORTES DE
CORDES; ETC., ETC.

*Publié d'après les procédés nouveaux employés dans les fabriques
les plus renommées; rédigé*

PAR M. BOITARD,

Membre de la Légion-d'Honneur et de plusieurs sociétés savantes.

PARIS,

A LA LIBRAIRIE ENCYCLOPÉDIQUE DE RORET

RUE HAUTEFEUILLE, Nº 10 BIS.

1839.

NOUVEAU MANUEL

DU

CORDIER.

LIVRE PREMIER.

DES PLANTES TEXTILES.

CHAPITRE Ier.

L'étude des matières premières est indispensable à tout homme qui voudra exercer un art ou un métier avec intelligence, mais surtout au cordier, car sans cela comment connaîtrait-il la qualité des matériaux qu'il emploie? comment combinerait-il ses travaux de manière à être certain de faire une marchandise dont il pût répondre dans le commerce?

Mais il serait oiseux d'entrer ici dans des détails pour prouver ce que savent très bien tous les bons ouvriers; aussi, sans autre préambule, allons-nous entrer en matière.

Nous appelons *plantes textiles*, non pas seulement toutes celles qui peuvent être *teillées*, mais encore toutes celles dont l'écorce ou les fibres, avec ou sans préparation, peuvent servir à faire des cordes. Tels sont : le chanvre, le lin, l'ortic, le phormion tenace ou lin de la Nouvelle Zélande, l'agavé d'Amérique, le tilleul, le genet d'Espagne, l'apocyn à fleurs herbacées. On peut encore faire des cordes avec le coton, le roseau, la soie, le crin, etc., et même avec des fils métalliques; mais comme ceci n'entre pas dans l'art du cordier, nous n'avons pas à nous en occuper ici.

Afin de mettre autant d'ordre que possible dans cet ouvrage, nous traiterons d'abord de l'histoire et de la culture des plantes textiles; puis, dans les chapitres suivans, nous nous occuperons des différentes préparations des filasses qu'on en tire; et enfin, notre second livre renfermera l'art du cordier proprement dit.

DU CHANVRE.

Caractères botaniques du chanvre.

Cette plante annuelle appartient à la famille des urticées, et à la dioécie pentandrie de Linnée. Ses fleurs sont dioïques; c'est-à-dire que les mâles sont portées sur des individus qui ne portent qu'elles, et les fleurs femelles sur d'autres individus qui ne portent également qu'elles. Les mâles ont un périgone à cinq parties, et cinq étamines à filets courts; les femelles ont un périgone oblong, fendu de côté, et un ovaire chargé de deux styles. La capsule est crustacée, à deux valves presque globuleuses, cachée sous le périgone; l'embryon est courbé et la graine elle-même est huileuse. Tels sont les caractères du genre.

Le CHANVRE CULTIVÉ (*cannabis sativa*, LINN. Spec. 1457. — De Cand. fl. fr. spec. 2137.), a la racine fusiforme, peu garnie de fibres; sa tige est ordinairement haute de quatre à six pieds, droite, presque toujours simple et un peu velue; les feuilles sont pétiolées, à cinq ou sept folioles disposées comme les doigts de la main (fig. 1-*a* et 1-*b*). Toutes les folioles sont dentées dans l'individu femelle, mais dans l'individu mâle, les deux folioles extérieures sont quelquefois très entières *f, f.*

Nous ferons remarquer ici que, par une erreur répandue presque généralement, les cultivateurs appellent *femelle* celui qui ne porte que des fleurs mâles pourvues seulement d'étamines, et qu'ils donnent le nom de *mâle* au pied qui porte la graine, et qui par conséquent est incontestablement la femelle.

Les fleurs sont petites, verdâtres, disposées en petites grappes à l'aisselle des feuilles supérieures *g, d.* Lors de la floraison, lorsque l'on agite les pieds mâles, on voit qu'il s'en élève une poussière jaunâtre très abondante : cette poussière est le *pollen* qui s'échappe des étamines, et qui, porté par le vent sur le pistil des fleurs femelles, les féconde et opère le développement des graines qui, sans cela, avorteraient.

Histoire du chanvre.

M. Bosc prétendait que le chanvre était originaire de la Haute Asie (*Nouveau Cours complet d'Agriculture, du 19e siècle, au mot chanvre*), mais je ne sais trop sur quelle autorité il fondait son opinion, car partout où le chanvre peut être cultivé il l'est, et partout où il est cultivé on en trouve des pieds croissant isolément et se développant spontanément, sans avoir été semé par l'homme, sur la lisière des champs et autour des villages et des fermes. Il est donc fort difficile de déterminer aujourd'hui quelle est la contrée où il est véritablement indigène, c'est-à-dire où on le trouve croissant à l'état sauvage sans être jamais sorti d'une culture plus ou moins rapprochée.

Ce qu'il y a de certain c'est que le chanvre est connu depuis la plus haute antiquité, et que son usage a de beaucoup devancé les tems historiques. Hérodote, le plus ancien des historiens, dit, dans le quatrième livre de son histoire, que « de son tems, on cultivait en

Thrace, une espèce de chanvre, Καννάβις, qui ressemble beaucoup au lin, excepté que sa tige est plus haute; il y en a de cultivé, dit-il, et il y en a de sauvage : l'une et l'autre espèce sont préférables à toutes celles que nous recueillons en Grèce. Les Thraces en font des vêtemens qui sont aussi beaux à l'œil que les vêtemens de lin, et l'on ne peut en connaître la différence, à moins que d'être parfaitement au fait de ces sortes d'ouvrages. »

Or, puisque le chanvre était cultivé par les Thraces, il est probable qu'il l'était aussi avant Hérodote ou au moins de son tems, c'est-à-dire plusieurs siècles avant l'ère chrétienne, non-seulement en Grèce, comme le dit cet historien, mais encore chez les nations voisines, chez les Chaldéens, les Babyloniens, les Perses, les Egyptiens et les Hébreux. Il est vrai que les livres de ces derniers n'en font jamais mention sous le nom de *cannabis* qui nous a été transmis par les Grecs et les Romains; mais il est probable que chez eux comme chez ces derniers, le mot *linum*, λινον, dont se sont servi les traducteurs pour rendre le mot hébreux, avait une signification générique qui ne s'appliquait pas seulement au lin, mais encore à toutes les matières dont on faisait de la toile et des cordes. Du moins telle est l'opinion de Robert Étienne, dans son dictionnaire de la langue latine. Il cite à ce sujet plusieurs auteurs qui lui ont donné neuf ou dix significations différentes.

Les Grecs, pour leur marine, se servaient de cordages et de voiles faits en σπαρτον, *spartum*, sorte de genet qu'ils tiraient d'Espagne (probablement le *genista juncea*), parce qu'ils trouvaient qu'il résistait mieux à l'eau que le chanvre; mais ils préféraient ce dernier pour tous les autres usages.

Les Romains faisaient avec le chanvre des voiles et des cordages pour leur service de mer et de terre. Ils en avaient des magasins dans les deux principales villes de l'empire d'Occident. Le chanvre nécessaire aux équipages de guerre s'amassait, par ordre des empereurs, à Ravenne, en Italie, et à Vienne, dans les Gaules. Celui qui en avait l'intendance au-delà des Alpes, était appelé le procureur du linifice des Gaules, et son établissement était à Vienne. Dans les campagnes on se servait du chanvre pour lier les bœufs au joug, et sans doute pour tous les usages qui avaient rapport à l'agriculture. On sait que les Romains ne faisaient pas beaucoup usage du linge, mais néanmoins ils en avaient, et Tite-Live nous apprend que ce linge était en chanvre.

On doit conclure de tout ceci, que non-seulement le chanvre était connu des anciens, mais encore que, dès les tems les plus reculés, on l'employait comme aujourd'hui dans les plus importantes parties de son usage.

Qualités pharmaceutiques du chanvre.

On fait aujourd'hui très peu d'usage du chanvre en médecine. Toute la plante est odorante et narcotique, adoucissante, apéritive et résolutive; ses graines fournissent par expression une huile résolutive, et, ce qui la fait plus estimer, bonne à brûler.

Ce sont ces graines, connues sous le nom de chenevis, que l'on emploie quelquefois en médecine. Par leurs amandes elles sont huileuses, mucilagineuses, émollientes et légèrement calmantes. On fait une émulsion avec une once ou deux de chenevis écrasé, en jetant dessus un litre d'eau bouillante, et en ajoutant du sucre ou un sirop; il en résulte une boisson fort agréable, que l'on peut faire prendre pour combattre les affections inflammatoires et toutes les irritations fébriles avec spasmes, mais que l'on conseille surtout dans celles des voies urinaires, particulièrement dans la blennorrhagie vénérienne ou arthritique, très inflammatoires.

Les feuilles de chanvre ont aussi été conseillées en

infusion dans le rhumatisme chronique et les dartres, ou
à l'extérieur, en cataplasme pour résoudre les tumeurs
froides et indolentes. Toutefois, dit le docteur Gautier,
les effets de ce moyen sont trop peu certains pour ris-
quer en l'employant les inconvéniens de son usage. En
effet, on sait que les feuilles de chanvre sont susceptibles, par leur arôme seulement, de produire les mêmes
accidens que l'opium : l'éblouissement, des vertiges, l'i-
vresse ou un délire agréable.

Ce sont ces effets que l'on cherche à produire, en
Orient, en préparant les feuilles du chanvre avec l'o-
pium, ou en en faisant usage seules ; mais il faut s'en
défier quand il s'agit de les administrer comme médica-
ment.

Usage économique des graines de chanvre.

Autrefois ces graines étaient mises, par les Romains,
au nombre des substances alimentaires. On les servait
frites au dessert : on en faisait des petites dragées que
l'on faisait servir dans les collations pour exciter les con-
vives à boire. Encore aujourd'hui, les Arabes en préparent une sorte de vin enivrant ; et quelques pauvres habitans de la campagne se servent de leur huile, faute
d'autre, dans la préparation de certains alimens.

Comme ces graines ont la qualité d'échauffer les animaux et surtout les oiseaux, les fermières sont dans l'u-
sage d'en donner aux poules, pendant l'hiver, afin de
les obliger à pondre, et le succès répond toujours à leur
espérance. Mais, dans ce cas, il est bon de les leur donner
en mélange avec d'autres graines, car sans cela on produirait chez les poules, qui en seraient trop échauffées,
un effet tout-à-fait contraire.

En mélange avec du petit millet connu sous le nom
de *graine de canaries*, le chenevis convient parfaitement
à la nourriture de tous les petits oiseaux de l'ordre des
passereaux, que l'on élève en cage, tels que serins, li-

nottes, chardonnerets, bruants, bouvreuils, etc. Le marc qu'elles produisent lorsqu'on en a extrait l'huile, peut servir à la nourriture des cochons, mais on prétend qu'il nuit à la santé des autres animaux domestiques, ce qui me paraît fort douteux, car je l'ai vu employer à cet usage dans plusieurs endroits, sans qu'il en ait résulté d'inconvéniens. On y mêle avec du cœur de bœuf haché, pour nourrir en cage des rossignols, fauvettes, et autres becs-fins. Enfin, l'huile que l'on retire de cette graine est excellente pour brûler, bonne pour la peinture grossière, et pour la fabrication du savon noir. Elle est l'objet d'un commerce assez important pour quelques parties de la France.

Usage économique des autres parties du chanvre.

Nous n'entendons pas parler ici de la filasse que l'on tire de l'écorce du chanvre, car nous avons à nous en occuper spécialement plus loin. Il ne nous reste donc que peu de choses à dire dans ce paragraphe.

Les feuilles de cette plante ont été soumises à quelques expériences, prouvant qu'elle ont une grande énergie fertilisante lorsqu'on les emploie comme engrais ; plusieurs agronomes, et entre autres M. Bosc, en ont conclu que le chanvre cultivé, enterré à la charrue, comme certaines plantes légumineuses, produirait un excellent effet dans les terres, et ils ont recommandé cette pratique aux agriculteurs. Mais, soit parce que l'enfouissage de cette plante longue et mince serait une chose fort difficile, soit parce qu'on se détermine rarement à sacrifier une bonne récolte toute venue pour améliorer une récolte future et douteuse, toujours de moindre valeur, on a fait de ce conseil ce qu'on devait en faire, c'est-à-dire qu'on l'a complètement oublié.

La tige blanche, sèche et cassante du chanvre après qu'il a été teillé, porte le nom de *chenevote*. Elle brûle avec rapidité et en jetant une vive flamme, mais elle ne donne que très peu de chaleur, d'où il résulte qu'elle n'est bonne qu'à faire des allumettes. Aussi est-ce le seul usage auquel elle soit généralement employée.

Culture du chanvre.

Les agronomes se sont posé une question : le chanvre, ont-ils dit, peut-il être l'objet d'une grande culture?

Voici comment M. Bosc l'a résolue : « Nulle part, dit-il, le chanvre n'est ni ne peut être l'objet d'une véritablement grande culture, à raison de la multitude d'opérations qu'il exige, et qui doivent être faites dans le même moment. Deux arpens sont le maximum de chanvre qu'il est possible à une famille de cultiver et de manipuler convenablement. C'est dans les pays très populeux et où les propriétés sont très divisées, qu'on s'y livre avec le plus de succès. Les grands propriétaires, ou les riches fermiers, ne doivent jamais en semer que proportionnellement au nombre de bras dont ils peuvent disposer avec certitude, non-seulement à l'époque de la récolte, mais encore pendant l'automne et l'hiver qui la suivent, époque où il faut s'occuper du rouissage, du séchage, du teillage, du sérançage, et autres opérations qu'il nécessite. Il est prouvé par l'expérience, que lorsqu'on donne tous ces ouvrages à faire à la journée ou à l'entreprise, la culture du chanvre, en définitif, devient onéreuse à celui qui l'entreprend. »

Nous ne partageons nullement l'opinion de Bosc, et nous regardons même comme chose d'une haute importance sa réfutation, qui, selon nous, n'est pas difficile. Ce n'est pas lorsque la France devient de plus en plus tributaire de l'étranger pour cette précieuse production, qu'il faut, par des préjugés de cabinet, ou du moins résultant d'observations mal faites, ce n'est pas, dis-je, quand notre marine est obligée de tirer du nord plus du tiers des chanvres qui lui sont nécessaires, qu'il faut jeter le découragement parmi nos agriculteurs. Et cependant c'est ce que font encore nos agronomes. Réfutons d'abord phrase par phrase, cette opinion erronée de Bosc.

« Nulle part le chanvre n'est, ni ne peut être l'objet d'une véritablement grande culture, à raison de la *multitude d'opérations* qu'il exige, et qui *doivent être faites dans le même moment.* »

Ces multitudes d'opérations dont parle Bosc, sont à peu près aussi nombreuses que celles nécessaires à la culture du lin ou toute autre plante, à une seule différence près : c'est qu'il faut arracher le chanvre à deux reprises. Il n'est pas deux de ces opérations, qui doivent être faites en même tems.

« Les grands propriétaires et les riches fermiers, ne doivent jamais en semer que proportionnellement au nombre de bras dont ils peuvent disposer avec certitude, etc. »

Il en est absolument de même pour toutes les autres plantes cultivées, sans exception.

« Il est prouvé, par l'expérience, que lorsqu'on donne tous ces ouvrages (le rouissage, le séchage, etc.) à faire à la journée et à l'entreprise, la culture du chanvre, devient en définitif, onéreuse à celui qui l'entreprend. »

Rien n'est moins prouvé que cela, car dans le Dauphiné, dans la Bresse, la Dombe, etc., beaucoup de cultivateurs vendent à bénéfice leur récolte de chanvre aussitôt qu'elle est arrachée et que la graine est battue. Or, ils en sèment tous les ans : donc ils y gagnent ; or, ils trouvent chaque année des *peigneurs* qui les leur achètent : donc ces peigneurs y trouvent aussi leur compte.

Mais pour que cette opinion de Bosc ait gagné les agronomes qui ont écrit depuis lui, il faut bien qu'elle soit fondée sur quelque chose ? à cela je répondrai : oui ; mais dans des cas particuliers résultant des localités et de la qualité du terrain.

Il faut au chanvre, pour réussir, un climat approprié, un sol convenable, et de certaines localités. Là, sa culture en grand comme en petit, sera toujours avantageuse ; partout ailleurs elle deviendra onéreuse à celui qui l'entreprendra, soit en grand, soit en petit. Je crois que ceci peut s'établir d'une manière concluante.

Rien de plaisant comme la manière dont cette question, d'une haute importance pour la marine française, est traitée dans la compilation indigeste à laquelle les éditeurs, MM. Pourrat frères, ont donné le nom de *Cours complet d'Agriculture* (1).

« Le chanvre, dit ce cours, est nécessairement et exclusivement un objet de petite culture. La multitude d'opérations qu'il exige dans un espace de tems assez court, entraine un assujétissement auquel on pourrait difficilement se soumettre à cette époque dans une grande exploitation, et demanderait en outre, sur une grande échelle, un grand nombre de bras, dont on est loin partout de pouvoir disposer dans nos campagnes. Il est prouvé d'ailleurs, que ceux qui feraient faire à bras d'ouvriers toutes les opérations que ce genre de culture exige avant la vente, n'y trouveraient en définitif, qu'un bénéfice qui ne les dédommagerait ni de leurs peines, ni de leurs risques. Cette culture, comme nous le disions, est donc essentiellement un objet de petite culture ; mais aussi, comme telle, on ne peut trop la recommander au petit cultivateur intelligent et laborieux. »

Quoiqu'on en dise, il y a ici contradiction, car toutes les plantes productives dans la petite culture le seront également dans la grande. Il faut proportionnellement faire autant de frais pour la culture de deux arpens que de cent, de mille ; et mille arpens, dans les mêmes cir-

---

(1) Qu'il ne faut pas confondre avec le *Nouveau Cours complet d'Agriculture du dix-neuvième siècle*, 16 vol. in-8, de plus de 8,800 pages Prix 56 fr.; chez Roret, rue Hautefeuille, 10 bis.

constances de culture, produiront proportionnellement
comme deux. Il y a une seule exception à cette règle,
c'est celle où le peu de débit d'une espèce de denrée,
ne permettrait de vendre convenablement que la récolte de deux arpens et non celle de mille; mais il s'en
faut de beaucoup que le chanvre soit dans ce cas-là. On
me dira peut-être que le petit cultivateur fera tout par
ses propres mains et n'aura pas besoin de payer des
journées, des façons, etc. Ce raisonnement est absolument faux, car le tems du petit cultivateur a son prix,
estimé en argent, comme celui du journalier, et ce prix
est le même. Les engrais qu'il mettra dans son chanvre,
les labours qu'il fera, le tems qu'il consacrera à toutes
ces opérations, il en aurait disposé, soit en les donnant
à tant la journée à d'autres cultivateurs, soit en les donnant à la culture d'une autre plante, qui, selon vous,
produirait davantage. Et alors, si c'est une perte pour
lui que de les donner au chanvre, pourquoi lui conseil-
lez-vous de perdre? vous direz encore : mais il fera la
plupart de ces opérations de culture en tems perdu; non
pas, car le cultivateur qui a seulement dix arpens à cultiver, n'aura pas, ainsi que sa famille, un moment de
tems perdu; « car il faut, pour que ses terres lui rapportent autant qu'elles peuvent rapporter, qu'elles soient
cultivées comme un jardin : » ce sont les expressions de
M. Mathieu de Dombasle.

Si vous avez du jugement, vous comprendrez que,
pour obtenir un succès ou un revers en agriculture, les
mots grande et petite culture ne signifient rien. Si vous
avez assez d'ordre, d'économie et de talent pour faire
cultiver mille arpens par un nombre de bras proportionnellement égal à ceux qui sont nécessaires pour la
petite culture de dix arpens, ou d'un seul arpent, votre
dépense sera proportionnellement la même, ainsi que
les bénéfices.

Vous alléguerez encore le manque de bras, le haut

prix des journées ; mais, dans beaucoup de nos départemens, les bras sont nombreux et les journées à bas prix, c'est là qu'il faut encourager la grande culture du chanvre. Dans le Dauphiné, la Bresse, etc., que j'ai déjà cités par la raison qu'on y cueille du très beau chanvre, la journée d'un homme, en été, ne revient encore qu'à un franc cinquante centimes, et en hiver à un franc quinze centimes.

Si ce que je viens de dire est vrai, pourquoi donc les agronomes dénigrent-ils la grande culture du chanvre ? C'est parce que tous sont tombés dans la même erreur, en essayant cette culture dans des terrains et des pays qui ne lui conviennent pas, dans des localités où ils ne pouvaient espérer une médiocre récolte qu'avec une énorme quantité d'engrais et des travaux très dispendieux. Je citerai pour preuve le tableau publié par le baron Crud. Il établit ainsi les dépenses pour la culture d'un demi-arpent en chanvre :

Un *deux-tiers labour*. : . . . . 5 fr.

Passer le traineau à régaler. . . . . » 25

Quarante charges fumier (à 20 quintaux ou 1,000 kil. l'une), charier et épandre. . . . . 125 }
Un quintal fèves et semer.   10 } 135, dont à la charge de cette récolte. 33 75

Refendre les deux-tiers labours. 5 00

Passer le traineau à régaler et faire les raies d'écoulement. 3 15

Un labour à la bêche, en automne, pour enterrer les fèves, treize journées d'ouvrier, payées en cette saison, à raison de 1 fr. 60 c. 20 80

La semence de chanvre peut être compensée par la récolte de graines . . . . » »»
                                                                    ———————
A reporter. . . . 68 95

Report. . . .	68	95
Engrais à enterrer avec la semence, au printems, dix-huit journées de travail, dont à charge de la récolte du chanvre.	12	50
Intérêt d'une année des engrais et travaux préparatoires de l'année précédente.	17	05
Enterrer la semence et les engrais avec la houe et passer le rateau; quatre journées de femmes.	4	» »
Deux sarclages.	7	50
Scier.	3	75
Secouer, transporter, assortir, lier. . . .	8	75
Transporter au rouissage, laver, faire sécher, transporter de nouveau à la maison, donner les trois battages; cet ouvrage se fait à la tâche pour 7 fr. 50 c. les 100 livres. . . .	37	50
Emballer et vendre.	6	25
Portion de loyer de l'étang du rouissage. . .	6	25
TOTAL. . . .	172	50

M. Crud pose pour base que, dans les circonstances les plus favorables, un demi-arpent pourra rendre de 5 à 700 livres de filasse, qu'il estime 250 francs (ou la valeur de 200 journées de travail à 1 fr. 25 c. chacune). Il faudra distraire, dit-il, de ces 250 fr. les 172 fr. 50 c. de frais de culture : restera 77 fr. 50 c. Ce n'est pas trop, ajoute-t-il, que de déduire encore un cinquième du produit brut pour couvrir les casualités, et en conséquence, il ne resterait plus de bénéfice net que 20 fr. 50 c. (1).

---

(1) Il n'est pas possible de déterminer, même approximativement, le revenu en filasse d'une chenevière, et c'est pour cette raison que nous ne consacrons pas un paragraphe à cet objet. Mais voici cependant quelques résultats obtenus :

« Le chanvre, dit Burger, rend de 5 à 7 quintaux métriques de filasse par hectare.

En calculant de cette manière, certes, il ne tenait qu'à M. le baron Crud de réduire le bénéfice net à zéro. Nous ne nous amuserons pas à réfuter de tels calculs, car ils tombent d'eux-mêmes devant le cultivateur praticien ; mais cependant nous relèverons quelques articles par trop exagérés.

Par exemple, l'auteur porte en compte, pour fumer une chenevière d'un demi-arpent, quatre-vingts charretées de fumier, car dix quintaux sont la charge ordinaire d'une voiture. Or, cette exagération est hors de proportion, même dans les plus mauvaises terres à seigle.

Il compte 20 fr. 80 c. pour enterrer en vert des fèves qu'on aura semées l'année précédente dans la chenevière, parce que, sans doute, il ne pense pas que l'énorme quantité de fumier qu'il indique soit suffisante. Il compte en sus 10 fr. pour prix des fèves et leur semis. En rayant ces deux articles inutiles, voilà déjà une différence de 30 fr. 80 c., sans compter les menus frais.

Il suppose probablement que le cultivateur ne saura pas vendre sa marchandise ni l'acquéreur l'emballer, car il porte 6 fr. 25 c. pour *emballer et vendre*, article au moins fort singulier.

Quant aux 6 fr. 25 c. pour loyer de l'étang de rouissage, partout où le chanvre est cultivé, on le fait rouir sans frais dans des rivières, ou dans des marres communes ou appartenant à chaque propriété.

La déduction d'un cinquième du produit brut pour les casualités, ne me paraît amenée là, que pour arriver

---

* Dickson rapporte que, dans le Suffolk, un hectare de chanvre rend souvent 8 à 900 kilogrammes de filasse.

* Un autre cultivateur en évalue le produit moyen à 650 kilogrammes.

* Schwerz estime qu'un hectare de chanvre rend en Alsace 700 kilogrammes.

* Thaer dit avoir souvent vu le produit net d'un journal de chanvre s'élever à 45 rixdalers (234 francs). *

à établir un compte de dépréciation, car on pouvait porter à volonté un quart, un tiers, ou même moitié du produit en déduction, tout aussi bien que le cinquième. Mais voyons à quoi peuvent se réduire ces casualités. Le chanvre n'a à craindre que la cuscute, l'orobanche et la grêle. Quand une culture est bien faite, les pertes occasionées par la cuscute et l'orobanche, peuvent à peine s'évaluer à $\frac{1}{100}$; pour la grêle, c'est une autre affaire. En comparant un grand nombre de tables annuelles météorologiques d'un pays, et remontant à un siècle au moins, on pourrait peut-être trouver un terme moyen qui indiquerait *à peu près* s'il tombe une grêle assez meurtrière pour nuire ou détruire totalement les récoltes de chanvre tous les dix, quinze ou vingt ans. Mais je doute beaucoup qu'en France, dans les départemens où l'on cultive habituellement le chanvre, il se trouve une seule localité assez désastreusement placée pour que tous les cinq ans on ait à essuyer une grêle assez violente pour détruire *entièrement* les récoltes. Ainsi, en portant le déficit des casualités à $\frac{1}{11}$, je croirai encore faire une grande concession à M. Crud. Ensuite ce déficit n'est pas particulier à la culture du chanvre seulement, mais à celle de toutes les plantes économiques ou céréales, et, par conséquent, il ne prouve rien contre le premier.

Relevons encore un article curieux du compte de M. Crud : la semence de chanvre, dit-il, peut-être compensée par la récolte de la graine. Voilà, certes, la chose la plus extraordinaire que puisse avancer un agronome. Une plante, un végétal quel qu'il soit, s'il ne produisait en graine que un pour un, serait une espèce perdue en trois ans au plus. Le chanvre est comme tous les autres végétaux ; il produit, dans les circonstances ordinaires, un, deux, et trois cents graines pour une, mais lorsque les pieds sont isolés ; semé très épais pour obtenir de la filasse à faire de la toile, il produit au moins au grain trois, et cultivé pour cordage, il produit au grain huit ou dix, du moins si on sait le cultiver.

Nous ne releverons pas les autres exagérations de M. Crud, car le lecteur le moins expérimenté pourra le faire lui même très facilement, quand il aura étudié les vrais principes de culture que nous enseignerons. Faisons ici une observation qui peut s'appliquer non-seulement à la culture de cette plante textile, mais encore à celle de toutes les plantes qui composent la flore de l'agriculture française :

Il est arrivé que des agronomes très distingués, séduits eux-mêmes par des théories de leur invention, ont converti leurs capitaux en terres pour mettre leur science en pratique, ou se sont faits cultivateurs dans le domaine de leurs ayeux ; ils ont fait d'énormes dépenses pour obtenir des produits plus abondans il est vrai, mais bien loin de pouvoir balancer les frais ; d'où il est arrivé trop souvent que la culture a mangé non pas seulement les produits, mais encore les capitaux. Or, voici pourquoi :

Il en est de l'agriculture comme de la mécanique ; si vous voulez qu'une machine marche bien, n'en compliquez pas les ressorts. Les agronomes ont surchargé la culture d'une foule de pratiques inutiles et ruineuses, qui loin d'avancer les progrès de l'art, les reculent. Je ne prétends pas dire que ces pratiques n'augmentent pas le produit ; mais bien que cette augmentation de récolte n'est jamais en balance avec les frais énormes qu'elle a nécessité. Tout homme qui a tenu la queue de la charrue comprendra parfaitement ceci en lisant le tableau de M. Crud. Je soutiens avec tous les praticiens, qu'en diminuant de moitié les frais de culture qu'il mentionne, on obtiendra des résultats à peu près semblables, mais ces résultats ne fussent-ils que des trois quarts du produit dont il pose le chiffre, ayant dépensé moitié moins pour les obtenir, on aurait encore un quart de récolte en plus de bénéfice.

MM. Pertuis, en France, et Galésio, en Italie, ont publié, sur la culture du chanvre, des opinions un peu moins exagérées que celles de M. Crud, mais qui n'en sont pas moins fausses, et par les mêmes raisons. Outre cela, ils font entrer la filasse, dans leur compte, pour un prix bien au-dessous de sa valeur réelle.

Il nous reste à citer un agronome éclairé du Morbihan, M. Chasles de la Touche, et nous le laisserons parler lui-même. « Le chanvre, dit-il, est une des conquêtes les plus utiles que nous ayons faites sur le règne végétal. Outre ses usages de la lingerie, il en a de bien plus précieux dans la marine : aucune plante textile ne peut l'y remplacer. Sa culture intéresse donc tous les pays maritimes, et plus particulièrement la Bretagne, où elle réussit très bien. Elle y est favorisée : 1° par un climat humide et tempéré, dont la latitude correspond à celle de l'Ukraine, qui fournit au commerce de Riga des chanvres si renommés par leur souplesse, leur élasticité et leur longueur ; 2° par le sol de ses vallées et de ses plaines, formé d'une argile mêlée de sable, recouvertes d'une forte couche d'humus, et où la plante est protégé contre la violence des vents par l'abri naturel des collines, par des haies et berges garnies d'arbres ; 3° par le bas prix de la main d'œuvre, condition importante pour le succès de la culture du chanvre, qui demande beaucoup de manipulations avant d'être livré au commerce ; 4° par l'immense consommation de voiles, de cordages, de filets de pêche, qui se fait dans les grands établissemens de marine de Brest, Lorient, Nantes, et dans une multitude de petits ports disséminés sur une étendue de près de cent quarante lieues de côtes.

» Malgré ces données, la culture du chanvre est loin d'avoir atteint le développement dont elle est susceptible en Bretagne, comme dans le reste du royaume. M. de Vaublanc a prouvé que nos importations en chanvre et en lin non ouvrés surpassent nos exportations d'une valeur de *trente-deux millions*; que, de plus, l'importation des toiles écrues excède notre exportation de toiles de toutes espèces, d'une valeur de *vingt millions*. C'est donc pour l'étranger un bénéfice annuel de *cinquante-deux millions* au détriment de l'agriculture nationale; elle fait déjà sur cette même branche une perte énorme, par le rapide accroissement de la consommation des toiles de coton, qui bientôt remplaceront entièrement celles de chanvre et de lin dans tous les usages de la vie domestique.

» Le chanvre que notre agriculture fournit à la marine est principalement récolté dans les départemens d'Ille-et-Vilaine, des Côtes-du-Nord, du Finistère, de la Sarthe, du Cher, de la Marne, des Vosges, de l'Isère et de Lot-et-Garonne. Le Morbihan n'entre que pour un faible contingent dans une industrie qui semblerait lui appartenir presque en entier. Une consommation locale très considérable, la facilité des transports par mer, un sol humide, souvent riche en humus, convenablement abrité, arrosé de beaucoup de ruisseaux d'une eau vive très propre au rouissage : il ne manque à ce département qu'une excitation suffisante pour y faire prospérer cette culture, qui nous affranchirait du tribut onéreux que nous payons à la Russie et à la Prusse, et qui peut compromettre le service de la marine royale, lorsque la guerre rend les expéditions du commerce difficiles, dans le nord surtout. »

Quoiqu'en aient dit les agronomes, on peut poser comme principe certain, que : partout où le sol convient au chanvre, et où la main d'œuvre ne dépasse pas un franc cinquante centimes la journée, en été, la grande culture du chanvre est non-seulement possible, mais avantageuse. Mais à supposer que mes observations et ma propre expérience m'aient trompé, il y a encore une distinction à faire. Écoutons un des détracteurs de la

grande culture de cette plante, M. Gallésio lui-même :
« Le chanvre à toile, dit-il, est un être artificiel, perfectionné par l'homme, ou, pour parler plus justement
dégénéré par l'homme, dont l'industrie lui donne des
qualités qui ne lui avaient pas été accordées par la nature,
il est aussi plus précaire et doit être par conséquent plus
coûteux et moins abondant. Voilà ce qui établit la différence dans le prix des deux qualités. Le chanvre à cordages est l'ouvrage de la nature ; aussi se trouve-t-il en
abondance et avec peu de frais de culture, non-seulement dans les pays originaires d'où il est venu, mais encore en ceux où une analogie de localités et de terrain
l'a naturalisé. Nous en recevons de l'Asie, de la Russie
et des Amériques, où il a été introduit avec beaucoup
de succès, et nous en récoltons encore considérablement
en Europe, partout où se trouve un sol fertile. Les différences des climats, qui semblent former le principal
obstacle à la propagation des plantes, influent très peu
sur la naturalisation du chanvre, et moins dans les extrêmes, parce qu'il naît, croît et se perfectionne
en un intervalle de tems très court, et dans une saison
qui présente moins de différence entre les climats
les plus opposés.

» Le cœur de l'été n'offre pas une grande différence
de chaleur dans les latitudes qui s'étendent entre l'Équateur et le cercle polaire; elle est même bien souvent
plus forte dans les climats septentrionaux que sous les
tropiques, et il n'y a que les extrêmes des pays polaires
et des équatoriaux, où les modifications sont produites
par les élévations du sol, qui y mettent des différences
sensibles.

» Cet avantage très singulier a donné une extension
immense à la culture de cette plante, et l'on pourrait
dire qu'après le froment, c'est celle qui a éprouvé le
plus de facilité à se naturaliser dans les climats les plus
opposés. Il est vrai que jusqu'à présent le chanvre n'a

éprouvé que très peu de concurrence pour les usages auxquels il est destiné, et qu'ils se sont augmentés infiniment, et augmentent tous les jours avec les progrès des arts qui l'emploient, et spécialement avec ceux de la navigation. Mais cette grande consommation ne paraît pas capable de balancer la facilité avec laquelle on l'obtient, et l'abondance qui s'en trouve dans le commerce, parce que les qualités de la plante ne laissent aucune limite à sa multiplication.

« Il n'en est pas de même du chanvre à toile : créé par l'industrie et soutenu par elle, limité à de certaines localités particulières, *exigeant des soins et des dépenses,* il n'existe que précairement et ne peut se multiplier que jusqu'à un certain point. »

Il résulterait donc de ceci que, si la culture du chanvre à toile est difficile en grande culture, celle du chanvre à cordage est très possible.

Quant à moi, voici ce que je pense, et c'est l'observation dans plusieurs parties de la France, qui a fixé mon opinion. La grande culture du chanvre en général est possible dans beaucoup de nos départemens, avec des bénéfices égaux à ceux de beaucoup d'autres cultures ; mais elle n'est tout-à-fait avantageuse que lorsqu'on tire annuellement la graine du Piémont, ou d'un pays où cette plante atteint communément neuf à dix pieds de hauteur, et qu'on la cultive dans les localités où la main d'œuvre est à bon marché, où les terres sont assez riches pour produire cette plante précieuse avec des soins et une fumure ordinaire. Or, si l'attention de tous les cultivateurs se fixait sur cet objet, on serait certainement étonné de voir que ces deux conditions se trouvent réunies dans une foule de localités, où, néanmoins, la culture du chanvre est ignorée ou totalement négligée. Mais aussi, on verrait que des agronomes peu praticiens, ont tenté de la cultiver dans des sols et sous des climats qui lui sont tout-à-fait impropres, comme par exemple aux environs de Paris, et l'on concevrait alors pourquoi ces agronomes ont jeté de la défaveur sur cette culture.

Finissons cette discussion par la citation d'un passage du professeur d'agriculture Burger, un des plus célèbres agronomes de l'Allemagne : « Le lin, dit-il, occasio- « nant beaucoup de travail, ne peut guère être cultivé « que dans les petites métairies. Le chanvre, au con- « traire, *ne demandant ni sarclage ni houage,* convient « surtout aux grandes exploitations rurales. »

Des variétés de chanvre cultivé.

Il semblerait d'abord que nous aurions dû porter ce paragraphe à la suite de celui où nous donnons les ca- ractères botaniques du chanvre, et nous ne l'avons pas fait. En voici la raison fort simple, c'est que dans cette espèce, quoiqu'en disent les agronomes, *il n'y a pas de variétés,* mais seulement des différences de grandeur ré- sultant entièrement du climat, du terrain, et de la culture. Voyons d'abord ces prétendues variétés.

Pendant quelques années on a cultivé à Paris, mais seulement dans les jardins et comme objet de curiosité, un chanvre venu de la Chine. Ses feuilles étaient toutes alternes, et sa tige, grosse comme le bras, formait un arbre très rameux qui s'élevait à vingt pieds de hauteur. Je ne l'ai jamais vu, mais d'après ce que j'en ai lu et en- tendu dire, je suppose que cette plante n'est pas une variété, mais bien une espèce. C'est probablement celle que l'on cultive dans l'Inde sous le nom de *bangue,* et dont on emploie les feuilles en nature, en infusion ou en fumigation, pour se procurer une sorte d'ivresse accompagnée de délire, analogue à celle que produit l'opium. Nous n'avons donc pas à nous occuper ici de cette plante qui, je crois, n'existe plus en France.

LE CHANVRE DE DRÉHÉMONT est cultivé dans les dépar- temens de Maine-et-Loire et d'Indre-et-Loire. Il atteint souvent douze à quinze pieds d'élévation ; mais neuf à dix pieds est néanmoins sa hauteur ordinaire, dans les bonnes terres des vallées de la Loire.

Le CHANVRE D'ALSACE ou de STRASBOURG, dont la tige atteint ordinairement huit pieds de hauteur. Il a été beaucoup vanté par Thaër.

Le CHANVRE A CORDAGES, qui, selon M. Gallesio, est le type originel de l'espèce. Ses tiges, dit cet agronome, sont hautes, robustes, branchues, garnies de fibres denses et tenaces, capable en un mot d'une végétation vigoureuse et d'un riche produit en semences. Du reste c'est le même que

Le CHANVRE DE PIÉMONT des autres agronomes. Dans le Bolonais et le Ferrarais, il atteint souvent quatorze à quinze pieds de hauteur et quelquefois davantage, ce qui ne l'empêche pas, dit-on, de fournir une filasse de la plus grande beauté. Ceci est certainement une exagération, car une tige de quinze pieds, quelque mince qu'elle soit, doit toujours être assez grosse pour pouvoir se porter, et cette grosseur est toujours suffisante pour faire donner à la tige une filasse grossière. Je le répète, il y a donc nécessairement exagération, soit dans la hauteur du chanvre, soit dans la beauté de la filasse.

Le CHANVRE A TOILE, dont les tiges sont plus minces, plus élancées, moins ramifiées et à fibres plus ténues. M. Gallesio cite pour exemple le chanvre cultivé à Gênes.

Ce qu'il y a de certain, c'est qu'en établissant ainsi des variétés, on en trouverait autant qu'il y a de localités où on cultive cette plante, et même davantage, car dans le même terrain, en la semant plus ou moins épais, on l'obtiendrait plus ou moins haute et plus ou moins grosse. Dans la basse Alsace il atteint quinze pieds de hauteur; seize dans les Marais Pontins ; Schwerz rapporte en avoir vu à Bischofsheim une tige de vingt-un pieds ; en Romagne on en trouve de dix-huit pieds ; dans le Bolonais ses tiges acquièrent de dix à douze lignes de diamètre. Aussi il résulte de cela que, dès la seconde génération, les chanvres de Piémont, d'Alsace, de Brehemont, et autres, deviennent tout simplement des chanvres ordinaires au pays où on les a transportés pour les cultiver. Recueillez à Paris de la graine de chanvre de Piémont et semez-la, vous obtiendrez certainement des tiges de trois ou quatre pieds de hauteur, comme si vous aviez semé la graine du chanvre ordinaire au pays. Ce fait est certain.

Cependant, quoiqu'il n'y ait pas de variétés de chanvre, il est tout aussi certain que, pour cette plante comme pour toutes les autres, des graines recueillies sur des individus très robustes transmettent aux individus qui en proviennent une partie de cette vigueur de végétation. Ceci est un fait de physiologie végétale généralement reconnu. Quelquefois même, dans des circonstances favorables, ce luxe de végétation se soutient pendant plusieurs générations ; et cela dépend du plus ou moins de différence qui existe entre le climat et le sol d'où l'on a fait venir les graines, et celui où on les a transportées. Par exemple ce chanvre de Piémont qui, à Paris, est dégénéré dès la troisième génération, se soutiendra en Bresse, le long du bassin de la Saône, pendant huit ou dix ans.

Si le chanvre dégénère rapidement dans les terrains et les climats qui lui sont contraires, il revient à toute sa beauté, et avec la même rapidité, quand on le transporte des pays qui ne lui conviennent pas dans ceux qui lui plaisent, et j'ai été moi-même pendant plusieurs années dans le cas de faire cette expérience.

Ces faits bien connus, on en a tiré parti pour améliorer la culture, et nous citerons ce que dit M. Vilmorin à ce sujet. « M. Dupassage, ancien maire de Caillouel, a tiré parti d'une manière fort ingénieuse de la grande force de végétation du chanvre de Piémont. Ayant remarqué que ce chanvre, semé sur de bonnes terres fumées, devenait trop grand et trop gros, il l'a mis sur des pièces de moindre qualité, *peu ou point fumées*, et il a eu de cette manière des chanvres aussi beaux que ceux obtenus de l'espèce du pays, sur les terres les plus riches. On conçoit l'avantage de cette méthode, qui épargne la plus grande partie des engrais ordinairement prodigués aux chenevières. Si l'on voulait faire cet emploi du chanvre du Piémont, il faudrait en semer à part une petite pièce sur une excellente terre, pour récolter de la graine franche, car celle cultivée comme nous venons de dire dégénérerait bientôt. »

Sur ce dernier point je ne suis pas de l'opinion de M. Vilmorin, parce que je suis persuadé que, même dans une excellente terre, ce chanvre dégénérera, quoique moins promptement il est vrai. Le moyen le meilleur ou même le seul, pour obtenir des succès en grande culture, est de ne jamais semer de la graine recueillie dans un pays où le chanvre dégénère et n'atteint pas ordinairement neuf à dix pieds de hauteur; mais de la faire venir annuellement soit du Piémont, soit d'un autre pays où il atteint communément cette hauteur.

Du climat propre à la culture du chanvre.

Il est à peu près certain que le chanvre est originaire de pays plus chauds que le nôtre, mais cependant cela ne peut influer en rien sur sa culture, comme l'expérience le prouve. La raison en est qu'il faut peu de tems à cette plante annuelle pour accomplir toutes ses évolutions de végétation, et que celui qui s'écoule, même dans le nord de l'Europe, entre le printems et l'hiver, est plus que suffisant pour qu'elle germe, croisse, fleurisse et mûrisse ses graines.

Le chanvre craint beaucoup le froid, et la moindre gelée blanche le tue; aussi réussit-il beaucoup mieux dans les pays où la température est bien réglée que dans ceux qui éprouvent de brusques changemens du chaud au froid. Pour cette raison les plaines abritées par de petites collines, lui sont plus favorables que les hautes montagnes. Il aime la chaleur, mais autant qu'elle ne dégénère pas en sécheresse, car il faut de l'humidité dans la terre et dans l'air pour qu'il prenne tout son développement. Pour cette raison, la proximité des grandes rivières, des étangs, des marais, et même des forêts, ne lui est nullement défavorable. Les expositions à demi ombragées par de hautes haies et même des arbres, sont aussi celles qu'il préfère. Non seulement elles le garantissent des hâles de l'été, mais encore elles le protègent contre les efforts des vents.

Les habitans du Montferrat regardent comme le plus favorable pour être cultivé en chanvre, le sol situé au pied des coteaux ou dans les bas-vallons exposés au levant et au couchant.

Quoique craignant beaucoup le froid, il croit assez bien à une assez grande hauteur au-dessus du niveau de la mer. Par exemple, on le cultive encore avec succès à Bruningen, dans les Alpes bernoises, à 3,000 pieds d'élévation ; il mûrit même quelquefois à Selva, à 4,900 pieds au-dessus du niveau de l'Océan.

Les climats très pluvieux ne lui conviennent pas, parce qu'il s'y alonge outre mesure, et ses tiges maigres, à demi-étiolées, ne produisent qu'une filasse de mauvaise qualité. Dans ceux où il ne pleut jamais, il ne réussit guère mieux par les raisons contraires. Il reste bas, trapu, et devient très branchu ; sa filasse est courte et dure. C'est donc dans les climats qui se trouvent placés entre ces deux extrêmes, qu'il réussit le mieux.

Mais, nous devons le dire, quoiqu'on ne puisse pas nier les influences du climat de certains pays sur le chanvre, il est certain qu'elles ne sont jamais assez puissantes pour balancer celles du sol. Selon M. Gavoty, c'est au climat qu'il faudrait attribuer la différence qui existe entre les chanvres du nord de l'Europe et ceux du midi.

« Ceux du nord, dit-il, sont doux et flexibles, parce que leur résine est relative aux terres humides et à l'atmosphère du nord : aussi ces chanvres pourrissent-ils promptement dans l'eau. Les chanvres de France, d'Italie et d'Espagne, sont plus ou moins rudes et durs, selon la nature des terres plus ou moins sèches, et selon l'atmospère plus ou moins chaude ; de là, il s'en suit que leur résine acquiert plus ou moins de dureté ; mais aussi ces chanvres se conservent plus long-tems dans l'eau. »

Pour bien comprendre ce passage, il faut savoir que M. Gavoty, auteur d'un ouvrage assez estimé sur l'art du fileur cordier, pensait que la filasse ne devait sa force qu'à une couche de résine qui enveloppait les fibres de l'écorce. Cette résine, en raison de sa plus ou moins grande quantité et de sa dureté, fait varier les qualités de la filasse. « La résine, dit-il, est la préservatrice de la décomposition prompte des cordages exposés aux intempéries et à l'action de l'eau. C'est la conservation de cette résine qui consolide l'élasticité et les ressorts du fil, et qui donne aux cordages la force dont le chanvre est susceptible. » Ceci est une erreur que nous réfuterons à sa place, c'est-à-dire à l'article du *rouissage*.

Du terrain propre à la culture du chanvre.

M. le comte Georges Gallesio, que nous avons déjà cité plus haut, donne l'analyse d'un sol qui lui paraît le plus propre à la culture du chanvre, et le compose d'un tiers de silice, un sixième de chaux, autant de magnésie et un tiers d'argile. « Ce composé, dit-il, forme un terrain meuble, léger, qui ne fait point croûte et qui ne s'endurcit pas : la semence, jetée drue dans ce terrain, lève parfaitement bien ; les plantes qui s'y trouvent extrêmement serrées, ne pouvant grossir, s'élancent et s'amincissent. Le fumier bien consommé et d'une activité immédiate, favorise et accélère ce développement en hauteur. »

N'en déplaise à M. Gallesio, une terre qui serait

telle qu'il en donne la composition, et qui ne contiendrait pas d'humus ni de sable, serait la plus mauvaise que l'on pût choisir pour la culture du chanvre. La terre la meilleure pour cette plante, ainsi que pour toutes les autres, est celle dans laquelle on trouve le plus d'*humus*, ou terreau résultant de la décomposition de matières végétales et animales. Ceci est un principe général et sans exception.

Quant à la constitution minéralogique du sol, il résulte de huit analyses que j'ai faites dans les meilleures chenevières, qu'en prenant le terme moyen de chacune, on aurait, en total, un terrain ainsi composé : sur 100 parties :

Carbonate de chaux........... 30
Alumine.................... 12
Silice...................... 17
Sable...................... 41
                              100

L'humus entrait dans ces terres, en raison de 4 à 7 pour 100. Mais ces analyses ont toutes été faites dans le département de Saône-et-Loire, d'où il résulte qu'on n'en peut déduire des conséquences concluantes en agriculture, que dans ce département et dans ceux qui jouissent de la même température. Il en est certainement de même de la terre analysée par M. Gallesio ; d'où je tire la conséquence que la composition minéralogique ne doit entrer qu'en seconde considération, quand il s'agit de chanvre.

« Une terre riche en principes extractifs, légère et fraîche, dit Bosc, est la seule qui convienne au chanvre ; c'est pourquoi sa culture est réservée à un petit nombre de cantons favorisés par la nature. Il ne donne que des productions grêles dans les sols argileux ou sablonneux, dans ceux qui ne sont pas profonds, dans ceux qui sont trop exposés au soleil, ou trop privés des influences de l'air. »

« La culture du chanvre, dit M. Vilmorin, demande une terre franche, légère, et bien substantielle. »

Voilà trois agronomes qui jouissent d'une réputation méritée, et qui cependant ne sont pas d'accord du tout sur la nature du terrain qui convient à cette culture ; cela vient de ce que chacun d'eux a fait ses observations dans des localités différentes, et qu'il a cru que le meilleur terrain pour le chanvre était celui où il l'avait vu le plus beau. Tous trois ont généralisé un fait qui n'était qu'accidentel.

Le chanvre n'est pas difficile sur les élémens minéraux dont une terre se compose, et il réussit également dans les sols à base calcaire, siliceuse, granitique, etc., pourvu qu'ils soient riches en humus, profonds, légers ou du moins bien ameublis, très perméables aux influences atmosphériques, un peu frais mais cependant sans humidité stagnante.

« Il lui faut, dit Duhamel, une terre douce, aisée à labourer, un peu légère, mais bien fertile, bien fumée et bien amendée. Les terrains secs ne sont pas propres au chanvre ; il n'y lève pas bien, il est toujours bas, et la filasse y est ordinairement trop ligneuse, ce qui la rend dure et élastique, tous défauts considérables, même pour les plus gros ouvrages. Néanmoins dans les années pluvieuses il réussit ordinairement mieux dans les terrains secs dont nous parlons, que dans les terrains humides ; mais ces années sont rares, c'est pourquoi on place ordinairement les chenevières le long de quelque ruisseau ou de quelque fossé plein d'eau, de sorte que l'eau soit très près, sans jamais produire d'inondation. »

Comme on l'a vu plus haut, Bosc prétend que le chanvre ne donne que des productions grêles dans les sols sablonneux. Or, la partie du département de l'Ain qui longe la rive de la Saône, n'est formée que par une couche de plusieurs pieds d'épaisseur, de sable pur, mobile et si léger qu'en été, si le sol n'est pas couvert de quelque végétation qui lui donne de la solidité, on y enfonce jusqu'à mi-jambe; et cependant le chanvre y végette avec tant de vigueur, qu'il n'est propre qu'à faire des cordages pour la marine.

De l'autre côté de la Saône s'étendent les collines calcaires du département de Saône-et-Loire, et le sol change entièrement de nature. Il est rouge, argileux, compacte, mais riche en humus. Le chanvre y vient beaucoup moins haut et moins gros que sur l'autre rive; cependant il y atteint ordinairement sept à huit pieds, et sa filasse n'est propre qu'à faire de grosses toiles communes.

Derrière ces collines s'élève la chaîne granitique des montagnes du Charollais et du département du Rhône. Là le sol est entièrement composé d'un gravier assez gros, micacé, quarzeux, granitique, résultant de la décomposition des roches primitives. Le chanvre y vient long, mince, excellent, et fournit une filasse employée à la fabrication des plus belles toiles qui se vendent sur les marchés de Tisy et de Tarare.

Voilà donc un exemple de trois sortes de sols qui n'ont pas la moindre analogie entre eux, et qui, cependant, fournissent des chanvres excellens, parce qu'ils sont riches en humus. Toutes les fois que cette dernière condition se rencontrera, le cultivateur pourra donc espérer de bons produits de cette plante, quelle que soit d'ailleurs la nature minéralogique de son terrain.

Préparation du sol.

Il est certain que pour toutes les plantes cultivées, le labour à la bêche est le plus avantageux pour préparer une terre à recevoir un semis. Mais, quoiqu'en disent les auteurs, il n'est pas plus indispensable pour le chanvre, que pour les céréales et autres végétaux; et comme il est toujours extrèmement dispendieux et hors de proportion avec le produit qui doit en résulter, il n'a pu être recommandé que par des agriculteurs théoriciens qui n'ont pas une idée très nette des premières bases de l'économie agricole.

A supposer que le terrain soit libre, on doit lui donner un premier labour à la charrue, aussi profond que possible, en décembre ou en janvier. C'est aussi le moment de donner à la terre les engrais qui sont d'une décomposition lente, tels que les râpures de corne, de cuir, les poils, les chiffons de laine, et en général les fumiers dont la base se compose de fibres végétales non encore décomposées, ou autrement dit, les fumiers *neufs* ou fumiers *chauds* sortant de l'écurie. Ceux qui se décomposent rapidement, comme la poudrette, la colombine, les cendres, la suie, etc, ne seront donnés à la terre qu'au printems, au moment du second labour.

Si le premier labour est bien fait, il aura au moins de sept à huit pouces de profondeur, et c'est tout ce qu'il en faut. « Cultivée à la charrue, dit M. de Pertuis, la chenevière doit recevoir au moins trois façons, un *léger* labour avant l'hiver, un ou deux *profonds* au printems, et un léger avant de semer. »Ce conseil est tout-à-fait contraire à la pratique, et faux en théorie. En effet, le labour d'automne a pour objet d'exposer le fond du sol à l'action des frimats et des gelées, action qui l'ameublit d'abord, et ensuite lui communique des qualités nouvelles utiles à la végétation ; il doit donc être profond ; les deux labours de printems, que l'on fait à quinze jours d'intervalle l'un de l'autre, ne servent plus qu'à ameublir et aplanir la terre ; le premier sera moins profond que celui d'hiver, et le second encore plus superficiel.

« Quand après tous ces labours il reste quelques mottes, on les rompt avec des maillets, car il faut, dit Duhamel, que toute la chenevière soit aussi unie et aussi meuble que les planches d'un parterre. » Au lieu de maillet, on peut fort bien rompre les mottes au moyen de la herse.

« Il est très avantageux, dit M. Bosc, de défoncer le sol tous les six, huit ou dix ans, à quinze ou vingt pouces de profondeur, pour ramener la terre à sa surface. Toutes ces opérations coûtent, je le sais, mais ce n'est que quand on a un beau chanvre qu'on peut espérer d'en tirer profit ; et ne pas les exécuter, c'est vouloir ne pas arriver à son but. » Nous ajoutons que tout cultivateur qui voudra se ruiner n'a qu'à suivre ce conseil, car les bénéfices de dix récoltes de chanvre ne peuvent en aucune manière balancer un défonçage de vingt pouces. Et voilà justement comme on écrit les théories en agriculture, et voilà aussi pourquoi les véritables cultivateurs rient, et avec raison, des livres de nos savans d'académies.

Des assolemens dans lesquels le chanvre peut entrer.

En petite culture, on a des terres nommées *chenevières*, ordinairement d'une petite étendue, dans lesquelles on ramène le chanvre très souvent, et même chaque année, quoique cette plante effrite et amaigrit beaucoup le sol. Mais ces chenevières sont toujours placées dans les terrains les plus riches, et fumées avec abondance. Nous nous donnerons bien de garde de blâmer cette méthode de culture, qui offre vraiment de l'avantage aux petits propriétaires, mais nous nous garderons encore plus de la recommander comme la seule profitable, ainsi que le font les auteurs.

Considéré sous le rapport de la grande culture, le chanvre, dans les terrains qui lui sont favorables, peut très bien entrer dans les assolemens rationellement combinés, et être ramené dans la même terre tous les deux ou trois ans. Tous les agronomes prescrivent pour sa culture, les soles de lupin, de seigle, et même de raves, et, dans leur méthode, ces plantes occupent une année de récolte, et servent à établir une rotation agraire qui repose le terrain et lui donne le tems de se refaire. Comme le chanvre se sème tard, on peut, selon M. de Morogues, se procurer dans l'année deux récoltes, en le faisant précéder par un fourrage de printems. Ainsi, dans le département de Maine-et-Loire, on sème souvent le chanvre en mai, immédiatement après une récolte de raves, et dans le département du Pas-de-Calais, on le voit remplacer une récolte d'escourgeon fauché en vert. Au chanvre, on peut faire succéder le blé avec d'autant plus de facilité, qu'il laisse la terre libre de bonne heure, et permet ainsi de la préparer à loisir.

Dans le nord de la France, où l'on fait quelquefois succéder la culture du chanvre par celle du lin, et celle-ci par celle du froment, il semble que le chanvre favorise la récolte de blé qui doit lui succéder : en sorte que dans de très-bonnes terres, qui seules lui conviennent, il peut offrir un moyen d'assolement extrèmement avantageux. M. Turbilly prétend qu'il a souvent fait mettre après le chanvre, dans ses défrichemens, le froment et l'avoine d'hiver.

« Il ne serait pas impossible d'introduire dans les meilleures terres qui remplaceraient quelques marais desséchés, l'assolement triennal de chanvre, trèfle et lin, en usage dans quelques champs des vallées du Maine; il n'est applicable que dans de très bonnes terres, et exige chaque année des engrais abondans; mais alors aucune culture n'est plus productive, car nulle plante ne rapporte plus que le chanvre et le lin au petit cultivateur qui fait tout par lui-même. Pour pratiquer cet assolement triennal, on partage sa terre en trois parties égales, dont l'une est ensemencée en lin mêlé de trèfle, la seconde produit du trèfle et la troisième du chanvre. Mais, nous le répétons, cet assolement qui n'est bon que dans la petite culture, tendant à beaucoup user la terre, il faut non seulement qu'il ne soit pratiqué que dans

les terres fortes, mais encore que la saison du lin soit
fumée avec du fumier et de la chaux quand la terre est
froide, et que celle du chanvre soit fumée avec de la
cendre. Il y a dans le Maine quelques terres excellentes
qui, cultivées depuis soixante ans de cette manière,
n'ont pas cessé de rendre de belles récoltes. »

Les défrichés de luzerne en bons fonds, sont principalement favorables à la culture du chanvre après
une récolte d'avoine qui les a bien ameublis. Il en est
de même de presque tous ceux des anciennes prairies
naturelles.

Dans quelques pays on sème de la graine de raves
dans le chanvre, avant la récolte du chanvre male.
Cette graine germe; son plant pousse d'abord faiblement
ment, mais lorsque la récolte du chanvre femelle est
effectuée, il prend de la force, par suite de l'espèce
de labour, résultat de l'arrachage, et donne un second
produit. Dans d'autres lieux, au lieu de semer ainsi
des raves, on les sème sur un seul labour après la
dernière récolte. On peut leur substituer des choux à
faucher, du trèfle, de la spergule, etc.

Des engrais convenables au chanvre.

M. Gallesio a publié, pour amender les chenevières,
une méthode que je crois excellente, et qui a pour
principal avantage de ménager les engrais indispensables
aux autres terres. Les cultivateurs devront donc en
faire l'expérience sur leur terrain; et dans toutes les
localités où elle réussira complètement, la grande culture du chanvre cessera d'être un problème pour tous.

Voici cette méthode. » La chenevière, dit cet agronome, doit être labourée aussitôt après la récolte,
c'est-à-dire à la fin de juillet, et doit être semée en
raves. Il est nécessaire que le terrain soit frais, et
pour cela il faut l'arroser auparavant, à moins que

quelque légère pluie ne vienne l'humecter, comme il arrive souvent en cette saison sur le territoire Ligurien : les raves se sèment aussitôt, et si elles sont favorisées des pluies ordinaires d'août, ou d'une légère irrigation à leur défaut, elles croissent avec rapidité et forment de très grosses racines, couronnées par une touffe de feuilles luxuriantes, et qui ont acquis tout leur volume vers la fin de l'hiver. Au mois de février, un nouveau labour doit enterrer toute cette végétation ; si l'on y joint un peu d'engrais, des balayures de maison et des restes d'étable, le seul feuillage suffit pour former un bon engrais pour le chanvre. On peut épargner l'engrais en enterrant les raves. Après cette simple préparation, on passe au troisième labour, et, en avril, on sème le chenevis.

» Il est difficile d'imaginer quelle vigueur de végétation le chanvre reçoit de ces engrais, et la rapidité avec laquelle il s'élève ; en moins de trois mois, la plante est formée et en état d'être cueillie. J'ai éprouvé aussi que le chanvre nourri de cette manière, est encore plus fin que celui qui a été fumé avec les engrais animaux. Dans mon système la sole de raves peut avoir lieu tous les ans, et ne suspend jamais la récolte de chanvre ; elle agit immédiatement, suppléant à l'engrais et passant en nourriture. »

Puisque j'en suis aux citations, je rapporterai ce que dit Duhamel, homme qui comprenait parfaitement et mieux qu'on le comprend de notre tems, la partie économique de l'agriculture. Il dit : « Tous les engrais qui rendent la terre légère, sont propres pour les chanvres, c'est pourquoi le fumier de cheval, de brebis, de pigeon, les curures de poulaillers, la vase qu'on retire des mares des villages, quand elle a mûri du tems, sont préférables au fumier de vache et de bœuf, et je ne sache pas qu'on y emploie la marne.

» Pour bien faire, il faut fumer tous les ans les

chenevières, et on le fait avant le labour d'hiver, afin que le fumier ait le tems de se consumer pendant cette saison, et qu'il se mêle plus intimement avec la terre lorsqu'on fait les labours du printems. Il n'y a que le fumier de pigeon qu'on répand aux derniers labours, pour en tirer plus de profit; cependant, quand le printems est sec, il y a à craindre qu'il ne brûle la semence, ce qui n'arriverait pas si on l'avait répandue l'hiver, mais en ce cas il faudrait en mettre davantage, ou en espérer moins de profit. »

M. de Pertuis, dans une espèce d'instruction qu'il a publiée sur la culture du chanvre, donne aussi de très bons conseils que nous allons transcrire ici. Les chenevières rapportent tous les ans ; mais pour cela il faut les fumer beaucoup chaque année, au moins celles qui en ont eu besoin, et le nombre en est grand. Les seules chenevières qui puissent se passer de fumier, sont celles qui se sèment sur des terrains très frais et très profonds, uniquement formés par des amas d'humus ou d'un sol tourbeux, léger et humide. Les fumiers les plus consommés et les plus chauds sont les meilleurs pour le chanvre. Outre les engrais ordinaires des basses-cours, on a les fumiers de pigeon et de volailles, le crottin des animaux passant dans les rues et chemins, les cendres des plantes marines et les boues de la mer, les chaumes versés dans les endroits où passent les bestiaux, les balayures des manufactures, les poussières et les feuilles qui sortent du chanvre en le battant, les vidanges des privés, les suies des cheminées, les boues des rues, les terres urineuses tirées de dessous les bestiaux, la tourbe crue mise en poussière pour les terres qui ne sont pas noires, les cendres de bois, celles des grosses herbes et des arbustes sauvages, qui valent encore mieux, comme chardons, orties, fougères, roseaux, glaïeuls, genêts, genevriers et autres, pris et brûlés encore verts ; les feuilles des arbres, prises après leur chute et brûlées tout de suite. Ces cendres peuvent s'employer seules : elles sont bonnes aussi, étant mélangées avec le fumier de pigeons et de volailles ; avec quelques soins on peut, dans le cours de l'été et de l'automne, se procurer un ou deux setiers de ces cendres ; les vieillards, les femmes et les enfans peuvent couper et brûler les plantes.

» Ces mêmes plantes, cueillies en fleurs, et jetées toutes vertes dans un trou sans eau, couvertes d'un peu de terre, et arrosées, feraient encore un engrais préférable aux cendres. »

Ici nous sommes entièrement d'accord avec M. Pertuis, mais non dans ce qui précède. L'incinération prive les matières végétales de toutes leurs substances organiques, et les cendres n'offrent plus que des résidus de matières minérales. Or, comme les substances organiques, par leur décomposition dans la terre et les gaz qu'elles laissent échapper, fournissent la meilleure partie fertilisante, il en résulte que les cendres ont perdu aussi la meilleure partie de leurs qualités.

« Si tout manque, continue M. Pertuis, ce qui ne se peut guère, on a encore une ressource ; celle de creuser un trou dans son jardin, d'y porter les dépôts gros et menus de ménage, et de les recouvrir de trois ou quatre hottées de terre, ou de plus, suivant le nombre de personnes, tous les quinze jours. Quand on a des marnes, on doit en verser sur les terres fortes, et sur celles qui se frappent aux pluies, pour les adoucir et les ouvrir, mais cela ne dispense pas de fumer. La tourbe crue ameublie, mise en poussière, fera le même effet, et l'on n'aura pas besoin de fumier. Sur les terres très froides des pays froids, on enterre le grand fumier au dernier labour ; sur les moins froides, au commencement du printems. Dans les climats plus doux ou plus chauds, on le fait avant l'hiver, ou au printems.

» Le fumier de pigeon s'emploie à raison de douze à quinze setiers, mesure de Paris, par arpent, mesure de roi (de 37 à 46 litres par are, ou de 37 à 46 hectolitres par hectare. On conçoit que cette estimation de M. de Pertuis doit varier en raison de la localité et de la qualité du sol.) Dans le nord de la France, lorsqu'on sème à la houe, on le met au fond de la raie avec la semence; dans les autres cas on l'enterre à la herse en même tems que la semence. Plus au midi il serait à craindre qu'il ne fît beaucoup de mal en le répandant sous raies; l'enterrer à la herse est préférable. Son grand effet dépend de l'état humide de la terre, quand on le herse, ou des pluies qui tombent immédiatement après.

Quelque chaud que soit le fumier de pigeons, la cendre des grosses plantes sauvages l'est encore plus. Deux ou trois setiers suffisent pour un arpent (de 6 à 9 hectolitres par hectare), encore faut-il que les terres soient froides, car sur les légères il n'en faudra qu'un setier et demi à deux setiers (de 4 hectol. et demi à 6 hectol. par hectare). La cendre veut être enterrée à la herse avec la semence, si la terre est bien trempée. Si elle est sèche, il faut semer la cendre après que la semence est enterrée; la première pluie en fondra les sels. Voici quelques règles générales pour les engrais.

1° Plus les engrais sont fins, divisés, consommés, plus on doit les donner tard aux terres. — 2° Plus ils sont consommés, moins il en faut : par exemple, si la vidange des privés était sèche et en poussière, deux setiers au plus suffiraient pour un arpent, (6 litres par are, ou 6 hectolitres par hectare). On en dit autant de la suie des cheminées et des cendres. — 3° Il faut moins de ces matières et des terres bien imprégnées de l'urine des animaux quand on en a, que de crottin d'animaux ou d'oiseaux. — 4° Il faut moins de ce crottin que de terreau; moins de terreau que de grand fumier, et moins de fumier gras que de maigre; on nomme fumier maigre celui qui sort des écuries où les litières abondent. — 5° Une terre à froment passable a besoin de fumier, lorsque dans une année un peu favorable, elle ne donne pas au moins huit cents livres de filasse brute par arpent (à peu près 800 kilog. par hectare). 6° Les terres légères en ont presque toujours besoin. —7° Lorsque le chanvre reste vert et flasque, sans force, ou qu'il verse, c'est que la terre devient trop grasse; alors on cesse de fumer pendant un ou deux ans; ensuite on ne donne qu'un demi-engrais : en semant dru on éprouvera rarement cet accident.

Du choix des graines pour semer.

La graine de chanvre ainsi que la plupart des graines huileuses, conserve fort peu de tems sa propriété germinative. Il en lève quelques-unes mais fort peu lorsqu'elle est âgée de trois ans; un peu plus lorsqu'elle en a deux, mais pour que toutes germent, il faut semer celle de la dernière récolte. La meilleure est toujours celle qui a mûri la première et qui est tombée de la plante presque seule. La bonne se reconnaît à ces caractères : elle est grosse, dure, lourde, bien nourrie, luisante, d'un gris brun réticulé de blanc. Celle qui n'a pas tous ces caractères, ou qui est blanche et légère, doit être rejetée.

Si vous cultivez un terrain où le chanvre se soutienne constamment avec toutes les qualités désirables, vous n'avez pas à craindre qu'il dégénère en employant au semis de la graine du pays, que vous aurez recueillie vous-même. Mais si cette précieuse plante perd de ses dimensions dans votre terrain, qu'elle y vienne mal et y reste courte et grêle, vous aurez un avantage immense à faire venir tous les ans, ou au moins tous les deux ans, de la graine du Piémont, ou de tout autre pays où le chanvre, trop gros pour servir à la fabrication des toiles, acquiert dix à douze pieds de hauteur ou davantage. Quoique ce grand chanvre ne soit ni une race ni une variété, comme on l'a cru, néanmoins la vigueur de sa constitution le soutiendra assez pendant un an ou deux, selon la qualité de votre terrain, pour que, tout en perdant beaucoup de ses dimensions, il fournisse encore de la filasse longue et fort belle.

Si au contraire les chanvres de vos pays sont trop gros pour fournir de la filasse à faire de la toile, faites venir vos graines d'un pays où il est dégénéré. Mais, ce qu'il y a de singulier, c'est que les influences d'une végétation vigoureuse se transmettent plus aisément par les graines, que celles d'une végétation languissante. Il en résulte que le chanvre reprend plus vite ses grandes proportions qu'il ne les perd.

Lorsque l'on veut recueillir soi-même de bonnes graines, il faut cultiver séparément des pieds-mères. Dans le Jura on les sème le long des haies, et l'on en obtient une quantité considérable d'excellentes graines. Les habitans y trouvent encore un avantage, c'est que ce chanvre défend les haies contre la dent du bétail, car aucun animal domestique ne mange les feuilles du chanvre, et leur odeur seule les écarte. Dans d'autres pays on disperse les pieds-mères au milieu des fèves de marais, des haricots nains, du maïs, des pommes-de-terre, etc. Quelques cultivateurs moins avares de terrain les sèment par rangées écartées d'un pied et demi à deux pieds, pour donner plus d'air et pouvoir biner une à deux fois.

La quantité de graines que l'on obtient dans une pièce de chanvre, est en raison inverse de la quantité et de la qualité de la filasse que l'on a récoltée. Schwerz dit qu'en Alsace il en a recolté, dans un étang desséché, 33 hectolitres et demi par hectare, mais peu de filasse et elle était grossière. Il a vu récolter à Coblentz, 474 kilogrammes de filasse et 15 hectolitres de chenevis. En Angleterre, quand on laisse le chanvre mûrir ses graines, on compte, année commune, sur 9 hectolitres deux tiers par hectare.

Nous donnerons plus loin la manière la meilleure de récolter et préparer la graine destinée à être semée.

Du semis et de son époque.

Nous avons dit que le chanvre est extrêmement sensible aux plus petites gelées; c'est sur cette considération et sur celle du climat que l'on habite, qu'il faut déterminer le moment de son semis. Dans le nord, il ne suffit pas que l'on n'ait plus à craindre les gelées blanches; il faut encore que le sol soit assez échauffé pour que la germination soit rapide et que la jeune plante prenne promptement son premier développement, car cette première évolution de la végétation a beaucoup d'influence sur la beauté de la récolte.

En France même, l'époque du semis du chanvre varie selon les climats, et même dans chaque climat, selon les localités, c'est-à-dire du mois de mars au mois de juin. Quand le semis doit succéder à une autre récolte, on est bien forcé d'attendre pour faire cette opération ; mais néanmoins il est reconnu que le premier semé est toujours le meilleur. C'est pour cette raison que quelques cultivateurs hasardent un semis précoce, sauf à garder de la graine pour recommencer en cas d'accident. Ceux qui sont prudens, dit Bosc, et qui ont plusieurs chenevières, les sèment ordinairement à huit jours de distance l'une de l'autre, mais jamais en tems sec et froid.

Si, en semant de bonne heure, on a à craindre les gelées blanches, qui font un tort irréparable au chanvre quand il est levé; d'une autre part, si on sème tard, il se trouve en butte aux sécheresses qui lui font quelquefois autant de mal; il est donc bien, quand rien ne s'y oppose, de prendre un terme moyen, et c'est aussi ce que l'on fait dans le climat intermédiaire de la France, en semant, année commune, aux environs du quinze avril.

Mais non seulement il faut connaître l'époque convenable pour semer : il faut encore saisir le moment favorable. Si la terre est sèche lorsqu'on confie les graines à la terre, et qu'il ne survienne pas une pluie pour favoriser la germination, les semences restent quelquefois un mois sans lever. Dans ce cas, elles ne fournissent jamais un plant très vigoureux, et, en outre, elles sont exposées plus long-tems à être dévorées par les mulots, les oiseaux et les insectes. Si au contraire, il pleut avec trop d'abondance pendant le premier mois de leur végétation, le chanvre s'élance, devient grêle, et souvent même, surtout lorsqu'il est semé épais, il en pourrit une partie. Dans les localités où les irrigations sont possibles, on pare facilement au premier de ces inconvéniens : mais malheureusement cette méthode n'est praticable que dans bien peu d'endroits. Il faut donc que le cultivateur étudie les *habitudes de température*, ou pour m'exprimer mieux, la météorologie du pays qu'il habite, afin de s'exposer le moins possible à ces inconvéniens.

Dans les terres sèches, on sème aussitôt après le dernier labour, afin que les graines profitent de l'humidité de la terre nouvellement entr'ouverte ; dans celles qui sont humides, on laisse le sol se *ressuyer* quelque tems avant de lui confier les semences. Dans tous les cas, il faut préalablement passer le rouleau, afin d'unir la terre, de l'aplatir et de la briser jusqu'aux dernières mottes qui peuvent s'y trouver.

Le chanvre se sème à la volée, et ordinairement sans que la graine soit mélangée à d'autres matières. Cependant, beaucoup d'expériences faites en Amérique et en Angleterre, sembleraient prouver que le sel, semé avec elle, avance sa végétation.

Doit-on semer épais ou clair ? Cette question se résout, 1° en raison de la destination de la récolte ; 2° de la qualité du terrain ; 3° de la bonté des graines.

Si on cultive le chanvre pour fournir de la filasse à toile, la distance qui doit exister entre chaque pied doit être, terme moyen, de deux à trois pouces ; elle sera d'un peu plus du double si on destine le chanvre à la marine. Telle est du moins l'évaluation faite par les agronomes ; mais on conçoit qu'elle doit varier en raison de la qualité du terrain. En effet, dans les sols très fertiles, cette plante tend à prendre de la grosseur plus que de la longueur ; on doit donc la semer plus épais afin de la forcer à s'effiler. Dans les terres maigres, il faut, pour qu'elle prenne son développement, que l'air et la lumière suppléent à la maigreur du sol, et, pour l'en faire jouir, on est obligé de laisser plus de distance entre les pieds. Il arrive parfois que le chanvre mûrit mal, et qu'une certaine quantité de graines manque de propriété germinative, enfin, qu'elles sont plus ou moins mauvaises. Dans ce cas, le cultivateur sème aussi plus ou moins épais, en raison de la qualité de la semence, afin que les graines qui ne lèveront pas se trouvent remplacées par d'autres, et ne laissent pas de places vides. Dans tous les cas, il vaut mieux semer un peu trop épais que trop clair, parce que, lors du sarclage, on a toujours la faculté d'éclaircir le plant.

Tous les oiseaux et les mulots sont extrêmement friands de la graine de chanvre ou chenevis, il ne faut pas leur laisser le tems de dévaster le semis, et pour cela on doit recouvrir la semence aussitôt qu'elle est jetée. La meilleure méthode pour cela est d'employer la herse garnie d'épines. Elle demande à être très peu couverte de terre, et l'expérience a prouvé qu'il suffit qu'elle soit enterrée d'un demi-pouce pour qu'elle ne lève pas. Bosc dit avoir remarqué que les grains qui restent à la surface du sol, poussent plus vigoureusement que les autres.

Comme beaucoup de graines restent à découvert, il s'agit de garantir la chenevière de la voracité des pigeons, des moineaux et autres oiseaux, jusqu'à ce que le plant soit levé. Pour y parvenir, chacun s'ingénie comme il l'entend. Les uns écartent ces hôtes incommodes à coups de fusil, les autres placent de distance en distance, des mannequins de paille, vêtus de haillons et soutenus droits par un bâton; un autre bâton en croix sur le premier simule les bras, et un vieux chapeau couvre le tampon qui figure la tête. Beaucoup d'oiseaux sont écartés par la vue de ce simulacre; mais il en est un, fin et rusé, le plus vorace et le plus dangereux de tous, qui a bientôt reconnu l'épouvantail, et qui vient tranquillement ensuite se poser sur sa tête et sur ses bras, pour se reposer un instant de son brigandage : cet oiseau est le moineau.

Pour parvenir à l'écarter, voici le moyen qui réussit le mieux. On tâche d'en tuer quelques-uns à coups de fusil, on les attache par le cou avec une ficelle, et on les pend de distance en distance dans la chenevière, au moyen de baguettes. Les autres ne s'en approchent plus.

D'après ce que nous avons dit plus haut, il est très difficile de fixer d'une manière exacte la quantité de graines nécessaire pour ensemencer une étendue déterminée de terrain. Cependant M. Vilmorin la fixe à quatre hectolitres par hectare, terme moyen. En Allemagne, il en faut deux hectolitres et demi à trois hectolitres pour la même étendue. Young rapporte qu'en Angleterre, on en sème de vingt-trois à vingt-quatre décalitres. Schwerz conseille de ne semer que douze à treize décalitres par hectare, ce qui est certainement insuffisant si on se propose d'obtenir de la filasse à faire de la toile. J'ai calculé, dit Burger, qu'un hectolitre de beau chenevis, contient environ 4,594,000 graines. J'ai semé plusieurs fois quatre hectolitres par hectare; mais je me suis convaincu que trois hectolitres et quart suffisent dans les terrains ordinaires. Vingt-cinq décalitres doivent même suffire lorsque le terrain a obtenu une fumure extraordinaire. Nos paysans sèment quelquefois cinq à six hectolitres par hectare. »

Des soins à donner au chanvre sur pied.

Aussitôt que le chanvre est bien levé, et qu'il a deux ou trois pouces de hauteur, on peut, si on le juge nécessaire, lui donner un sarclage. Pour cela, on se sert d'une petite serfouette à lame étroite et pointue. C'est le moment d'éclaircir le plant s'il est trop épais.

Des agronomes ont recommandé de le sarcler une seconde fois lorsqu'il a atteint un pied de hauteur, sous prétexte, disent-ils, de le débarrasser des mauvaises herbes. Cette pratique est tout-à-fait inutile, et ne sert qu'à augmenter les frais de culture en pure perte. Le chanvre n'a nullement besoin qu'on arrache les mauvaises herbes, il les étouffe fort bien lui-même, et il y a plus, nulle autre plante n'en purge aussi bien les terres. Le premier sarclage lui-même n'est pas toujours nécessaire, et l'on peut fort bien s'en dispenser, si de grosses pluies n'ont pas trop plombé la surface du sol.

Quand les sécheresses sont grandes, dit Duhamel, il y a des gens laborieux qui arrosent leurs chenevières, mais il faut qu'elles soient petites et que l'eau en soit à portée, à moins qu'on ne pût les arroser par immersion, comme on le pratique, je crois, en Italie.

Quoique l'on cultive le plus ordinairement le chanvre à des expositions abritées, il peut cependant arriver que des vents violens, des pluies d'orages, le couchent et le brisent, surtout lorsqu'il est haut et serré. Dans les pays où ces accidens sont à craindre, on peut les prévenir, en plaçant, de distance en distance, des perches transversales attachées à des piquets de quatre pieds de hauteur. Mais ces accidens sont rares, et souvent peu dangereux. Il n'en est pas de même de la grêle, qui est toujours meurtrière pour cette plante, soit qu'elle casse sa tige ou qu'elle ne fasse que la meurtrir ; dans ce dernier cas, elle ne produit plus que de la filasse d'une très médiocre qualité.

M. Barberis, propriétaire en Piémont, eut une che-nevière grêlée ; il en fit couper la moitié rez terre, et laissa l'autre pour point de comparaison : la partie cou-pée fournit une récolte plus abondante, non seulement que l'autre, mais que la même étendue de terre dans les années sans grêle. Rose raconte que cette expérience a été plusieurs fois répétée depuis, et toujours avec un égal succès ; mais j'ignore si les cultivateurs en ont ja-mais tiré parti.

Récolte du chanvre mâle.

Nous rappellerons ici l'erreur de beaucoup de culti-vateurs, qui nomment *mâle* le chanvre qui produit la graine, et qui est par conséquent la véritable femelle, et qui appellent *femelle* celui dont il est question dans ce paragraphe, et qui ne porte que des étamines.

Vers la fin de juillet et le commencement d'août, les pieds de chanvre mâle commencent à jaunir vers la tête et blanchir vers le pied, ce qui indique qu'ils sont en état d'être arrachés. On s'en assure d'ailleurs en frap-pant légèrement la tige : s'il s'en échappe une poussière jaune, abondante (le pollen des botanistes) la plante est mûre, quand même la tige serait restée verte, ce qui arrive quelquefois dans les terres grasses, trop fu-mées, quand les pieds sont trop espacés, ou enfin quand le chanvre a crû à l'ombre. Si, pour arracher le mâle, on attendait que la femelle fut mûre, ce qui souvent n'arrive qu'un mois après, il se dessécherait sur pied, noircirait ensuite et finirait par pourrir, ou au moins ne fournirait qu'une mauvaise filasse.

Certains cultivateurs ont l'habitude de laisser dans leur chenevière des sentiers assez rapprochés pour que la main puisse pénétrer jusqu'au milieu des planches, pour saisir le chanvre mâle, et l'arracher sans briser la femelle. Cette méthode est vicieuse en ce qu'elle fait perdre un cinquième de terrain en sentiers ; elle a encore l'inconvénient grave de donner prise au vent pendant les orages , d'où il résulte qu'il verse le chanvre beaucoup plus aisément.

D'autres, et ceux-là me paraissent employer une meilleure méthode , ne laissent pas de sentiers pendant la culture , mais ils en font à mesure qu'ils récoltent le mâle , en arrachant sur le tracé de ces sentiers seulement , la femelle avec le mâle. Pour cela , les hommes se placent en ligne le long de la chenevière , à sept pieds et demi les uns des autres , et chacun commence à tracer devant lui un sentier de dix-huit pouces , en avançant. Par ce moyen , la chenevière se trouve divisée dans toute sa longueur, autant qu'on le peut de l'est à l'ouest, en planches de six pieds de largeur. A mesure qu'ils avancent , ils arrachent aisément le mâle de ces planches sans nuire à la femelle.

Brale, auquel on doit de très importantes recherches sur le chanvre et sur son rouissage , pense que pour avoir une filasse blanche , douce , facile à rouir , il faut arracher les pieds mâles avant qu'ils jaunissent, c'est-à-dire au moment où ils commencent à incliner leur tête , c'est , pour le climat de Paris , vers le milieu de juillet que cette opération se ferait. Nous ne partageons pas cette opinion , et cela par deux raisons. La première et la plus importante est que rien ne prouve que la filasse soit meilleure , et que les principes les mieux démontrés de physiologie végétale prouveraient, au contraire , qu'elle doit être moins forte. En second lieu , le pollen n'étant pas mûr, ne s'échapperait pas en forme de poussière jaune , des petits sacs (anthères) qui le contiennent , la fécondation ne pourrait avoir lieu, et l'on ne récolterait pas de graines.

Un chanvre arraché un peu vert, dit M. Gavoty, est comme un fruit cueilli avant sa maturité. Le gluten et la résine sont les sucs du chanvre vert. Pour que le chanvre soit de bonne qualité, ces sucs doivent mûrir et se dessécher dans les fibres de la plante. » L'auteur que nous citons n'était pas physiologiste, mais c'était un excellent cordier, fondateur des sparteries en France, et auquel une longue pratique avait donné des connaissances approfondies sur le chanvre, ses défauts et ses qualités; nous le regardons donc comme une autorité très compétente pour juger cette question, et, comme on le voit, il était bien loin de partager l'opinion de M. Brale. En outre, il est reconnu par tous les cultivateurs, que plus le chanvre est d'un beau jaune, plus il annonce de qualité.

Selon la méthode d'*arrachage* par sentiers, il se trouve mêlé du chanvre femelle encore vert, avec le chanvre mâle, et ceci nuit un peu à sa qualité. Aussi fera-t-on bien d'en faire le triage en l'arrachant, et de le faire rouir et préparer à part. Cependant, quand on ne prendrait pas cette précaution consciencieuse, le mal ne serait pas très grand, comme nous allons le montrer. Les pieds mâles comme l'observation l'a prouvé, sont toujours aux pieds femelles comme un est à trois. Ainsi, supposons qu'il y ait dans une planche de six pieds, dix-huit plantes à quatre pouces les unes des autres, ces dix-huit plantes fourniront six plantes mâles. Admettons, pour faire un compte rond, que le sentier ait un pied de largeur, il produira une plante mâle et deux femelles : en additionnant, on trouvera donc que l'arrachage complet des sentiers mêlé à celui des planches, donnera sept plantes mâles pour deux femelles. On conçoit que cette proportion ne peut avoir une grande influence sur la qualité de la filasse.

Et pour preuve, c'est que, dans quelques endroits, les cultivateurs qui renoncent à la récolte des graines, ont la mauvaise habitude de récolter le chanvre en une seule fois, et d'arracher ensemble le mâle et la femelle.

Selon cette méthode, la femelle encore verte est, dans la récolte, en proportion de deux pieds pour un de mâle. Et cependant ces cultivateurs ne reconnaissent pas que la filasse qu'ils obtiennent, ait assez d'infériorité pour les faire renoncer à leur méthode. Si cette infériorité est peu sensible quand la proportion des femelles arrachées en même tems que les mâles est de deux pour un, elle le sera beaucoup moins encore quand la proportion sera de deux femelles pour sept mâles.

M. Crud pense qu'on a tort de laisser sur pied le chanvre femelle, lors de la récolte du mâle, et il ne voit d'avantage, dans cette pratique, que celui de recueillir des graines. « Il vaut beaucoup mieux, dit cet agronome, élever les plantes de chanvre qu'on destine à rapporter la semence parmi les plantations de maïs et de pommes-de-terre, que l'on récolte à peu près dans le même tems que la graine de chanvre, et parmi lesquelles des plantes de celui-ci, isolées, donnent des produits incomparablement plus grands que ces plantes effilées qui ont cru serrées les unes contre les autres dans des chenevières. Si on laisse mûrir la graine dans ces dernières, les mauvaises herbes y prennent pied, le terrain s'appauvrit, et la récolte du froment qui suit, en souffre toujours plus ou moins, tandis que si l'on déchaume d'abord après la récolte du chanvre mâle, on a tout le tems nécessaire pour nettoyer et faire aérer parfaitement le sol, ou pour se procurer une récolte dérobée de fourrage. » Nous ne partageons pas l'opinion de ce cultivateur, mais nous la citons à l'appui de ce que nous avons dit plus haut, seulement pour prouver que quelques pieds femelles mêlés aux mâles, lorsqu'on arrache ces derniers, ne peuvent avoir une grande influence sur la filasse.

Lorsque les pieds mâles sont arrachés, on les met en petites bottes, on les expose au soleil pour les sécher, et on les transporte à la grange ou au grenier, pour attendre le moment de les faire rouir avec les femelles. Selon le sentiment de M. Gavoty, il faudrait les transporter au routoir quarante-huit heures, au plus tard, après l'arrachage. Nous reviendrons sur cet objet à l'article du rouissage.

Récolte du chanvre femelle.

Le chanvre femelle ne mûrit guère ses graines qu'un mois après l'arrachage du mâle, et même quelquefois cinq ou six semaines dans les années pluvieuses. La tige ne jaunit et les feuilles ne se dessèchent que lorsque la graine est arrivée à maturité. Cette maturité se reconnaît encore à la couleur foncée de la graine.

Aussitôt qu'elle arrive, une foule d'oiseaux, verdiers, bruants, linottes, chardonnerets, pinsons, moineaux, etc., se précipitent par nuées sur les chenevières, et finiraient par dévorer la récolte de graines tout entière, si on ne les écartait par les mêmes moyens que ceux indiqués au mot semis.

Selon Gavoty, il ne faudrait arracher le chanvre femelle que lors de la parfaite maturité des semences ; selon Duhamel, un peu avant. « En parlant de la récolte du chanvre mâle, dit ce dernier, nous avons enseigné qu'on laissait encore quelque tems le chanvre femelle en terre pour lui donner le tems de mûrir sa semence; mais ce délai fait que le chanvre femelle *mûrit trop*, son écorce devient trop ligneuse, et il s'ensuit que la filasse qu'il fournit est plus grossière et plus rude que celle du mâle; néanmoins, quand on voit que la semence est bien formée, on arrache le chanvre femelle comme on a fait le mâle, et on l'arrange de même par poignées.

L'opinion de Gavoty nous paraît la plus rationnelle, parce qu'on peut l'appuyer sur des raisonnemens physiologiques incontestables. Cependant, nous ne pensons pas qu'un peu plus ou un peu moins de maturité puisse avoir sur la filasse une aussi grande influence que le disent ces auteurs.

La grande question agitée par les agronomes, est celle de savoir si l'on doit arracher ou faucher le chanvre. Brale prétend que lorsqu'il est gros et vigoureux, la méthode d'arrachage doit être rejetée, parce que les fibres de la racine sont plus grossières que celles de la tige, et qu'alors il faut le scier : c'est, selon lui, une condition absolue d'une bonne filasse, la racine n'en donnant qu'une grossière et mauvaise. Il ajoute qu'en Italie, la *faucille* dont on se sert pour faire cette opération est assez semblable à une faux dont on aurait enlevé la moitié de la lame et les trois quarts du manche.

Si nous voulions discuter cette méthode de Brale, nous pourrions dire qu'elle doit être peu avantageuse pour le consommateur, et fort onéreuse pour le cultivateur, qui perdrait ainsi un poids considérable de filasse ; mais comme le conseil de cet auteur n'a été suivi nulle part, nous nous abstiendrons de le commenter.

Tout se borne donc, pour récolter le chanvre femelle, à l'arracher en allant devant soi, à secouer la terre des racines avec précaution pour ne pas faire tomber les graines, et à réunir les brins en bottes de six à huit pouces de diamètre. L'opération finie, on place dans le champ même toutes les bottes en faisceaux, têtes contre têtes, et l'on couvre le sommet de ces faisceaux avec de la paille, pour garantir la graine de la pluie et de l'atteinte des oiseaux. Là, cette graine achève de mûrir. Il est bon, si le tems devient humide, de défaire les faisceaux par le premier soleil, pour faire sécher les bottes; car la moisissure, et encore plus la pourriture des feuilles, altèrent la qualité de la graine. « Dans certains pays, dit Duhamel, pour achever la maturité du chenevis, on fait, à différens endroits de la chenevière des fosses rondes de la profondeur d'un pied, et de trois à quatre pieds de diamètre, et on arrange dans le fond de ces fosses les poignées de chanvre bien serrées les unes auprès des autres, de telle sorte que la graine soit en bas et la racine en haut. On les retient en cette situation avec des liens de paille, et on relève tout autour de cette grosse gerbe la terre qu'on avait tirée de la fosse, pour que les têtes du chanvre soient bien étouffées. La tête de ce chanvre s'échauffe à l'aide de l'humidité qui y est contenue, comme s'échauffe un tas de foin vert ou une couche de fumier; cette chaleur achève de mûrir le chenevis, et le dispose à sortir plus aisément de ses enveloppes. Quand le chenevis a acquis cette qualité, on retire le chanvre de ces fosses, où il se moisirait si on l'y laissait plus long-tems.

Récolte du chenevis.

On retire la graine des têtes de chanvre de plusieurs manières. Ceux qui ne font que de petites récoltes étendent un drap par terre, placent dessus un banc de bois, et, avec un bâton, frappent sur les têtes que l'on pose sur le banc. D'autres nettoient et préparent une place bien unie sur laquelle ils étendent leur chanvre, en mettant toutes les têtes du même côté; ils le battent légèrement, ou avec un morceau de bois, ou avec un petit fléau. Nous devons dire que le mieux serait de ne jamais se servir de cet instrument; car, quelles que soient les précautions que l'on peut prendre, par cette méthode on casse toujours plus ou moins de tiges. Il est d'autres pays où on frappe la tête des bottes sur le bord d'un tonneau défoncé par en haut : par ces divers procédés, on obtient toute la meilleure graine, et on la met à part pour les semis du printems suivant.

Mais il reste encore beaucoup de graines dans les têtes, et l'on a deux manières de les extraire. La première et la meilleure consiste à remettre les bottes en monceaux, têtes sur têtes, et à les laisser ainsi *couver* pendant un certain tems. Il ne reste plus ensuite qu'à recommencer l'opération du battage tel que la première fois. La seconde méthode consiste, aussitôt après le premier battage, à faire passer les têtes à travers une espèce de peigne de fer, nommé *égrugeoir*, fixé sur un banc, pour faire tomber en même tems et pêle-mêle, les feuilles, les enveloppes de semences et les semences elles-mêmes. On conserve tout cela en tas pendant quelques jours, puis on l'étend pour le faire sécher, enfin on le bat et on nettoie le chenevis en le vannant et en le passant au crible. Des graines blanches, légères, non fécondées, s'y trouvent souvent en grand nombre; il ne faut jamais les laisser avec les bonnes, parce que non-seulement elles n'y servent à rien, mais encore elles absorbent, au pressoir, une partie de l'huile que les autres fournissent, ce qui est une perte réelle. La totalité des vannes se jette dans la basse-cour, où les volailles savent très bien trouver les bons grains qui peuvent y être restés.

La graine vannée et bien nette se porte dans un grenier où les souris ne peuvent pas pénétrer. On l'y dépose en petits tas que l'on remue souvent et que l'on change de place au moins une fois par semaine pendant les premiers tems, afin qu'elle sèche aussi complètement que possible. Si on négligeait cette précaution, elle fermenterait, deviendrait noire, et ne vaudrait plus rien. Quand elle est bien sèche, ce qui arrive au bout de six semaines, un peu plus ou un peu moins selon la saison, on la met dans des sacs ou dans des tonneaux défoncés. Le terme le plus convenable pour la porter au moulin et en extraire l'huile, est de deux ou trois mois à peu près; mais cependant il peut varier un peu, et il n'y a guère que l'expérience qui puisse enseigner le moment précis qu'il faut choisir pour cela. Si on l'y porte trop tôt, le mucilage de l'amande n'étant pas en totalité changé en huile, il y a de la perte. Si on attend trop tard, beaucoup de graines rancissent et l'huile est de mauvaise qualité. Nous ne nous étendrons pas davantage sur ce sujet, parce qu'il sort un peu de notre cadre.

Du triage.

M. Crud, que nous avons déjà cité, propose, avant le rouissage, une opération que nous n'avons jamais vu faire, et qui nous paraît tout-à-fait inutile, c'est celle du *triage* du chanvre. « Quand le chanvre récolté et qu'on a disposé en javelles sur le sol même, est sec, ce qui a lieu en deux ou trois jours, dit-il, on le transporte auprès des bâtimens rustiques pour l'*assortir*. Voici en quoi consiste cette opération. On place le chanvre en tas, horizontalement, le bas ou le gros bout des plantes appuyé contre un mur ou contre une paroi, afin que, de ce côté, les plantes soient toutes également avancées, et que leur inégalité en longueur se montre toute par en haut. On pose sur le tas, auprès du mur, des plateaux pour tenir ce tas en ordre, et empêcher qu'en tirant les brins pour les assortir, on ne le dérange.

On procède alors à *assortir*. Les ouvriers saisissent par poignées les brins les plus longs qui se présentent, et après les avoir tirés hors du tas, ils les lient par le milieu en javelles; ils emploient, pour lier, des brins de chanvre étiolé. En tirant ainsi toujours les brins les plus longs, les ouvriers arrivent enfin aux tout-à-fait courts et à épuiser la récolte. De plus, cette opération débarrasse les tiges de chanvre des liserons qui souvent s'entortillent autour d'elles. Quand les ouvriers ont rassemblé douze javelles, ils en forment un faisceau qu'ils lient aux deux extrémités. Afin que ces faisceaux soient uniformes de grosseur dans toute leur longueur, on y met la moitié des javelles tournées d'un côté, l'autre de l'autre. On laisse dépasser un peu la sommité des plantes, et on la retranche, pour ne laisser que ce qui peut donner de la bonne filasse. En assortissant ainsi ce chanvre, l'on doit séparer toutes les plantes ou brins qui sont tarés, ou qui ont péri avant la récolte. »

Nous ne commenterons pas cette méthode, par la raison qu'elle n'est suivie, au moins en France, par aucun cultivateur; mais nous ferons seulement remarquer une chose : c'est que les écrivains, en augmentant ainsi sans aucun but réel d'utilité, les frais d'exploitation, font beaucoup plus de mal que de bien à l'agriculture.

Du rouissage.

Avant d'entrer dans des détails sur le rouissage du chanvre, il est indispensable de faire connaître la constitution physiologique de l'écorce qui fournit la filasse, car sans cela on ne comprendrait que difficilement ce qui va suivre.

Tous les végétaux dont la graine émet en germant deux cotylédons, sont recouverts d'une *écorce*. Cette écorce se compose dans les plantes annuelles : 1° de l'épiderme, pellicule sèche, très mince, transparente, et qui recouvre toutes les autres parties; 2° des couches corticales, sorte de réseau vasculaire, composé de fibres entre-croisées dans beaucoup de végétaux, longitudinales dans le chanvre; ce sont ces fibres qui constituent la filasse, et pour cette raison, nous allons les étudier.

Les fibres du chanvre, fig. 2-A, sont composées de vaisseaux extrêmement petits, visibles seulement à une très forte loupe, assez longs, réunis bout à bout par une sorte de soudure, et rapprochés en faisceaux qui s'étendent depuis la racine de la plante jusqu'à son sommet. Les faisceaux sont agglutinés les uns contre les autres, au moyen d'une matière glutineuse résino-gommeuse. Sur une livre d'écorce de chanvre, la résine fournit 4 gros 18 grains, la gomme fournit 3 onces 3 gros et demi, et les faisceaux de fibres fournissent le reste.

Les vaisseaux, fig. 2-B, sont formés par de petits rubans plats d'un côté, un peu convexes de l'autre, roulés en spirale comme les élastiques d'une bretelle, fig. 2-C, et formant ainsi des cylindres ou vaisseaux dans lesquels circule un fluide particulier. Lorsque la fibre est mise à nu par le rouissage, et qu'elle est par conséquent à l'état de filasse, les lames des vaisseaux n'en conservent pas moins leur ressort, et c'est à cela que la filasse doit sa force. C'est aussi à cette cause qu'il faut attribuer la faculté qu'a le chanvre, lorsqu'il est filé dans un certain sens, de se détordre avec plus ou moins d'énergie, selon sa qualité, et c'est à cette faculté que les cordiers ont donné le nom d'*élasticité*, comme s'ils avaient connu le phénomène qui la produit.

M. Gavoty, auteur de plusieurs ouvrages estimés sur la corderie, attribue l'élasticité du chanvre à une résine insoluble qui réunirait les fibres du chanvre et qui résisterait à l'eau de manière à empêcher les cordes de pourrir, en raison de ce qu'elles contiendraient plus ou moins de cette résine. Quoique cet auteur, plus praticien que physiologiste, se trompe sur le principe, il n'en tire pas moins des conséquences souvent vraies, et toujours utiles. Nous aurons occasion de revenir plusieurs fois sur cet objet en discutant les opinions de M. Gavoty.

L'opération du rouissage a pour but, quoiqu'en dise cet auteur, de dépouiller entièrement la fibre du chanvre de la matière résino-gommeuse qui unit intimement les faisceaux entre eux au point de leur faire former des rubans plus ou moins larges et non de la filasse. Pour dissoudre cette matière, le rouissage emploie la fermentation, mais on pourrait également se servir d'autres moyens. Nous allons rapidement les discuter tous, en commençant par le plus généralement employé, et qui nous paraît aussi le meilleur.

Du rouissage dans l'eau.

On a deux manières de rouir le chanvre dans l'eau :

1° en le plaçant dans l'eau courante d'une rivière ; 2°
en le déposant dans un *routoir* ou *rouissoir*.

Dans l'un et l'autre cas, voici comment la fermentation agit. La matière résino-gommeuse se trouvant en
contact avec l'eau, se gonfle, s'échauffe, et sa partie
mucilagineuse perd sa glutinosité en fermentant, et
devient acide avant de pourrir ; en cet état, elle acquiert
la propriété de dissoudre la résine, et agit sur celle-ci
en la décomposant. Il en résulte qu'après une fermentation suffisante dans l'eau, le chanvre se trouve entièrement dépouillé de la matière qui tenait ses fibres col-
lées les unes aux autres, et qu'on peut alors très facilement les diviser pour les mettre à l'état de filasse. Ces
principes connus, voyons maintenant comment on agit
pour les mettre en pratique.

1° *Rouissage dans l'eau courante.* Le gouvernement
a interdit le rouissage du chanvre dans la plupart des
rivières, et cela en faveur des poissons ou de ceux qui
les mangent, mais au détriment de la santé des cultivateurs. En effet, dans une rivière d'eau courante, la fermentation se fait lentement et par conséquent les gaz
qu'elle exhale sont continuellement emportés par l'air ;
ils n'ont pas le tems de se condenser dans de certains
cantons, et sont de nul effet sur la santé des habitans.
Il y a plus, l'eau, sans cesse renouvelée et battue par
le courant, retrouve l'oxigène dont le rouissage l'avait
privé, et le poisson, à supposer même qu'il restât béné-
volement auprès de meules de chanvre, pourrait être un
peu enivré, mais jamais empoisonné. Je me suis long-
tems amusé à pêcher sur les bords de la Saône, dont,
par parenthèse, les eaux sont à peine courantes ; j'ai vu
bien souvent du frétin enivré autour des meules de chanvre dont les Bressans encombrent la rivière, mais je n'y
ai jamais vu le plus petit poisson mort.

Mais, a-t-on dit, le bétail qui va boire de ces eaux

peut être empoisonné, et je réponds que non, parce que : 1° quand les eaux sont assez corrompues pour exhaler une mauvaise odeur, ce qui n'arrive jamais dans une rivière, le bétail refuse de les boire ; 2° quand même les eaux seraient entièrement imprégnées du suc extrait du chanvre, elles ne seraient pas un poison pour le bétail, parce que leurs effets, à la plus haute dose, ne peuvent être que narcotiques et purgatifs, et jamais plus dangereux, à supposer que le bétail en boive, ce qui ne peut arriver.

Il n'en est pas de même du rouissage dans les routoirs, mares, fossés, etc. L'eau ne s'y renouvelant jamais, exhale, en pourissant, des miasmes empestés, délétères, fiévreux, qui nuisent également à la santé des hommes et des animaux.

Il est de principe que le chanvre destiné à faire des cordes doit être un peu moins roui que celui dont on veut faire de la toile ; mais il est impossible de fixer un tems précis pour aucun des deux, comme nous le verrons plus loin. Il suffit de dire ici que celui que l'on fait rouir dans l'eau courante exige plus de tems que celui que l'on met au routoir, parce que la fermentation y est plus lente.

Pour placer le chanvre dans une rivière, on commence par choisir un endroit où le fond soit uni, où il n'y ait pas plus de trois pieds et demi d'eau, et où le courant soit le moins rapide. Moins l'eau est profonde plus elle s'échauffe facilément par les rayons du soleil, et plus la fermentation a d'activité. On arrange les bottes de chanvre en lit que l'on maintient au fond de l'eau au moyen de pierres, avec des piquets et avec des perches et des liens si cela est nécessaire. L'essentiel est qu'il baigne entièrement. On a remarqué que les bottes qui sont le plus près de la surface de l'eau rouissent moins bien que celles qui sont dessous ; on en a conclu que c'était par un effet de l'air et de la lumière : en conséquence, quelques cultivateurs couvrent les chanvres avec un lit de paille ou de fougère. Comme toutes les autres opérations se font de la même manière que dans les routoirs, nous allons passer de suite à ces derniers.

2° *Rouissage dans l'eau dormante.* On donne le plus ordinairement le nom de *routoir* ou *rouissoir* à des fosses de trois ou quatre toises de longueur sur deux ou trois toises de largeur, et trois ou quatre pieds de profondeur, remplies d'eau. Quelquefois les routoirs ne sont que des fossés creusés pour l'écoulement des eaux, ou destinés à dessécher les terres marécageuses, ou enfin des mares naturelles. Les meilleurs sont ceux qui sont établis sur le bord d'un ruisseau, de manière à recevoir un petit filet d'eau d'un côté pour le laisser échapper de l'autre. Mais pour qu'ils aient toutes les qualités, il ne faut pas que cette eau courante soit crue ou chargée de sélénite, ni plus froide que la température de l'atmosphère; c'est dire que celle de fontaine est bien loin d'être la meilleure, et que l'eau que l'on doit préférer à toutes est celle que l'on peut tirer d'un étang.

Loin d'y avoir de l'inconvénient à ce qu'il y ait plusieurs routoirs à la suite les uns des autres, dont les supérieurs déchargent leurs eaux dans les inférieurs, il y a le plus souvent de l'avantage, parce que les eaux qui ont déjà servi à rouir accélèrent le rouissage du nouveau chanvre. Il est quelques endroits où on bâtit des routoirs en maçonnerie, qui, hors du tems du rouissage, servent à laver le linge et autres objets. Toujours il serait bon que tous fussent au moins pavés; en général, les routoirs sont mal creusés, mal placés, mal conduits, de sorte qu'il en résulte une défectuosité et un déficit dans le chanvre roui, causant annuellement de grandes pertes.

La longueur et la largeur d'un routoir sont extrêmement variables, et le plus souvent dépendent de la quantité de chanvre que l'on a à y mettre chaque année. Comme le rouissage se fait mieux en grandes qu'en petites masses, il faut que ces dimensions soient plus fortes que faibles; mais comme le service d'une grande fosse est plus difficile que celui d'une moyenne, il est bon qu'elles soient restreintes. Deux toises de longueur sur une de largeur paraissent, selon M. Bosc, une grandeur moyenne assez convenable. « Nous pensons de même quand il ne s'agit que d'une petite culture, mais lorsqu'on a une grande quantité de chanvre à faire rouir, ces petits routoirs augmenteraient la main d'œuvre, et dans ce cas il vaut beaucoup mieux leur donner une grandeur triple ou quadruple.

Quant à la profondeur, elle doit toujours être de trois à quatre pieds au plus, tant pour que la température y soit toujours égale, que pour pouvoir mettre et ôter aisément et sans danger les rangs inférieurs de bottes de chanvre.

Chaque année les routoirs doivent être curés; la terre qu'on en tire est un engrais de première qualité: ainsi les frais de cette opération se trouvent compensés. L'eau même des routoirs fournit en Angleterre un excellent engrais, mais je ne crois pas qu'en France on ait jamais pensé à en faire usage. On a sans doute beaucoup exagéré l'insalubrité des routoirs, mais il n'en est pas moins vrai qu'ils exhalent des gaz délétères; il faudra donc les placer à une distance des habitations assez grande pour qu'on ne puisse pas en sentir l'odeur, surtout lorsque souffle le vent du midi.

C'est-à-dire qu'on les creusera à cinq ou six cents pas au moins des villages, et au nord si cela se peut. On plantera sur leurs pourtours une quantité de grands arbres qui, ainsi qu'on le sait, absorbent les gaz méphytiques et renouvellent l'air par le moyen de leurs feuilles.

Lorsqu'il fait chaud, on voit dès le lendemain qu'on

a mis le chanvre dans l'eau, des bulles d'air s'élever à la surface de cette eau, et ce n'est encore que de l'air ordinaire; mais au troisième jour, cet air est du gaz acide carbonique, et au cinquième de l'hydrogène. Alors l'eau est trouble et colorée; elle exhale une odeur désagréable, même fétide, et si elle contient des poissons ou des insectes, ils périssent. « Qui ne reconnaît, dit Rozier, au simple énoncé de ces phénomènes, qu'ils sont produits par la fermentation? Cette fermentation est avancée ou retardée par le chaud et le froid, plus forte et plus prompte dans les eaux stagnantes et peu abondantes, moins avantageuse dans les ruisseaux et les rivières. Les grandes masses de chanvre sont bien plus tôt rouies que les petites; mais il n'y a que le gluten qui, dans le chanvre, contienne les élémens de la fermentation; il s'humecte, il s'amollit, il s'enfle comme tout mucilage dans le même cas. Si cette matière était entraînée à mesure qu'elle se dissout, il n'y aurait pas de fermentation : c'est la raison du peu de perfection que prend le rouissage dans les eaux courantes; cependant à cet inconvénient s'oppose la construction des tas qui sont alors plus serrés et plus chargés que ceux des eaux dormantes. La partie du gluten encore enclavée dans l'écorce, qui la distend de toute part et l'attaque dans tous les sens, subit la fermentation et produit les différens gaz dont on a parlé, suivant les degrés de cette fermentation. On sait que tout mucilage qui a fermenté perd sa glutinosité et devient acide avant de pourrir; que dans cet état il est un menstrue pour dissoudre les résines. Les sommités du chanvre sont encore glutineuses lorsque le rouissage est parfait pour les tiges : cette partie est peut-être plus résineuse; elle est d'ailleurs placée plus loin du centre de la fermentation; elle a moins éprouvé le mouvement intestin qui atténue et mixtionne les principes. Ce sont sans doute ces observations qui ont engagé les Hollandais à mettre de la fougère entre les couches de leurs

bottes de lin, afin de faciliter et d'accélérer la fermentation, qui déterminent tant de cultivateurs français à
laisser les feuilles au chanvre qu'ils placent au routoir. •

On voit, d'après ces excellentes remarques de Ro-
ziers, que c'est mal à propos que des agronomes ont recommandé de couper la tête du chanvre avant de le mettre au routoir, puisque c'est là que se trouve le plus de
feuilles. Ils allèguent, il est vrai, que les feuilles colorent
la filasse et la noircissent, mais l'expérience a prouvé
que cela n'arrive que lorsque le chanvre a resté trop
long-tems au rouissoir.

Comme les plantes que l'on met à rouir ne sont pas
toutes au même degré de maturité, qu'elles n'ont pas
toutes la même grosseur, etc., il arrive qu'elles n'at-
teignent pas toutes en même tems le point de rouissage
nécessaire. On a reconnu, par exemple, que le chanvre
femelle rouissait plus tôt que le mâle, le gros plus tôt que
le petit, le long plus tôt que le court, le vert plus tôt que
le jaune, le voisinage des racines plus tôt que le voisinage de la tête ; le nouvellement arraché plus tôt que le
sec ; celui qui a cru serré, ou à l'ombre, ou dans un en-
clos, plus tôt que celui qui a cru écarté, au soleil ou en
plein champ. Il serait donc bien, si l'on s'était déterminé
à faire un triage, ce que nous ne conseillons pas, de séparer toutes ces qualités, de les mettre rouir à part, ou
de les placer différemment dans le routoir. Mais, nous
le répétons, toutes ces manœuvres augmentent les frais
dans des proportions qui ne se trouvent pas compen-
sées par l'augmentation du produit.

On peut tirer de ceci une conclusion meilleure dans
son application. C'est que le chanvre vert se rouissant
plus vite que le sec, il est avantageux de le porter au
routoir aussitôt après la récolte. Or, comme le mâle
s'arrache avant la femelle, ce sera par lui que l'on com-
mencera cette opération. Par ce moyen on gagnera du
tems et l'on profitera de la chaleur de la saison. Dans

tous les cas, comme il faut au chanvre retiré de l'eau une dessiccation rapide au soleil et à l'air, il faut, dans le climat de Paris, que le rouissage se fasse au plus tard à la mi-octobre, pour prévenir la saison des pluies et du froid.

Le tems du rouissage varie selon la chaleur de la saison, la qualité et la quantité des eaux, la nature du chanvre et l'emploi de la filasse. Dans un routoir isolé et de moyenne grandeur, alimenté par des eaux de rivière, il est ordinairement, dans le climat de Paris, de quatre à cinq jours en juillet, de cinq à huit en septembre, de neuf à quinze en octobre. Il est retardé dans les eaux de source, dans les eaux courantes, dans les eaux trop profondes ou trop étendues, dans les eaux séléniteuses, les eaux salées, etc.

Chaque jour on visite le chanvre dans le routoir, pour voir si rien ne s'est dérangé, et pour saisir le moment de le retirer de l'eau. Les signes auxquels on reconnaît qu'il est assez roui sont assez faciles à saisir, pourvu qu'on en ait l'habitude. Ils s'annoncent par la couleur de l'eau, l'odeur qu'elle exhale, etc.; le plus certain est lorsque l'écorce quitte la tige (qui prend alors le nom de *chenevotte*) d'un bout à l'autre, et lorsque la moëlle est entièrement disparue. Quand le chanvre n'est pas assez roui il n'y a que demi-mal parce qu'on peut toujours le remettre dans l'eau, ou l'étendre sur le pré pendant quelques jours; mais quand il est trop roui, le mal est sans remède : la filasse à moitié pourrie est noire, courte, se casse facilement, et se transforme presqu'entièrement en étoupe dans les opérations du serançage et du peignage.

Le chanvre complètement roui est retiré de l'eau à la main, après avoir enlevé les pierres et les piquets qui l'assujettissaient. Pour cela, un homme entre dans l'eau, ou on se sert d'un croc; mais ce dernier moyen ne doit être employé qu'en cas d'absolue nécessité, à raison de ce qu'il brise les chenevottes, brouille la filasse, et cause par conséquent beaucoup de déchet et de perte de tems. Dès que les bottes sont retirées de l'eau il faut les laver, et c'est alors qu'une eau courante et abondante est une chose utile, parce qu'elle remplit mieux l'objet qu'une eau stagnante et sans profondeur; cependant on peut rarement l'employer, à raison des inconvéniens qui en résultent pour les poissons, même pour les hommes et les bestiaux. Le plus souvent on est réduit à les laver avec des seaux d'eau qu'on jette sur elles.

L'essentiel est de faire cette opération au moment même où on retire le chanvre du routoir, et à le faire sécher immédiatement après. Pour opérer cette prompte dessiccation, on écarte le pied de chaque botte en trois faisceaux sans défaire le lien, et on le dresse sur le sol. Cette manière d'opérer vaut mieux que celle de placer les bottes le long des murs et des haies, parce que la dessiccation opérée par l'air agité est plus avantageuse que celle qui est la suite de la chaleur du soleil, laquelle colle sur la chenevotte, la filasse, qui n'est pas encore débarrassée de toute sa résine. D'ailleurs les abris retardent la dessiccation lorsque le soleil ne brille pas. Il est des cultivateurs qui, au lieu de suivre cette méthode, délient les bottes de chanvre et étendent sur la terre les chenevottes qui les composent; mais ils sont exposés à les voir dispersées ou bouleversées par le vent, par les pluies d'orage, par les animaux, et il s'en casse toujours beaucoup en les étendant et en les ramassant.

Dès que le chanvre roui est complètement desséché, on réunit un certain nombre de bottes ensemble pour en faire de plus grosses, et on le transporte dans le grenier pour le conserver jusqu'au moment d'en extraire la filasse.

De plusieurs autres méthodes de rouissage.

1° *Rouissage sur le pré.* Cette opération consiste à

dans les pays qui manquent d'eau, à faire d'abord sécher le chanvre après l'avoir arraché, puis à l'exposer à l'action de l'air, du soleil, des pluies, de la rosée des nuits, en l'étendant sur l'herbe. Dans un climat médiocrement humide ce rouissage dure un mois ; mais on peut abréger ce tems en ayant la précaution de l'arroser soir et matin quand le tems est sec. Pendant la durée de ce rouissage, il est indispensable de retourner le chanvre plusieurs fois, car sans cela la partie de la tige qui touche à la terre pourrirait, et l'autre se dessécherait.

Ce mode de rouissage qui a été préconisé par les agronomes, qui ont exagéré le danger des miasmes s'élevant des routoirs, offre un grand nombre d'inconvéniens. 1° Comme il dure fort long-tems, le chanvre étalé sur la terre est exposé à beaucoup d'accidens : il peut être brisé par les animaux, éparpillé par le vent, etc. 2° Ordinairement le rouissage n'est pas uniforme ; 3° la filasse noircit beaucoup, ce qui la rend plus difficile à blanchir ; 4° souvent elle est tachée d'une manière ineffaçable ; 5° enfin le chanvre étalé sur un pré empoisonne l'herbe et peut rendre celle-ci fort dangereuse pour les animaux qui s'en nourrissent.

Les inconvéniens du rouissage sur le pré sont bien moins graves pour le lin, parce que cette plante rouit bien plus promptement et n'est pas délétère. C'est cette méthode de rouissage que l'on préfère dans les pays où on le cultive en grand pour faire de la batiste ou de la dentelle, comme en Flandre et en Hollande, parce qu'on a reconnu qu'elle donnait une filasse bien affinée, très souple et très soyeuse.

Sur les bords du Rhin on a la même opinion, et l'on regarde le chanvre roui dans l'eau comme inférieur à celui qui a été roui à la rosée ; c'est tout le contraire dans d'autres endroits. Tant de circonstances variables agissent dans cette opération, qu'il est à croire que chacun a raison dans son pays, tandis qu'il aurait tort dans un autre.

2° *Rouissage dans la terre*. Il est des localités où le manque d'eau disponible et la grande sécheresse du climat, ne permettent pas de rouir dans l'eau et sur le pré; là on n'a d'autre ressource que de faire cette opération dans la terre. Pour cela, on creuse à la portée d'un puits, une fosse, on y arrange le chanvre comme dans un routoir, on le recouvre d'un à deux pieds de terre, plus ou moins, selon la nature de cette terre; on donne une bonne mouillure au tout, et on attend que le rouissage s'accomplisse.

Si l'on renouvelait la mouillure, on retarderait l'opération, parce que l'eau froide nuit à toute fermentation en action. Cependant on est quelquefois obligé de le faire lorsqu'on procède avec du chanvre déjà desséché, ou dans les terres et les saisons sèches : c'est à l'expérience à décider des cas ou l'arrosement devient nécessaire.

Il faut assez communément le double de tems pour effectuer le rouissage dans la terre que pour l'effectuer dans l'eau. Lorsqu'on croit qu'il s'avance, on visite tous les deux ou trois jours une des bottes supérieures, pour juger de l'état de la masse.

Lorsque le chanvre ainsi roui est retiré de la fosse, on le fait rapidement sécher, comme il a été dit plus haut. La terre qui lui est adhérente reste jusqu'au moment où il est teillé ou sérancé, à moins qu'on ait assez d'eau de pluie pour l'enlever de suite. Cette terre, au reste, n'a pas les inconvéniens, pour la coloration de la filasse, de la boue des routoirs à eau, à moins qu'elle soit ferrugineuse; et en ce cas il ne faudrait pas y mettre le chanvre.

Les résultats de ce rouissage convenablement exécuté, sont en général fort beaux, et le plus souvent préférables à ceux du rouissage à l'eau, quand on désire de la filasse à toile. Cependant cette méthode n'est pas sans danger. La marche de la fermentation est fort irrégulière dans ces fosses, et souvent elle parcourt ses phases avec tant de rapidité, que du jour au lendemain la filasse est altérée. La cause en est dans l'action de la chaleur atmosphérique, beaucoup plus variable que celle de l'eau.

On doit prendre de grandes précautions lorsqu'on enlève le chanvre de ces sortes de routoirs, car les gaz acide carbonique et hydrogène sulfuré qui s'y trouvent, sont dans le cas de causer instantanément la mort aux ouvriers : c'est le matin avant le lever du soleil, qu'il convient d'y procéder. Il faut commencer par le bord au-dessus du vent, et, pour plus de sûreté, allumer un feu clair tout près de ce bord.

3° *Rouissages chimiques.* Les meilleures substances pour dissoudre le gluten qui réunit et soude les fibres du chanvre, seraient d'abord l'eau-de-vie, ensuite les alcalis, les savons, la chaux en petite quantité, les acides minéraux affaiblis, les acides végétaux; mais aucune de ces substances n'agit isolément d'une manière complète.

Partant de ces faits chimiques, plusieurs auteurs ont inventé des méthodes plus ou moins ingénieuses pour rouir le chanvre en quelques heures, chose dont je ne comprends guère l'avantage pour le cultivateur, car pour lui, le nombre de jours que le chanvre passe dans l'eau est d'un intérêt tout-à-fait nul. M. Homme est, à ma connaissance le premier qui ait eu cette idée; il proposa de rouir le chanvre en le mettant pendant quelques heures dans une lessive alcaline chauffée. M. Brasle, et ensuite M. Saint-Sever, ont perfectionné ce procédé, en plaçant le chanvre et cette lessive dans une chaudière de cuivre exactement fermée, à la vapeur de l'eau élevée à une haute température. Aussitôt, tous ces auteurs qui écrivent que la culture du chanvre est la moins avantageuse de toutes, s'emparèrent de ces procédés, les modifièrent de cent manières, toutes plus coûteuses, plus impraticables les unes que les autres, et les recommandèrent aux cultivateurs praticiens qu'ils n'avaient p·· encore pu dégoûter de la culture du chanvre. Plusieurs propriétaires aisés des environs de Paris, n'ayant pas aperçu les ridicules contradictions de leur logique, s'empressèrent de faire des achats de soude et de potasse, de faire construire des fourneaux, des chaudières, des appareils pour lessiver le chanvre, et ce ne fut qu'après deux ou trois ans d'école qu'ils ouvrirent les yeux et virent que, pour employer ces merveilleux procédés, ils avaient dépensé deux ou trois fois plus d'argent que ne valaient leurs récoltes de chanvre. Les agronomes écrivains ne parlèrent plus de chaudières, d'alcali ni de lessive, mais ils n'en continuèrent pas moins à affirmer que la culture du chanvre en grand était une chose ruineuse, et voilà comment les erreurs de gens qui n'ont pas les moindres notions de pratique, se propagent parmi le peu de cultivateurs qui croient encore à la science des agronomes de cabinet. Heureusement que le nombre de ces cultivateurs croyans diminue tous les jours, grâce aux journaux des sociétés prétendues savantes.

Comme le rouissage chimique, considéré sous le rapport de la pratique et de l'économie, est une absurdité, au moins jusqu'à ce jour, nous ne nous en occuperons pas davantage ici.

D'autres personnes, en France et en Angleterre, ne comprenant pas l'utilité du rouissage, ont cru que si l'on parvenait à détacher l'écorce du chanvre sans cette opération, on aurait fait une découverte superbe. En conséquence, ils inventèrent une foule de machines, qui furent toutes aussitôt abandonnées qu'employées, parce que : 1° leur effet n'était pas celui du rouissage, car le rouissage agit d'une manière chimique et non pas mécanique : il agit en formant de nouvelles combinaisons et non en déplaçant simplement les parties, chose que ne peut faire une machine ; 2° parce que la dépense de leur acquisition et celle de leur emploi étaient trop considérables ; 3° parce que leur action était lente, et qu'elle ne pouvait être agrandie au point désirable.

Nous terminerons ce chapitre du rouissage par quelques faits qui ont été observés. Du même chanvre mis à rouir dans l'eau stagnante et dans l'eau courante, le premier a été plus tôt roui, a fourni plus de filasse et de la filasse plus aisée à blanchir ; mais le second avait la filasse plus blanche, plus entière et plus forte. Il en a été de même du chanvre mis à rouir dans une eau de rivière stagnante et dans une eau de mer stagnante. Les eaux de fumier, les eaux dans lesquelles on a introduit de sels alcalins accélèrent le rouissage du chanvre. Il en est de même de l'eau dans laquelle du chanvre a été roui. Une petite quantité de chaux mise dans un routoir produit le même effet, mais il brule trop la filasse.

DE L'EXTRACTION DE LA FILASSE DU CHANVRE.

Après que le chanvre a été roui et séché, il ne reste plus au cultivateur qu'à en extraire la filasse pour la livrer au commerce. Trois moyens sont usités pour cela : l'un, dans lequel on ne fait usage que des doigts, s'appelle *teiller* ; l'autre, pour lequel on se sert d'un instrument particulier se nomme *broyer* ; le troisième s'appelle *riber*, et l'on se sert d'un moulin à meule conique tournant autour d'un pivot et écrasant les tiges. Cette machine est connue sous le nom de *ribe*, et diffère peu d'un moulin à huile. Ces trois méthodes ont chacune des avantages et des inconvéniens dont nous nous occuperons à leur article.

1° *Du teillage.* On appelle teiller ou tiller le chanvre, l'opération par laquelle on sépare la chenevotte de la filasse en cassant la première et tirant la dernière en la faisant couler entre les doigts. Aucune opération n'est plus simple que celle-ci, et pourtant, pour être bien faite elle demande une grande habitude.

Le teillage est sans contredit le moyen qui procure la filasse la plus longue, et par conséquent la meilleure ; mais c'est une opération qui exige une grande perte de tems, ce qui la rend impraticable dans la culture en grand. Ce n'est que dans les pays très populeux, où la propriété est très divisée, et surtout où chaque famille ne cultive le chanvre que pour son usage seulement, que cette manière d'en extraire la filasse est restée en usage. Toute la famille, jusqu'aux enfans de six à sept ans, passe les longues soirées d'hiver à teiller soit au coin du feu, soit dans les écuries. Les jeunes bergers n'ont pa d'autre occupation dans les champs en gardant le bétail.

Cette méthode, outre la perte de tems, offre encore quelques inconvéniens que nous devons mentionner. Le chanvre teillé conserve ordinairement de grosses *pattes* du côté des racines, dont le poids est avantageux au vendeur et très contraire aux intérêts de l'acheteur ; la boue et la crasse qu'il a contractées dans les eaux sales et croupissantes où on l'a fait rouir, y restent attachées plus ou moins, et répandent une poussière épaisse dans l'atelier où on le travaille, et cette poussière, souvent mortelle, est toujours fort dangereuse pour les ouvriers.

De plus, la filasse, en teillant, ne se lève pas toujours dans toute sa longueur : on est obligé de rompre à plusieurs fois la chenevotte pour en tirer l'écorce ; le court se trouve mêlé avec le long, et cette inégalité n'est pas moins préjudiciable : les brins à demi rompus et brisés qui se trouvent renfermés dans la poignée, ne font que des étoupes d'un fort médiocre usage.

2° *Du broyage.* Je ne sais pourquoi les divers cours d'agriculture ont confondu cette opération avec celle du *sérançage,* car la première consiste à dépouiller la chenevotte de sa filasse, et la seconde à passer sa filasse sur un peigne pour l'affiner. Sans doute cette erreur vient de ce que dans quelques pays, on donne improprement le nom de sérançoir à la broye.

Quoiqu'il en soit, nous allons d'abord décrire la *broye*, aussi nommée *broie*, *mache*, *braquoir*, dans quelques localités, fig. 3.

Cet instrument est de bois, et d'un mécanisme fort simple. Il est composé, 1° d'une pièce de bois, de quatre à cinq pieds de longueur, huit pouces de largeur, et un peu moins d'épaisseur, montée sur quatre pieds de trente pouces de hauteur; elle est creusée dans toute son épaisseur et dans une certaine partie de sa longueur, de deux rainures de deux pouces de largeur; 2° d'une autre pièce de bois de même longueur, mais seulement de six pouces de largeur et un peu moins d'épaisseur, creusée dans toute son épaisseur et dans la plus grande partie de sa longueur, d'une rainure de deux pouces de largeur. Un des bouts de cette dernière est terminé par un manche arrondi, et l'autre se fixe, au moyen d'une cheville de fer, dans la partie supérieure des rainures de la première pièce, de manière qu'il entre aisément dans ces rainures.

Il ne faut avoir vu broyer le chanvre qu'une fois pour en savoir aussitôt toute la manœuvre. L'homme ou la femme qui broie, car dans plusieurs endroits c'est l'ouvrage des femmes, prend de sa main gauche une poignée de chanvre, et de l'autre la mâchoire supérieure de la broie. On engage le chanvre entre les deux mâchoires; en élevant et baissant fortement la mâchoire, et à plusieurs reprises, on brise les chevenottes desséchées sous l'écorce qui les environne. En tirant de cette manière le chanvre entre les deux mâchoires, on oblige les chenevottes moulues, et comme pulvérisées, à quitter la filasse : la gomme la plus grossière tombe comme comme une espèce deson, et la plus fine s'envole comme de la poussière. Quand la poignée est ainsi broyée jusqu'à la moitié, on reporte sous la broie le bout qu'on tenait dans la main, et on ne le quitte pas que toute la poignée ne soit parfaitement broyée.

On l'étend ensuite sur une table ou sur la terre, et quand il y en a environ deux livres, on en fait un paquet qu'on plie en deux en le tordant grossièrement, et c'est ce qu'on appelle des *queues* de chanvre, ou de la filasse brute. De cette manière, les pieds du chanvre sont aussi bien divisés que les têtes, et ne sont pas d'un si grand déchet pour l'ouvrier qui les emploie. Tous les brins renfermés dans la main qui tient la poignée par le milieu, conservent, autant qu'il est possible, leur longueur naturelle, et cette première opération le dispose beaucoup mieux que le chanvre teillé, à recevoir les autres opérations du peigne. Une seule femme peut broyer depuis vingt jusqu'à trente livres de chanvre par jour, et c'est un grand avantage pour ceux qui le cultivent.

Dans quelques localités, on fait encore usage d'une machine beaucoup plus simple pour extraire la filasse de la chenevotte; elle consiste en un banc et un battoir. L'ouvrier prend une poignée de chanvre sec et hâlé, la pose sur le banc, la frappe avec son battoir sur sa moitié supérieure, la retourne pour la frapper également sur sa moitié inférieure, ensuite, lorsque la chenevotte est convenablement brisée, il prend sa poignée des deux mains, et la passe et repasse avec force sur l'angle du banc, pour faire tomber les fragmens de chenevottes qui adhèrent à la filasse, et enfin la secoue en ne la tenant que d'une main.

3° *Du ribage.* Comme je l'ai dit plus haut, le ribe est une machine qui a la plus grande analogie avec un moulin à huile ou à cidre. On place le chanvre sous la meule, qui brise ses tiges avec beaucoup de rapidité et d'égalité.

Dans de certains pays, avant d'extraire la filasse, on prépare le chanvre et le lin à se briser plus aisément, par une dessiccation prompte et complète, au moyen du feu ou d'un four chaud. Cette opération se nomme *hâler*, et nous devons la décrire ici, quoiqu'elle ne soit pas généralement employée.

Du hâlage. Quand, pour faire cette opération, on se sert d'un four, il faut bien prendre garde à ce qu'il ne se trouve pas trop chaud, car le chanvre dont on le remplit, pourrait y prendre feu subitement. C'est l'expérience seule qui peut enseigner les moyens d'éviter les inconvéniens de cette méthode; mais cependant il en est un qui est forcé et qui suffit pour la faire rejeter; c'est que, quelle que soit la grandeur d'un four, il est toujours trop petit pour contenir une grande quantité de bottes de chanvre, d'où il résulte qu'on est forcé de recommencer plusieurs fois l'opération, ce qui augmente considérablement la dépense de combustible et la perte de tems.

Il faut veiller attentivement au chanvre qui est dans le four, le remuer et le retourner plusieurs fois, afin de rendre la dessiccation aussi égale que possible. Il est essentiel aussi qu'elle soit très rapide, et, pour entretenir la chaleur du four, on est quelquefois dans l'usage de placer des charbons ardens à son ouverture. Mais on conçoit que ceci doit se faire avec la plus grande prudence, car le chanvre, surtout quand il commence à sécher, prend feu avec plus de facilité et beaucoup plus rapidement que de l'amadou.

De certains cultivateurs font hâler le chanvre le long de quelque mur éloigné des maisons, ou dans quelque petite caverne creusée exprès pour cet usage, exposée au midi, à l'abri de la bise, sous une roche, ou simplement couverte de pierres sèches ou de morceaux de bois chargés de terre, suivant l'usage et la commodité des lieux.

Ce trou ou *hâloir*, fig. 4, a ordinairement de neuf à dix pieds de profondeur, sur six à sept de hauteur, et cinq à six de largeur: à quatre pieds ou environ au-dessus de son foyer, et à deux de son entrée, on place trois morceaux de bois vert, d'un pouce ou deux de grosseur, qui traversent le hâloir d'un mur à l'autre, et qui y sont assujettis. On étend sur ces perches le chanvre qu'on veut hâler, de l'épaisseur environ d'un demi-pied ; une personne attentive entretient continuellement dessous un petit feu de chenevottes, et prend garde que la flamme, en s'élevant, ne mette le feu au chanvre, surtout quand il y a déjà du tems qu'il est dans le hâloir. Elle a soin de retourner aussi le chanvre, de tems en tems, pour qu'il sèche également dans toute sa longueur et épaisseur, et elle en remet de nouveau à mesure qu'on enlève celui qui est assez sec pour être porté à la broie.

Dans l'art de la corderie, proprement dit, on n'emploie que le chanvre ; mais cependant on peut faire et on fait même des cordes avec d'autres matières tant végétales qu'animales. Pour cette raison, nous allons rapidement passer en revue les corps qui fournissent ces matières, et nous ferons l'histoire de ceux qu'il est nécessaire de connaître. Nous en restons là pour le chanvre, parce que nous l'avons suivi jusque sur les dernières limites qui appartiennent à l'agriculture ; nous le reprendrons quand il s'agira de la corderie.

CHAPITRE II.

DU LIN ET AUTRES PLANTES TEXTILES.

Caractères botaniques du lin.

Les lins appartiennent à la famille des cariophyllées, et à la pentandrie-pentagynie du système de Linnée. Le calice est persistant, à cinq parties ; la corole a cinq pétales rétrécis en onglet ; les étamines sont au nombre de cinq, presque toujours soudées à la base ; on trouve cinq écailles alternes avec les étamines ; l'ovaire porte cinq styles ; la capsule est globuleuse, terminée par une pointe, à plusieurs valves rapprochées, et dont les bords rentrans forment autant de loges monospermes ; les graines sont insérées à l'angle central des loges, ovoïdes, comprimées, lisses, dépourvues de périsperme, à cotylédons planes et à radicule inférieure.

Le genre des lins forme un groupe intermédiaire entre la famille des alsinées et des géraniées. Il renferme une trentaine d'espèces dont deux seulement sont cultivées comme plantes textiles.

Le LIN COMMUN, (*Linum usitatissimum*, LINNÉE) a la tige lisse, cylindrique, feuillée, rameuse seulement au sommet ; ses feuilles sont éparses, lancéolées, linéaires, pointues, et d'un vert un peu glauque ; ses fleurs sont bleues, pédonculées et terminales ; les folioles du calice sont ovales, pointues, à trois nervures ; les pétales sont un peu crénelés et ont l'onglet blanc ; la capsule est sphérique, terminée en pointe raide. Cette espèce est annuelle.

Histoire du lin.

Les botanistes trouvent assez fréquemment le lin à l'état sauvage dans toute la France, d'où ils ont conclu que cette plante est indigène. Ce qui me semble donner beaucoup de vraisemblance à cette opinion, c'est que non seulement on trouve en France l'espèce cultivée dont il est ici question, mais encore onze autres, dont plusieurs annuelles et ayant la plus grande analogie avec le lin commun.

Mais comme Olivier a retrouvé le lin croissant à l'état sauvage dans la Haute Asie, les agronomes et Bosc entre autres, ont décidé que cette plante était originaire des plateaux élevés de ces contrées. Nous ne partageons pas cette opinion, parce qu'elle ne nous paraît pas fondée sur des faits assez concluans.

Quoiqu'il en soit, la même obscurité règne dans l'his-

toire, sur l'origine du lin et celle du chanvre. Ce qu'il y a
de certain, c'est que la culture du lin remonte à la plus
haute antiquité, et que les plus anciens livres en parlent
comme si, de leur tems, les documens historiques leur
manquaient déjà sur cette plante. Il est une chose qui
ne laisse aucun doute, c'est qu'on faisait un usage très
commun du lin, long-tems avant que l'on connût le
chanvre; aussi, les premiers auteurs qui parlent du
chanvre, pour en donner une idée juste, ne manquent
jamais de le comparer au lin, qui était connu de tout le
monde. « Nascitur autem apud eos (Scythas) cannabis,
lino similima, præter quam crassitudine et magnitudine,
etc. (Hérodote, melp.) »

Qualités pharmaceutiques du lin.

Toute la plante du lin est inodore et presque insipide;
aussi en médecine, ne fait-on usage que de ses graines.
Le mucilage et l'huile qui entrent pour plus d'un tiers
dans la composition de la graine, en font une substance
éminemment émolliente à l'extérieur. Quand on l'emploie à l'intérieur, son action est la même, quoiqu'on ne
se serve que de l'une ou de l'autre de ces deux substances.
Par exemple, la tisanne de graine, qui ne contient que
du mucilage doux et point d'huile, est relâchante, adoucissante, lubréfiante, et produit, en un mot, tous les
effets qui constituent la propriété émolliente.

A l'intérieur, l'huile agit de deux manières : prise à
petite dose en potion et par cuillerée, elle est purement
émolliente; elle devient au contraire purgative si l'on
en donne de fortes doses à la fois, et son effet, dans ce
cas, est analogue à celui de la manne.

Enfin, les cataplasmes de farine de graine de lin ont,
comme émollient, un effet qui détermine la consommation de cette farine en bien plus grande quantité que
toutes les autres préparations ensemble.

Usage économique des graines de lin.

Cet usage se borne à l'emploi que l'on fait, dans les arts, de l'huile qu'on en extrait. Comme elle est très siccative, les peintres, surtout les peintres en bâtiment, s'en servent beaucoup pour broyer leurs couleurs.

Lorsque l'huile de lin est nouvellement exprimée, elle est assez douce ; mais elle rancit très vite, quelquefois en peu de jours, et cette raison, jointe à sa propriété purgative, l'a fait exclure de la cuisine. Elle sert encore, concurremment avec les autres huiles, à quelques usages économiques.

Dans le midi de l'Europe, le lin est quelquefois cultivé comme fourrage, et dans ce cas, on le coupe un peu avant la floraison, c'est-à-dire avant que ses tiges aient durci.

CULTURE DU LIN.

Nos économistes agronomes qui ont avancé si témérairement que le chanvre ne peut se cultiver en grand, n'ont rien dit de semblable pour le lin, et cependant celui-ci exige dans sa culture un grand nombre de travaux de sarclage, binage, esherbage, dont le chanvre se passe fort bien, et qui augmentent considérablement les frais. Est-ce qu'une pièce de lin produit plus qu'une pièce de chanvre? non, quand toutes les circonstances sont égales. Le silence des agronomes vient de ce que la culture du lin est à peu près restée exclusive au pays où on la fait depuis l'antiquité, et que là, les faits ayant parlé, il n'est pas possible d'élever une théorie contre eux.

Des espèces de lin cultivées.

Quoique le lin commun soit presque le seul que l'on ait généralement soumis à la culture, il en est un autre :

Le LIN VIVACE ou de SIBÉRIE, (*Linum perenne,*

LINNÉE) sur lequel on a fait quelques essais, mais dont la culture est restée reléguée jusqu'à ce jour, dans quelques cantons de la Suède et de l'Allemagne. Cette espèce vivace est originaire de Sibérie. Elle ressemble beaucoup au lin commun, mais ses tiges sont deux fois plus élevées, d'où il résulterait qu'il mériterait la préférence sur ce dernier, au moins sous le rapport de la longueur de sa filasse. Si donc sa culture ne s'est pas répandue en France, il faut l'attribuer sans doute à ce que dit Miller, que sa filasse est plus grossière que celle du lin commun; cet auteur ajoute qu'on peut en faire trois récoltes par an.

On prétend que dans les contrées citées plus haut, où il est cultivé, on lui donne à peu près les mêmes soins qu'au lin ordinaire. On le sème en automne ou au printems, beaucoup moins dru que le nôtre, et on le conserve deux ans, dans des sables argileux de très médiocre qualité. Il y produit de la filasse qui, pour les qualités, tient le milieu entre celle du lin et du chanvre. M. Lullin de Châteauvieux, qui a cultivé ce lin avec succès aux environs de Genève, prétend que la toile qu'il en a fait faire, était plus fine que celle du chanvre et plus forte que celle du lin ordinaire. Il a remarqué qu'il croît beaucoup mieux et devient plus beau à l'ombre qu'au soleil.

D'une autre part, M. Vilmorin dit avoir fait quelques observations sur ce lin vivace, et il en résulterait qu'il lui faudrait un terrain de bonne qualité, bien amendé, et qu'il devrait être semé assez épais pour forcer les tiges à se dresser et s'alonger.

« Je crois, dit Bosc, qu'il serait bon de tenter de nouveaux essais, par exemple, de le mettre en rangées écartées de deux à trois pieds, et de planter dans l'intervalle des légumes ou d'autres articles. Cette remarque est fondée sur l'observation de pieds isolés qui ont subsisté plus de trois ans, et qui ont constamment donné

*

plus de tiges que ceux réunis en planche. » Comme on le voit, l'opinion de M. Vilmorin et celle de Bosc, sont diamétralement opposées ; lequel croire ? Quant à moi, je ne puis décider la question, car je n'ai jamais vu cette plante que dans les jardins, où communément on la cultive pour l'agrément.

Des variétés du lin commun.

Il en est, je crois, des variétés du lin comme de celles du chanvre, et les principes que j'ai posés pour ces dernières doivent s'appliquer à celles du lin. Voici les variétés généralement connues en France.

Le *lin moyen* est celui qui, selon Bosc, doit être regardé comme le type de l'espèce. C'est lui que l'on cultive le plus fréquemment dans le midi de la France, et même partout.

Le *lin d'hiver*, au dire de M. Vilmorin, en serait une sous-variété à laquelle il faudrait donner la préférence pour les semis d'automne ; mais je crois qu'il n'est guère question de ce lin d'hiver que chez les marchands grainiers, du moins je n'en ai jamais entendu parler autre part, quoique M. Vilmorin dise qu'il est cultivé en Anjou et en Bretagne. Il en est de même des *lins de mars* et des *lins de mai* du même agronome, à moins que ce ne soient les deux suivans :

Le *lin précoce*, qui se sème en mars dans le Piémont.

Le *lin tardif*, qui se sème en mai, s'élève beaucoup, et fournit une filasse comparable à celle du chanvre.

Le *lin froid*, *grand lin*, *lin de Russie*, *de Riga*, a les tiges très élevées, peu garnies de graines ; sa végétation est d'abord lente, et ensuite très rapide : il mûrit le plus tard. C'est avec lui qu'on fabrique ces belles batistes, ces superbes dentelles qui enrichissent la Flandre.

Bosc raconte que l'on vend quelquefois sur pied, aux environs de Lille, la récolte d'un hectare de ce lin, sept mille francs, tandis que le fond lui-même ne vaut que quatre à cinq mille francs. C'est avec de pareilles exagérations que l'on fait tomber dans le mépris les livres des agronomes de cabinet.

Le *lin chaux* ou le *têtard*, a les tiges peu élevées, rameuses, très garnies de capsules ; sa végétation est d'abord très rapide, mais elle s'arrête bientôt. Il mûrit de très bonne heure : c'est lui qu'on devrait cultiver exclusivement lorsqu'on veut obtenir de la graine ; mais comme la filasse qu'il fournit est très courte, il est peu d'endroits où on le préfère.

En Irlande, on cultive beaucoup de lin, et l'on en possède aussi un bon nombre de variétés, savoir :

L'*argent pâle*, le meilleur de tous.

Le *lin de Hollande pâle*.

Le *lin de Hollande blanc*.

Le *Pétersbourg à deux têtes*.

Le *Marienbourg*.

Le *nerva*, qui donne la filasse la plus grossière.

En Allemagne, on reconnaît trois variétés principales de lin.

Le *lin de Riga*, qui probablement est le même que celui auquel nous donnons le même nom. Il se distingue par la longueur de sa tige, le petit nombre de ses branches latérales, et surtout par la finesse et l'abondance de sa filasse.

Le *lin à capsule ouverte*, c'est-à-dire dont la capsule éclate d'elle-même lorsque, étant parvenue à sa maturité, elle est desséchée par les rayons du soleil. La graine est ainsi sujette à se disséminer, ce qui fait qu'on cultive de préférence la variété suivante, quoique sa filasse soit moins belle.

Le *lin à capsule fermée*, c'est-à-dire dont la capsule reste fermée pendant la maturité.

Du climat propre à la culture du lin.

Les climats tempérés, plus humides que secs, sont ceux qui conviennent le mieux à la culture du lin ; cependant cette plante se cultive également avec quelque succès dans le midi de la France, et même dans quelques cantons de l'Italie. Les pays où cette culture est le plus répandue, sont : la Hollande, la Belgique, le nord de la France, la Basse-Saxe, le nord de l'Allemagne et les Etats autrichiens. On la rencontre plutôt dans les pays de montagne, comme la Bohême, la Silésie et la Carinthie, que dans les autres pays de plaines de l'Allemagne; et il en est à peu près de même pour l'Angleterre et l'Irlande. Cela vient de ce que le lin réussit mieux sur les lieux élevés et les coteaux, que dans les pays plats, et de ce qu'il fournit aux habitans des montagnes un objet de négoce pour l'hiver. On en sème beaucoup dans les provinces irriguées de la Lombardie ; Lodi et Créma en font un grand commerce à Plaisance, à Gênes et dans le Piémont ; mais les irrigations peuvent seules en rendre la culture avantageuse dans des pays aussi chauds. A Como, Brescia, Padoue et quelques autres cantons non irrigués, on a essayé très souvent de le cultiver, mais toujours sans aucun succès.

En Suisse, dans la vallée de l'Inn, sur le plateau de Selva, à 5,400 pieds au-dessus du niveau de la mer, le lin se cultive encore avec succès, tandis que dans le même pays le chanvre ne peut plus l'être au-dessus de 4,900.

Du terrain propre à la culture du lin.

Cette plante se plaît généralement dans une terre profonde, friable, plutôt légère que compacte, et riche en humus. Une terre légère, mais cependant très fertile et un peu fraîche, est la plus propre au grand lin, lorsqu'on veut qu'à la longueur il joigne la finesse. « Une

terre substantielle, dit Rose, est celle qui convient au
lin moyen et au lin têtard, dans le plus grand nombre
de cas. »

Préparation du sol.

Le défaut et l'excès de l'eau sont également à redou-
ter dans la culture de cette plante : voilà pourquoi elle
manque si souvent, et qu'il est des pays où on ne peut
l'entreprendre avec succès ; voilà pourquoi il faut toujours élever la terre au moyen des ados et creuser des
sillons de décharge dans les terrains qui retiennent l'eau.
On fait mieux encore dans le nord. Les planches sont
tenues fort étroites et élevées par la terre de fossés de
deux à trois pieds de profondeur, qu'on creuse à l'en-
tour. Ces fossés donnent l'écoulement aux eaux quand
elles sont trop abondantes, et on les y retient au moyen
de quelques pelletées de terre placées à leur décharge,
lorsque la sécheresse commence ; par là, le lin se trouve
toujours dans une humidité égale et très favorable à sa
végétation.

Quant aux labours, ils doivent être exécutés absolument comme nous l'avons dit pour le chanvre, et la
terre ne saurait être trop ameublie. Dans les terres fortes, des labours multipliés et croisés sont indispensables,
car plus la terre sera douce, ameublie et divisée, plus
le lin sera beau. Dans les terres légères, ces labours sont
moins nécessaires ; mais il en faudra toujours au moins
deux, dont le second enterrera le fumier. Le premier
sera profond, pour ramener à la surface la terre inférieure qui amende toujours, par son mélange, celle de
la surface, à moins que ce ne soit un tuf ou un sable
manifestement infertile.

Le lin réussit parfaitement après la récolte d'une plante
piochée et fumée, ou après une chenevière, car le terrain est encore assez fertile et se trouve bien nettoyé,
ce qui rend la culture moins dispendieuse que s'il était

envahi par les mauvaises herbes ; mais c'est surtout
dans les novales riches et bien garnies d'humus, et à
leur défaut, dans le trèfle rompu, qu'il réussit le
mieux.

Des engrais convenables au lin.

Nous renvoyons le lecteur à ce que nous avons dit à
ce sujet à propos du chanvre, car tous les engrais qui
conviennent à ce dernier, conviennent également au
lin.

Cependant, en Flandre, on redoute d'employer le
fumier de cheval et les débris animaux à l'engrais des
lins, parce que ces engrais ont trop d'activité et les font
verser. On risque également de les voir verser quand on
les sème dans une terre nouvellement fumée, à moins
que la fumure ne soit faible, et qu'on ne mélange exactement, pendant l'automne, l'engrais avec le terrain.

Des assolemens dans lesquels le lin peut entrer.

Dans la Flandre, le lin se sème après le trèfle, les
fèves, l'orge, les pommes de terre, et on a remarqué
une augmentation de produit après ces dernières. La
même année on le remplace par des choux, des navets,
des carottes, etc., et l'année suivante par du trèfle, du
blé, du seigle et autres céréales.

Comme il n'occupe le terrain qu'une petite partie de
l'année, on peut le cultiver comme première production et
comme récolte dérobée. On peut semer après le lin précoce, des choux-navets, du millet, des haricots, etc., et
semer le lin tardif après des vesces fauchées en vert, des
choux-navets et des betteraves.

En Lombardie, on ensemence toujours en lin les prairies soumises à l'assolement ; on les rompt en automne,
et on les ensemence en mars sans leur donner de second
labour. Si l'on sème le lin sur les chaumes du froment
d'hiver, on donne au terrain deux ou trois façons pen

dant l'été, pour le nettoyer et l'ameublir convenablement.

Thaer dit que le lin ne supporte pas de revenir à de courts intervalles sur le même terrain, et qu'entre deux récoltes de cette plante, il faut au moins un espace de neuf années, même dans les contrées où le sol est le mieux approprié à cette culture.

Du choix des graines pour semer.

On reconnaît que la graine de lin est de bonne qualité quand elle est arrondie, luisante, lourde ; quand elle s'enflamme rapidement et pétille sur les charbons ardens. Si elle est légère, très plate et terne, c'est qu'elle a été cueillie avant sa maturité, et elle doit être rejetée.

Cent cinquante ans d'expérience ont prouvé en Flandre que le lin dégénère dès la seconde année, si l'on ne fait venir de la graine de Riga, ou de quelqu'autre partie du Nord ; les Russes eux-mêmes, font venir, au moins tous les deux ou trois ans, de la graine nouvelle de la Livonie, de la Courlande et de la Lithuanie.

Les agronomes, loin d'accueillir ces faits, prétendent que les graines dégénèrent partout, « moins par l'effet du sol et des circonstances locales, que par celui d'une mauvaise méthode de les récolter. » Le lin se semant très épais, disent-ils, les plants sont nécessairement étiolés, et ne donnent que des graines mal nourries et avortées. D'ailleurs, on l'arrache encore vert, et avant la maturité de la graine, pour obtenir une filasse plus fine et plus souple. Thaer, M. de Dombasle, Tessier et d'autres auteurs, regardent comme hors de doute qu'on ne puisse, en suivant un procédé tout opposé, récolter en France, et pendant un tems indéfini, de la graine aussi propre que celle de Riga à produire des plants remarquables par leur élévation et la belle qualité de leur filasse.

Je ne partage pas du tout l'opinion de ces écrivains, et voici pourquoi : les habitans de la Livonie, de la Courlande et de Riga, cultivent le lin et récoltent ses graines absolument comme les habitans de la Flandre, et cependant ces graines ne dégénèrent pas comme chez nous : ce fait résulte donc, non de la manière de cultiver, mais du sol ou du climat, plus probablement de tous les deux. Si, en France, avec les mêmes circonstances de culture, le lin de Riga dégénère, comme cent cinquante ans d'expérience le prouvent, il faut donc rigoureusement en attribuer la cause aux influences du sol et du climat.

Néanmoins, il est certain que si on cultivait à part du lin uniquement destiné à porter graine, et qu'on le semât assez clair pour que chaque pied pût prendre à l'aise son parfait développement, il est certain, dis-je, qu'il s'abâtardirait moins, et surtout beaucoup moins vite. On en agit ainsi sur les bords de la Baltique, où cette graine est un objet de négoce très important. On laisse parvenir les plantes à leur dernier terme de maturité, et l'on sacrifie la beauté de la filasse à la qualité des graines. On coupe alors les branches qui portent la semence, on les suspend dans un lieu bien aéré, pour en opérer la complète dessiccation, et ensuite on les bat.

La graine de lin conserve pendant plusieurs années ses propriétés germinatives, et quelques personnes ont avancé que les récoltes de filasse étaient d'autant plus belles que la graine semée était plus vieille. Mais les lois de la physiologie repoussent cette opinion, et l'expérience a prouvé que la meilleure à employer dans l'ensemencement était celle de deux ans. Telle est aussi l'opinion de Thaer.

Du semis et de son époque.

L'époque de semer le lin varie suivant le climat, l'assolement et le délai que demande la préparation du terrain. En règle générale, on peut le semer aussitôt que les gelées ne sont plus à craindre, et continuer les semis jusqu'en juillet.

Quelques agriculteurs sèment ce qu'ils appellent le *lin d'hiver*, en septembre et octobre, et, en Lombardie, cet usage est assez général; il l'est moins en France, si ce n'est en Anjou et en Bretagne. En Allemagne on ne peut guère commencer les semis qu'en avril. En Flandre on ne sème jamais en automne, mais en mars. Enfin ces époques peuvent varier en raison des climats et des localités. Quoique le lin ne soit pas très sensible au froid, cependant les fortes gelées d'hiver le détruisent si la terre n'est pas couverte de neige; il craint plus encore ces alternatives de gelées et de dégels, qui sont si funestes à toutes les plantes en les déchaussant et exposant leurs racines nues aux intempéries de l'air.

Les semis se font à la volée, d'autant plus épais que l'on veut avoir de la filasse plus fine. Les proportions ordinaires de graines sont: en Flandre, de 22 décalitres par hectare pour le *lin gros*, et de 56 décalitres pour le *lin fin*. M. Vilmorin fixe la quantité de graine, pour la même étendue de terrain, de 200 à 350 livres; Young, Marshall et Dickson s'accordent à dire qu'en Angleterre on n'en répand que 17 ¾ à 20 décalitres; en Allemagne, selon Burger, 20 à 30 décalitres; selon Gericke, 35 à 36; Podewils, 60; dans le Brabant, le terme moyen est de 20 décalitres, etc., etc.

Et tous ont raison, chacun dans leur localité. Cette grande variation prouve tout bonnement que la quantité de semence nécessaire peut varier du double et même davantage, en raison du climat, du sol, et même de la saison où l'on sème, car il est évident que les semis d'hiver exigeront plus de graines que les autres.

Des soins à donner au lin sur pied.

Lorsque le semis a été recouvert à la herse et au roulean si on le trouve nécessaire, il lève assez rapidement, pourvu qu'il trouve dans la terre une humidité suffisante. Pour cette raison on sème pendant un tems humide, et avant une pluie, si on peut saisir le moment favorable. Dans la Flandre, on sarcle le lin trois ou quatre semaines après qu'il a été semé ; sa tige est alors haute d'environ un pouce et demi : une rangée de femmes et d'enfans, au nombre de dix à vingt, et quelquefois davantage, se mettent en ligne à la distance de trois pieds les uns des autres, enlèvent à la main toutes les herbes, et donnent à la terre une légère culture à l'aide d'une petite houe. Les ouvriers quittent leurs souliers pendant ce travail, pour ne pas meurtrir la plante délicate. La même opération se renouvelle au bout de huit à dix jours, et aussi souvent qu'on le juge nécessaire. Du reste, les sarclages peuvent se faire à la manière ordinaire sans grand inconvénient.

Il arrive quelquefois, dans les terrains d'une grande fertilité, que le lin est sujet à verser. On empêche cet accident en divisant le champ en plates-bandes plus ou moins étroites, sur lesquelles on élève des perches qui forment une sorte d'échiquier à jour, au travers duquel le lin s'élance et trouve un appui contre le vent et la pluie. On donne le nom de *ramée* au lin traité de cette manière. En Flandre, on rame le lin dès qu'il a atteint cinq ou six pouces de hauteur. Voici les détails de l'opération de ramer :

Sur les bords des billons ou des planches, on plante en terre des piquets assez gros, en forme de fourche, et hauts de six pouces hors de terre ; on établit ensuite sur ces piquets des perches qui traversent les billons ; ces perches sont croisées par de petites baguettes, de manière que le tout ressemble à un grillage.

Récolte du lin.

Pour avoir une filasse d'une belle qualité, il faut, di-

sent les cultivateurs allemands, arracher le lin aussitôt
que les graines sont formées dans les capsules. Selon
M. Vilmorin, il faut attendre que les tiges et les capsules aient pris une couleur jaune, et que les premières
se dépouillent de leurs feuilles. Peut-être ferait-on bien
de prendre un terme moyen, car je crois que la filasse
d'un lin arraché trop vert doit être cassante.

Il arrive quelquefois que le lin ne mûrit pas tout à la
fois dans le même champ, dans ce cas il est nécessaire
de l'arracher à deux ou trois reprises différentes. On
réunit les tiges en petits faisceaux liés par le sommet,
pour les faire sécher debout, et aussi pour laisser aux
graines le tems de compléter leur maturité.

Un hectare de lin, lorsqu'il a été bien cultivé, doit
rapporter, terme moyen, de 300 à 500 kilogrammes
de filasse. Mais il y a ici tant de causes qui influent sur la
récolte, que sa quantité peut varier d'une manière éton-
nante. Par exemple, Marshall rapporte que dans le
Yorkshire, en Angleterre, on récolte, terme moyen,
552 kilogrammes. Dickson assure que souvent ce produit s'élève jusqu'à 1238 kilogrammes, et que le terme
moyen est de 795. Dans les Pays-Bas, le produit moyen
serait de 505, au rapport de Schwerz. En Carinthie, on
ne compte jamais sur plus de 390 kilogrammes de lin
ramé, et nous ferons remarquer que le lin ramé est toujours celui qui produit le plus. Dans la province de
Lodi, en Italie, un hectare de lin rend, année commune, 381 kilogrammes de filasse.

Récolte de la graine de lin.

Dès que les plantes sont suffisamment desséchées, on
bat la graine, soit dans le champ même, sur de grands
draps étendus sur le sol, soit dans la grange où on l'a
apporté dans des voitures garnies de draps. Le plus souvent, les instrumens employés à cette opération, sont

le banc sur lequel la famille s'assied à table, et le battoir dont la ménagère se sert pour laver son linge. Une femme prend de la main gauche une poignée de lin du côté des racines, en place les têtes sur le banc, et frappe, de la droite, sur elles avec le battoir. Les capsules se brisent, les graines tombent pêle-mêle avec leurs débris sur le drap; elle remet sa poignée à une autre femme qui, la réunissant avec d'autres, égalisant la hauteur des tiges du côté des racines, en forme de petites bottes prêtes à être portées au rouissoir. L'important dans ce travail, outre l'exacte séparation des semences, est de ne pas déranger le parallélisme des tiges, parce qu'il en résulterait un plus grand déchet lors du sérançage. Cette dernière considération doit toujours être présente aux personnes qui touchent au lin, depuis le moment où on l'arrache jusqu'à celui où on le broie.

Dans quelques endroits on fait passer l'extrémité des tiges à travers les dents d'une *gruge* ou *grugeoir*, espèce de peigne de fer attaché sur un banc ou une table, et les capsules en sont séparées par suite de l'obstacle que ces dents apportent à leur passage. Il a une, deux ou trois rangées de dents longues de deux pouces. Cette méthode a l'inconvénient de casser souvent l'extrémité des tiges, et d'obliger à une seconde opération pour obtenir la graine, beaucoup de capsules restant entières.

L'égrenage fini, on vanne la graine afin de la séparer des débris des capsules, et on la porte au grenier où elle achève de se dessécher; là il faut la remuer souvent pendant les premiers jours et quelquefois pendant les premiers mois, pour l'empêcher de moisir ou de s'échauffer; il faut aussi la garantir des souris, qui en sont très friandes. Lorsqu'on juge qu'elle est suffisamment sèche, on la met dans des sacs ou des tonneaux jusqu'au moment de l'emploi ou de la vente.

Un hectare semé en lin de Riga, pour graine, en donne environ douze hectolitres, et chaque hectolitre de graines produit quinze litres d'huile, selon Bosc ; mais ici il y a encore divergence d'opinion. Dandolo a calculé qu'un hectolitre de graine de lin pèse, année commune, 67 kilogrammes, et donne 16 kilogrammes et demi d'huile.

Du rouissage.

Comme cette opération se fait absolument pour le lin de la même manière que pour le chanvre, nous renvoyons nos lecteurs à cet article, page 44. Seulement il paraîtrait que de certains cultivateurs préfèrent de rouir leurs chanvres dans l'eau, et le lin sur l'herbe, à la rosée ; mais ce sentiment n'est pas général.

Quant à l'extraction de la filasse, nous renvoyons également le lecteur à l'article chanvre, page 68.

DE L'ORTIE DIOÏQUE.

Les orties appartiennent à la famille des urticées du système de Jussieu, et à la monoécie tétrandrie de Linnée. Les caractères botaniques du genre sont : fleurs mâles disposées en longues grappes, ayant un calice à quatre folioles, pas de corolle. Fleurs femelles en grappes ou en tête ; calice à deux folioles ; corolle nulle ; stigmate velu ; une graine supère, luisante.

Il croît en France plusieurs espèces d'orties, mais une seule nous intéresse ici, c'est :

La GRANDE ORTIE, OU ORTIE DIOÏQUE, (*urtica dioïca*, LINNÉE). Ses racines sont vivaces, traçantes, articulées ; ses tiges sont droites, quadrangulaires, cannelées, hérissées de poils, fistuleuses, quelquefois rameuses, hautes de deux ou trois pieds à l'état sauvage, s'élevant à quatre ou cinq quand elles sont cultivées ; les feuilles sont opposées, pétiolées, lancéolées, cordiformes, terminées en languette, très alongées, munies de grosses dents, hérissées de poils articulés, raides et piquans ; en été, fleurs vertes, herbacées, axillaires, à grappes rameuses, géminées, pendantes, velues, les mâles ordi nairement sur des pieds séparés, quelquefois sur le même.

Cette plante est très commune dans les lieux incultes, les haies, les buissons. En médecine elle sert, ainsi que la petite ortie (*urtica urens*) à *l'urtication*; mais la petite ortie, dont les piqûres sont plus douloureuses, lui est souvent préférée pour cette raison. On emploie avec succès l'urtication, procédé qui consiste à frapper une région du corps avec une poignée d'orties, dans les affections comateuses, dans la léthargie, l'apoplexie, la paralysie, etc. Elle procure une excitation passagère et vive, souvent préférable à une continue. Le suc dépuré de la grande ortie est employé comme astringent, mais cette propriété me paraît très douteuse. Dans quelques pays, on mange les jeunes tiges de cette plante en les accommodant à la manière des épinards; dans d'autres, on la cultive comme fourrage, et on la donne en vert ou en sec aux bestiaux, qui l'aiment beaucoup; on dit qu'elle augmente beaucoup la quantité et la qualité du lait des vaches. Mais c'est seulement comme plante textile que nous devons nous en occuper ici.

Les tiges de la grande ortie, coupées au milieu de l'été et rouies comme le chanvre, donnent une filasse qui n'est que fort peu inférieure à celle du chanvre et du lin. La société d'agriculture d'Angers a fait différens essais qui constatent combien il serait intéressant de cultiver cette plante en France, comme elle l'est en Suède, pour cet usage. La toile qui en a été fabriquée a été trouvée de la meilleure qualité, et on a reconnu qu'elle prenait le blanc avec plus de facilité que toute autre. D'autres expériences faites à Leipsick ont également prouvé qu'on peut en fabriquer de beaux tissus et surtout d'excellent papier.

Les femmes des Baskirs arrachent l'ortie dioïque en automne, la font rouir et sécher, puis ensuite elles la teillent à la main comme le chanvre; ou, après avoir cassé les tiges avec leurs doigts, elles les broient dans des sortes de grands mortiers, jusqu'à ce qu'elles en aient séparé la filasse et qu'il ne reste aucun fragment de tiges dans celle-ci. Elles emploient cette filasse aux mêmes usages que nous.

Le célèbre voyageur Cook, ou plutôt le rédacteur de son troisième voyage, dit, que, sans l'ortie, les habitans du Kamtschatka ne pourraient pas subsister, faute de lin et de chanvre, parce que ces deux plantes ne croissent pas sous leur ciel rigoureux. Ils les remplacent par l'ortie, qu'ils coupent au mois d'août ; ils la font rouir aussitôt qu'elle est sèche, et en filent la filasse pendant leur long hiver. Ils en font des filets pour la pêche, des cordages, du fil pour coudre leurs vêtemens, etc.

Les semences d'ortie donnent, par expression, une grande quantité d'huile, et les anciens Égyptiens cultivaient cette plante pour cet usage ; peut-être en tiraient-ils aussi la filasse, mais les historiens restent muets sur ce point.

Les avantages de la culture de cette plante, considérée comme textile, dit la Société d'agriculture d'Angers, sont bien faciles à établir, puisqu'elle n'exige ni culture, ni engrais, ni terrain particulier, ni presque aucune dépense. Il n'est point de propriétaire qui ne puisse cultiver, dans les lieux inutiles de sa ferme, assez d'orties pour se fournir du linge nécessaire à son usage, et par conséquent réserver pour la vente la totalité de son chanvre et de son lin.

J'ajouterai qu'il existe en France un très grand nombre de cantons où on ne peut recueillir ni lin ni chanvre, et c'est dans ces localités où la culture de l'ortie deviendrait extrêmement utile pour les petits cultivateurs, car cette plante vient bien partout. Par son moyen, ils éviteraient d'assez fortes mises de fonds dehors de la culture, et je n'ai pas besoin de dire que les premiers bénéfices sont les économies de dépense. Dans

trois ou quatre de nos départemens, des propriétaires
pénétrés de ce qui précède, se sont mis à cultiver l'ortie depuis une vingtaine d'années, et il faut bien qu'ils
y trouvent un bénéfice réel, puisque depuis ils ont con-
tinué et continuent encore cette culture. J'ai vu, dans
le commerce, beaucoup de bonnes toiles d'emballage
fabriquées avec de l'ortie, et l'on m'a montré de la
toile assez belle provenant de la même plante.

Culture de l'ortie dioïque.

L'ortie, comme fourrageuse et comme textile, est une
des plantes les plus estimées en Suède, aussi le gouvernement protège-t-il beaucoup sa culture, et fait, chaque
année, tous les sacrifices nécessaires pour la répan-
dre jusque dans les parties les moins industrieuses du
royaume.

Elle se plaît dans les plus mauvais terrains, même dans
ceux où le sarrazin refuse de croître. Elle ne craint ni le
froid, ni la chaleur, ni la sécheresse, ni l'humidité. Elle
est la première des plantes qui croissent au printems;
dans les endroits abrités et exposés au midi; l'ortie a
déjà plusieurs pouces de hauteur lorsque les autres plantes ont à peine percé la terre. On la multiplie par le semis de ses graines, et par la plantation de ses racines.

En France, quoiqu'elle vienne bien dans tous les sols,
excepté dans ceux qui sont aquatiques, elle fournit davantage dans les bons fonds secs et chauds. Comme ses
racines soutiennent très-bien la terre, il serait avantageux
de la semer sur le penchant des coteaux où les labours
font couler la terre dans les bas. Comme fourrage elle
n'exige aucun engrais, mais cultivée pour la filasse, il
n'en est pas de même, et plus la terre sera fertile, plus
la plante s'élevera; au moyen de quelques engrais animaux, elle atteindra aisément quatre à cinq pieds de
hauteur, et quelquefois six.

Les graines mûrissent vers le milieu de l'été, et doivent se récolter aussitôt leur maturité, car elles tombent aussitôt. Pour les obtenir on coupe les orties, on les fait sécher à l'ombre, et il ne s'agit plus que de les secouer sur un drap. On les vanne ensuite si on veut en extraire l'huile ou les donner à la volaille, mais cette opération n'est pas nécessaire s'il ne s'agit que de les semer.

En automne on prépare la terre par un bon labour, on unit parfaitement le sol, et on sème après avoir passé la herse. On ne doit pas recouvrir les graines, mais seulement passer le rouleau. Elles lèvent au printems, et on leur donne un binage ou deux, très légers, pour les débarrasser des mauvaises herbes. Pendant cette première année, les jeunes plantes n'acquièrent guère que six à huit pouces de hauteur, mais elles forment de bonnes racines.

Au printems suivant, avant que la végétation se développe, on épanche des engrais sur le champ, le plus également possible; on cesse les binages, mais on esherbe à la main si l'on juge cette opération nécessaire. Si les plantes ont manqué dans quelques parties du champ, on regarnit en levant des plantes dans les endroits où il y en a trop et les transplantant où il y en manque.

Dès cette seconde année, on obtient une première récolte de tiges, mais assez courtes. Ce n'est qu'à dater de la troisième année que l'ortie prend toute sa hauteur, et cette hauteur sera d'autant plus grande que l'on aura épanché plus d'engrais chaque printems.

On saisit, pour couper les tiges, le moment où la graine entre en maturité, ce qui arrive vers le milieu de l'été.

La multiplication de l'ortie s'exécute encore par la plantation de ses racines, à huit ou dix pouces de distance. Cette opération se fait en automne, par le déchirement des pieds que l'on peut aller arracher dans la campagne. Son résultat donne une récolte de tiges dès l'année suivante, et fait par conséquent gagner une année sur le semis. Ce mode doit donc être préféré, quoique un peu plus coûteux. Il est principalement susceptible d'être employé dans les petites plantations, et quand on veut utiliser de petites portions de terrain inculte, tels que les lieux d'un labour difficile, les interstices des rochers, la lisière des haies, etc.

Pour récolter les tiges on se sert de la faux dont on coupe les lins et les chanvres dans certains cantons. Du reste, tout le reste de la culture et la manipulation pour extraire la filasse, ne diffèrent en rien de ce que nous avons indiqué à l'article du chanvre.

Comme l'ortie épuise fort peu le sol, il est à croire qu'un champ bien entretenu et suffisamment amendé chaque année, pourrait durer fort long-tems.

DU LIN DE LA NOUVELLE ZÉLANDE.

Le capitaine Cook, qui a découvert cette plante, lui a imposé le nom que nous venons de lui donner; les naturalistes lui donnent celui de :

PHORMION TENACE OU TEXILE. (*Phormium tenax*, FORST.) Cette plante vivace appartient à la famille des liliacées de Jussieu, et à l'hexandrie-monoginie de Linnée. Elle forme un genre très voisin de celui des lachenales.

Ses caractères génériques sont : calice nul; corolle composée de six pétales rapprochés en tube : les trois extérieurs aigus, plus courts que les intérieurs qui sont tronqués au sommet. Étamines plus longues que la corolle; un style; un stigmate; un ovaire supère; une capsule alongée, aiguë, triangulaire, et trois valves à trois loges polyspermes; graines longues, comprimées.

Le phormion tenace a ses racines noueuses, charnues; ses feuilles sont toutes radicales, persistantes, nombreuses, coriaces, longues de trois à six pieds, larges de trois à quatre pouces, engainantes par leur base, distiques, lancéolées, d'un vert glauque, quelquefois bordées de rouge; la tige est haute de sept à huit pieds, rameuse, terminée, en août, par une grande panicule dont chaque rameau porte dix à douze fleurs unilatérales et longues de dix-huit lignes; les corolles sont tubulées, à divisions extérieures carénées et d'un jaune bronzé, les intérieures moitié plus longues et d'un beau jaune. Il en existe une variété à fleurs rouges.

Un auteur anglais prétend que M. Salisbury de Brompton a découvert cette plante dans le midi de l'Irlande. Il faut qu'il y ait erreur dans le nom du pays, car, si ce fait était vrai, ce serait un des plus curieux phénomènes de physiologie végétale. « Elle y croit naturellement et en grande quantité, dit-il; cette découverte sera sans doute d'une grande importance pour l'Irlande, où les pauvres peuvent être employés avec profit à la culture et à la fabrication. »

Il est peu de plantes, parmi les textiles, qui se soient annoncées, au moment de leur découverte, avec des avantages plus étendus et plus certains que celle qui fait l'objet de cet article. Cook ne tarit point sur les éloges qu'il donne à la force et à la finesse de la filasse qu'en retirent les habitans de la Nouvelle-Zélande. M. Labillardière, qui, après lui, a visité cette île, et qui était spécialement chargé d'étudier les emplois du phormion, et d'en rapporter des pieds en France, a fait connaître son importance avec plus de détails, dans un mémoire qu'il a lu à l'Institut en l'an II, et qui est imprimé dans le recueil de cette savante société. Il suit des expériences qu'il a faites, que la force des fibres de l'aloès-pite, étant égale à celle du lin ordinaire, est représentée par $11\frac{7}{8}$, celle du chanvre par $16\frac{7}{8}$, celle du phormion par $23\frac{7}{17}$, et celle de la soie par 34; mais la quantité dont ces fils se distendent avant de rompre est dans une autre proportion : car, étant égale à $2\frac{7}{8}$, pour les filamens de l'aloès pite, elle n'est que de $\frac{1}{2}$ pour le lin ordinaire, de 1 pour

le chanvre, de 1 ½ pour le phormium, et de 5 pour la
soie. On voit par ce résumé, que les fibres de cette plante
pourront remplacer avec avantage le chanvre qu'on emploie à fabriquer les cordages de la marine et tous nos
vêtemens en chanvre et en lin. Ajoutez que leur grande
blancheur et leur coup d'œil satiné, laissent espérer
qu'au moyen de l'apprêt, les toiles qu'on en fabriquera
surpasseront en éclat toutes celles que l'on fait en ce moment avec d'autres matières. Les habitans de la Nouvelle-Zélande en font des vêtemens, des lignes, des filets pour la pêche, des cordes beaucoup plus fortes que
celles de chanvre, et des étoffes d'une grande blancheur et d'un usage excellent. M. Faujas, qui, un des
premiers a cultivé en pleine terre le phormion dans les
parties méridionales de la France, pense que c'est pour
les cordages de la marine que la filasse du phormion
sera principalement utile.

M. Labillardière, par suite d'un évènement malheu-
reux, ne put apporter en France les plantes de phormion qu'il avait préparées; mais les Anglais, qui vers
le même tems firent une expédition dans le même but,
furent plus heureux, et un des pieds qu'ils reçurent fut
envoyé au muséum d'histoire naturelle de Paris, par
Aiton. Depuis, cet établissement en a reçu plusieurs autres par le retour de l'expédition Baudin. Ces divers
pieds ont fourni un grand nombre de rejetons, que
M. Thouin a distribué dans les départemens méridionaux, où ils sont cultivés avec succès en pleine terre,
et où ils ne tarderont pas sans doute à donner des produits assez abondans pour pouvoir être utilisés. Déjà,
depuis quelques années, cette plante semble se naturaliser dans le Midi, puisqu'elle donne aujourd'hui des
graines parfaites à Toulon, et qu'elle a fleuri dernière-
ment à Cherbourg.

Et dans le fait, pourquoi en serait-il autrement? puisque dans son pays même, on la trouve communément

dans des montagnes et des localités élevées, plus froides que la France méridionale, quoique situées à une latitude plus rapprochée de l'équateur.

Culture du phormion.

Le phormion aime les terres franches, légères, un peu humides sans être froides, à l'exposition du midi. M. Thouin dit, qu'il végète dans les plus mauvaises terres, et il a raison ; mais pour que ses feuilles, qui seules produisent la filasse, prennent de belles dimensions, il est nécessaire de le placer dans une bonne terre substantielle. S'il était possible de le placer dans des fonds que l'on pût irriguer à volonté, il est certain qu'il y croîtrait avec beaucoup plus de vigueur et fournirait des récoltes plus abondantes.

Jusqu'à ce jour, on n'a guère pu le multiplier que de rejetons, mais on doit espérer que dans peu d'années on en recueillera assez de graines pour pouvoir le multiplier par semis, et alors cette méthode sera à la fois plus commode et plus économique, outre qu'on en obtiendra de meilleurs résultats.

Les œilletons croissent sur les plus grosses racines, près du faisceau des feuilles (quelquefois même entre les feuilles). Ils semblent n'être d'abord qu'une nodosité ; mais peu à peu ils prennent la forme d'une bulbe pointue, et laissent voir l'origine de deux feuilles. Leur croissance est assez rapide pour qu'ils puissent être séparés de leur mère au bout de la première année, c'est-à-dire au printems suivant.

C'est aussi au printems qu'il faut les détacher pour les planter en quinconce ou en échiquier, à cinq pieds de distance les uns des autres, peut-être un peu plus près, car je ne crois pas qu'on ait encore déterminé positivement cette distance ; elle dépendra de la qualité du sol et du développement probable que devra y prendre

CORDIER.

le phormion. Comme cette plante est encore assez rare,
sous le rapport de la grande culture, il sera bon de ne
pas perdre les œilletons qui n'auront pas de racines. En
conséquence, après les avoir détachés de leur mère, on
les plantera en pépinière dans le terreau d'une couche
tiède, on les recouvrira de cloches ou de châssis et on
les traitera à la manière des boutures, jusqu'à ce qu'ils
aient émis assez de racines pour pouvoir être enlevés et
plantés en pleine terre, avec la motte, auprès des autres.

Nous n'avons pas besoin de dire que le terrain,
avant la plantation, sera préparé convenablement par
un bon labour à la bêche, et amendé avec de bons engrais consommés.

Pour entretenir la plantation propre, il sera nécessaire de donner deux ou trois binages par an, et de fumer tous les ans, en automne, toujours avec des engrais
consommés, car on sait que les fumiers chauds sont fa-
tals à toutes les plantes de la famille des liliacées, et l'a-
nalogie nous porte à croire qu'il en serait de même pour
le phormion. Du reste, l'expérience seule apprendra
quels autres détails de culture seront avantageux à cette
plante. Il est à croire qu'elle durera fort long-tems à la
même place, car elle effrite peu la terre. On pourra
donc, quand il en périra quelques pieds dans un champ,
les remplacer par d'autres sans inconvénient.

Extraction de la filasse.

Comme on sait, ce n'est pas l'écorce de la plante qui
fournit la filasse, mais bien les fibres longitudinales qui
s'étendent dans le parenchyme de la feuille. Or, la
plante, comme toutes celles qui ont les feuilles engaî-
nantes et distiques, pousse continuellement ses vieilles
feuilles au dehors à mesure qu'elle en émet en dedans,
c'est-à-dire au cœur, d'où la tige doit sortir. Cette manière de végéter indique la manière de récolter ; c'est-à-

dire qu'il conviendra de détacher les feuilles les plus extérieures, deux ou trois fois par an, avant qu'elles jaunissent, en les coupant à leur base avec une serpette. Le nombre de feuilles à détacher chaque fois pourra varier de deux à six, ou davantage, selon les circonstances et la vigueur de la plante.

Dans tous les cas, il faudra les faire sécher avant toute autre manipulation, afin de pouvoir les avoir toutes au même point et en même tems, pour en extraire la filasse.

Les essais qui ont été faits à Paris pour retirer des feuilles cette filasse, ont prouvé que ce n'était pas une chose aussi facile qu'on se l'était imaginé. Le rouissage n'a pas offert de bons résultats; on a donc été obligé de recourir à d'autres procédés. Il résulte des expériences de M. Faujas, qu'un moyen d'obtenir la filasse des feuilles de phormion, est de les diviser en lanières longitudinales, et de les faire ensuite bouillir dans l'eau. Le parenchyme se désorganise par cette opération, et il suffit de frotter les fibres pour les en débarrasser complètement. Ce parenchyme a la saveur et l'odeur de l'aloès, et peut lui être substitué en médecine.

Cette méthode est sans doute excellente; mais elle a l'inconvénient ordinaire à tous les procédés inventés par les écrivains agronomes, c'est d'être trop coûteuse. Il faudra donc en revenir, en attendant mieux, à celle des habitans de la Nouvelle-Zélande, et voici en quoi elle consiste. On plonge les feuilles dans l'eau, et on les y laisse plus ou moins long-tems, jusqu'à ce qu'elles soient ramollies; pour cela, on les a préalablement attachées en petits faisceaux, en les réunissant par leur base. Quand elles sont suffisamment ramollies, ce que l'expérience apprend à connaître, on retire les faisceaux, on les place sur un billot, et on les bat les uns après les autres, avec une sorte de maillet en bois, jusqu'à ce que le parenchyme tombe, et que les fibres se séparent. Il ne reste plus qu'à passer la filasse au peigne de fer pour la rendre propre à être employée.

Si l'on doit ajouter quelque confiance à l'auteur anglais que nous avons déjà cité plus haut, M. Salisbury, six feuilles lui auraient produit une once de fibres, nettoyées et sèches. D'après cela, il conclut qu'un acre de terrain planté en phormion, les plantes étant à trois pieds de distance, produirait 1600 livres de filasse, produit qui surpasse celui du chanvre et du lin.

« Il faut couper les feuilles, dit-il, lorsqu'elles sont parvenues à toute leur croissance, et les faire macérer pendant plusieurs jours dans une eau stagnante; on les passe ensuite sous des cylindres convenablement chargés, et elles se séparent et blanchissent en les lavant dans une eau courante. Lorsqu'elles sont propres et sèches, tout frottement augmente leur finesse, et l'on peut même leur faire prendre la forme de coton; cette filasse est donc propre à tous les usages auxquels on emploie le chanvre et le lin.

» Le phormion est actuellement cultivé dans diverses parties de l'Angleterre et du pays de Galles. Il croit également dans un sol humide ou sec, sur les montagnes ou dans les vallées, mais plus abondamment et plus beau dans les terrains humides. Il est enfin devenu une branche de notre industrie, et l'on en fabrique divers articles de commerce. »

Dans la fabrication du cordage goudronné, le principal obstacle à l'emploi de la filasse de phormion, est l'impossibilité apparente d'imbiber les fibres de la résine conservatrice; aussi, n'a-t-elle été employée que pour la fabrication des cordages blancs. M. Holt, du Yorkshire, recommande, pour faire disparaître ce grave inconvénient, et rendre les cordes propres à recevoir le goudron, le procédé suivant :

La filasse, peignée et tissée, selon la méthode ordinaire, est plongée dans une dissolution chaude ou froide, de potasse et de soude, dans les proportions d'une demi-once d'alcali pour un galon d'eau. Au bout de quarante-huit heures on retire la filasse, on la fait sécher à l'air ou dans une étuve.

M. Holt décrit aussi un appareil mécanique perfectionné pour dépouiller ce lin des écorces et du parenchyme qu'il contient, tel qu'on le trouve dans le commerce. Voici sa traduction textuelle.

« On a une espèce de grillage en fer ou en bois, formé d'une rangée de barres parallèles, le tout formant un rectangle dont les côtés les plus longs sont maintenus par des planches verticales. Les bâtons sont effilés transversalement, et leurs côtés étroits sont placés en haut; mais dans un autre assemblage de barres, qu'on veut faire passer sur le premier, les côtés étroits sont en bas, ce qui donne aux barreaux une tendance à s'engrener comme des roues dentées. Lorsque le lin est placé sur le grillage inférieur, on fait passer et repasser dessus l'autre grillage suffisamment chargé; il se produit un frottement uniforme et puissant, qui sépare les fibres et chasse les matières étrangères, qui passent à travers le grillage inférieur. »

M. Holt ayant pris un brevet d'invention pour ces divers procédés, demanda, en 1832, un brevet de perfectionnement qui modifie aussi sa méthode.

Après avoir retiré la filasse de la lessive alcaline dont il est question plus haut, on l'étend par petites portions, dans une auge dont le fond est formé de barres triangulaires parallèles. Une autre auge de forme semblable est placée sur la matière, et on peut y ajouter un poids pour augmenter la pression. On fait alors mouvoir l'auge supérieure afin de frotter la matière entre les barres des deux auges, et l'on chasse ainsi plus aisément les parties ligneuses de la filasse, qui tombent dans le grillage inférieur et laissent les fibres libres et nettes.

Il faut remarquer que l'immersion et le frottement

peuvent être pratiqués avant ou après que la filasse a été filée en fil à carret, et que ce dernier, quand il a subi cette préparation, prend le goudron aussi facilement que le lin ou le chanvre d'Europe.

DES AGAVÉS.

Les agavés appartiennent à la famille des narcissées de Jussieu, et à l'hexandrie-monoginie de Linnée. Ce sont des plantes exotiques presque toutes susceptibles de croître en pleine terre dans le midi de la France. Trois fournissent des fibres dont on confectionne des cordes et des toiles ; et c'est de ces trois espèces seulement que nous devons nous occuper ici.

Les agavés ont pour caractère générique : corolle en tube, à six divisions droites ; étamines plus longues que la corolle ; ovaire infère ; capsule polysperme, à trois valves, à trois loges ; feuilles dures et persistantes.

L'AGAVÉ-PITTE, (*agave fœtida*, LIN. *Fourcroya gigantea*, VENT.) est originaire de l'Amérique Méridionale. Ses racines sont tubéreuses. Ses feuilles sont longues de cinq à six pieds, larges de six pouces, étalées, sans épines, d'un vert jaunâtre ; hampe de plus de vingt pieds de hauteur, rameuse, divisée et subdivisée en rameaux nombreux ; fleurs d'un blanc verdâtre, se transformant en bulbes quand elles n'épanouissent pas.

Cette espèce est celle qui fournit la meilleure filasse, mais c'est aussi celle qui craint le plus le froid, et elle ne pourrait guère être cultivée en pleine terre que dans quelques cantons les plus chauds du midi de la France. Elle réussirait merveilleusement en Corse, ainsi qu'en Italie, en Espagne, etc. Elle fleurit quelquefois dans nos serres, à Paris, et en deux mois de tems, la hampe naît et parvient souvent à vingt-quatre pieds de hauteur.

L'AGAVÉ D'AMÉRIQUE, (*agave americana*, LINN.) a

les feuilles nombreuses, très charnues, plus épaisses que
la précédente et de la même grandeur, convexes en dessous, excavées en dessus, garnies d'épines sur les bords,
et terminées par une pointe longue et acérée; elles
sont entièrement glauques, ou bordées de jaunâtre dans
une variété. La hampe est haute de quinze à dix-huit
pieds, de la grosseur de la jambe, revêtue de larges
écailles, et partagée en un grand nombre de rameaux
étalés, le long desquels les fleurs sont rangées verticalement; on en compte quelquefois jusqu'à quatre ou cinq
mille sur un seul pied. Leur couleur est d'un jaune verdâtre, et les étamines sont beaucoup plus longues que la
corolle.

L'agavé d'Amérique fut apporté en Europe vers le milieu du seizième siècle. On le trouve aujourd'hui en Espagne, en Sicile, sur les Côtes de Barbarie, aux environs de Marseille, en Roussillon, et même dans quelques cantons de la Suisse. Camerarius dit que Cortusus le
cultiva le premier à Padoue vers l'an 1561. Partout où
il croit à l'air libre on l'emploie pour faire des haies im-
pénétrables. Il donne une filasse plus grossière que le
précédent, mais il a sur lui l'avantage de craindre beaucoup moins le froid.

L'AGAVÉ DE VIRGINIE (*agave virginica*, MICH.) en
diffère par ses dimensions moins grandes, par ses feuilles étroites, munies d'aiguillons plus courts; enfin par
ses fleurs sessiles, verdâtres et odorantes.

Nous nous occuperons principalement ici de l'agavé
d'Amérique, parce que c'est la seule espèce qui soit natu-
ralisée en France, et dont par conséquent notre agriculture pourrait tirer un bon parti.

Les fibres de ses feuilles sont longues, fortes et déliées;
on en fabrique des cordes, des filets de pêcheurs, des
tapis, des toiles d'emballage, des pantoufles, du papier et divers autres ouvrages, connus sous le nom
de *sparterie*. Depuis plusieurs années on exploite ce

genre de fabrication en Espagne, et il vient tout nouvellement de s'établir en France quelques fabriques de sparterie. A Paris on commence à se servir, pour conduire les chevaux, de guides ou rênes faites en cordes d'agavé, qui ont sur le cuir l'avantage d'être plus propres, plus légères, plus minces et plus fortes.

Quant aux fibres de l'agavé pitte, elles ont assez de finesse pour pouvoir servir à tous les usages pour lesquels on emploie la filasse de lin et le chanvre.

Les fibres de l'agavé de Virginie sont moins grossières que celles de l'agavé d'Amérique, plus que celles de l'agavé pitte.

Avec le suc de l'agavé d'Amérique, les Mexicains préparent une sorte de miel, un vin très enivrant, nommé *pulque*, et une eau-de-vie qu'ils appellent *ménical* ou *aguardiente de magay*.

Culture.

Les agavés aiment les terrains secs, chauds, et rocailleux. Comme ils ne fleurissent guère avant l'âge de dix à douze ans, et dans nos serres souvent à un âge beaucoup plus avancé, cela a fait croire et dire qu'ils ne fleurissent que tous les cent ans. On les plante en lignes pour en former des haies autour des jardins et des champs, ou en quinconce, à trois pieds et demi de distance les uns des autres. On donne un binage ou deux entre les pieds, chaque année, pour les débarrasser des mauvaises herbes.

On les multiplie par les nombreux drageons qui poussent au pied, et l'on n'a pas besoin d'attendre qu'ils soient enracinés, car ces plantes reprennent de boutures avec une excessive facilité. Seulement après avoir séparé l'œilleton de sa mère, il faut, avant de le planter, avoir soin de laisser sécher pendant quarante-huit heures au moins la plaie que la serpette lui a faite. Sans cette précaution indispensable, l'humidité de la terre le ferait pourrir.

Comme ces plantes craignent encore plus l'humidité que le froid, dans les terres qui ne sont pas excessivement sèches, il serait bien de les planter en ligne sur des ados de fossés; ces derniers seraient larges de deux pieds, profonds de dix-huit pouces, éloignés de deux pieds les uns des autres, et parallèles. On jetterait sur des ados la terre qu'on en tirerait en les creusant et on planterait les agavés sur cette terre.

Si on laisse agir la nature, la plante meurt dès qu'elle a fleuri; mais si on a le soin de couper la hampe près de sa base, avant l'épanouissement, il se forme un nouveau bouton qui renouvelle la plante, et il sort de son collet un grand nombre d'œilletons. Les agavés cultivés en Europe craignent beaucoup les pluies continues, et les arrosemens trop abondans.

Il faut bien se donner de garde de couper ou meurtrir aucune de leurs parties en hiver ou dans une autre saison pluvieuse, car la pourriture se mettrait infailliblement dans la plaie, gagnerait les parties voisines, s'étendrait jusqu'au cœur de la plante et la ferait périr, si les rayons du soleil n'étaient pas assez chauds pour dessécher la plaie très promptement. Il résulte de cette observation que la récolte des feuilles ne doit se faire que dans la saison la plus chaude de l'année.

Extraction de la filasse.

Rien n'est aussi aisé que cette opération. Dès que la plante a des feuilles assez grandes pour fournir de la filasse d'une longueur suffisante, ce qui commence ordinairement la troisième année après la plantation, on coupe les feuilles extérieures, à un pouce ou deux de la souche, quand on voit qu'elles commencent à changer un peu de couleur et à devenir d'un vert terne et foncé; ce qui annonce leur maturité.

On fait rouir ces feuilles dans une eau stagnante ou dans du fumier; puis on les en retire, on les fait sécher, et ensuite on les écrase entre deux cylindres. On les lave, on les bat, et on les peigne pour leur donner de la souplesse et les nettoyer, et tout se borne là.

DE L'ANANAS.

Les ananas sont des plantes à tiges et feuilles charnues, appartenant à l'hexandrie monogynie de Linnée, et à la famille des narcissées de Jussieu; tous sont exotiques et ne peuvent croître en pleine terre à l'air libre que dans les pays très chauds. Partout ailleurs que près des Tropiques, l'ananas ne peut se cultiver qu'en serre chaude.

On aurait pu croire que cette raison devait rayer l'ananas, du moins en Europe, du nombre des plantes économiques cultivées pour tout autre chose que le fruit : il n'en est rien. Voici un anglais, M. Frédérick Burt Zincke qui vient de prendre, à Londres, en juin 1837, un brevet d'invention pour utiliser les feuilles d'ananas en en retirant une filasse propre, selon lui, à être employée à tous les usages du lin, du chanvre, du coton, de la laine, de la soie, etc. Nous allons d'abord faire connaître l'ananas par sa description, puis nous donnerons la traduction littérale du brevet de M. Burt Zincke.

Les ananas, ou bromelies, ont pour caractères génériques : calice supère, à trois divisions; trois pétales; écailles nectarifères à la base des pétales; six étamines, un pistil; baie à trois loges.

L'ANANAS COMMUN. (*Bromelia ananas*, LIN. *Ananassa sativa*, B. R.) est originaire de l'Amérique méridionale. C'est une plante vivace, qui pousse du collet de sa racine des feuilles divergentes, raides, en gouttières, larges de deux à trois pouces, longues d'un à quatre pieds, selon la variété, garnies sur leurs bords d'aiguillons piquans. Du centre de ces feuilles s'élève une tige forte et charnue, droite, très simple, haute d'un à deux pieds, et terminée par un petit faisceau de feuilles, nommé *couronne*. Sous la couronne, la tige est entourée par un épi de fleurs bleuâtres, auxquelles succède un fruit gros, ovale, enfilé par la tige, à facettes comme une pomme de pin, charnu, ordinairement jaunâtre ou violâtre à la maturité, exhalant alors un parfum délicieux, et contenant dans sa pulpe ferme, fondante et blanchâtre, une eau sucrée, agréablement acidulée, dans laquelle on retrouve la saveur de la fraise, de la framboise, du coing, de la pêche, et de tous nos meilleurs fruits.

Avant de transcrire le brevet de M. Burt Zincke, nous devons dire que sa découverte n'est pas neuve pour la France, et encore moins pour l'Inde où, depuis fort long-tems, les habitans font des cordages avec les fibres des feuilles de l'ananas cultivé. En 1815, la société d'encouragement, à Paris, nomma une commission, dont M. Bosc fut le rapporteur, pour s'assurer par des expériences, de l'utilité que l'on pourrait retirer de la filasse fournie par la fibre des feuilles d'ananas. Il résulte du rapport de la commission, que cette filasse est fort blanche, mais fort cassante, et, comme telle, fort inférieure à celle du chanvre, du lin, de l'agavé-pitte, du phormion, etc. En conséquence, la société déclara que, même dans les pays où l'ananas croît à l'air libre, il ne peut être utile de consacrer du terrain à la culture de cette plante, pour cet objet. Nous aurions donc passé sous silence le brevet de M. Burt Zinke, si nous n'avions pensé que, peut-être, ses procédés d'extraction et de préparation ne sont pas les mêmes que ceux employés par la commission de la Société d'encouragement, et peuvent, en conséquence, offrir de meilleurs résultats. Ensuite, il existe d'autres espèces d'ananas, par exemple, le *bromelia bracteata*, dont les feuilles sont plus longues, plus fibreuses, et qui, si on les soumettait à l'expérience, pourraient sans doute fournir une filasse plus forte. Dans tous les cas, voici la méthode de l'industriel anglais.

« Pour préparer la fibre, je coupe les feuilles de l'ananas, lorsqu'elles ont atteint toute leur croissance, et un peu avant la maturité des fruits, en quelque saison que ce soit. J'ai trouvé que si l'on prenait les feuilles avant leur pleine croissance, la fibre est moins forte, et, si on les prend après la maturité des fruits, elle devient dure, et il est plus difficile de la dépouiller des matières étrangères. Ayant ôté avec un couteau tranchant les petites épines qui se trouvent sur le bord des feuilles, on écrase celles-ci pour dégager la fibre des autres matières qui l'enveloppent. On peut fort bien, pour cela, faire usage d'un maillet en bois, et frapper sur un billot. On bat jusqu'à ce que la fibre mise à nu paraisse en un faisceau de longs filamens soyeux, encore mêlés à quelques parties de l'épiderme et du parenchyme. Pour les nettoyer, on les passe dans de l'eau douce, et, quand ils sont nets, il faut aussitôt en exprimer l'eau au moyen de la pression, en les faisant passer entre deux pièces de bois parallèles qui les pressent légèrement, car, si on laissait sécher la matière verte sur la fibre, celle-ci deviendrait plus difficile à nettoyer. Le lavage doit être fait avec soin, de manière à empêcher la filasse de s'entremêler, et répété plusieurs fois.

» Si le nettoyage est rendu difficile par une cause quelconque, telle que l'époque trop avancée de la cueillette des feuilles, on facilitera l'opération en faisant bouillir la fibre, après qu'elle a été battue, et la nettoyant partie par partie dans de l'eau savonneuse. Pour cela, on place les fibres avec régularité dans un vase convenable, de manière à ce qu'elles ne se mêlent pas ; et qu'elles baignent complètement dans une eau savonneuse composée de cinq parties de savon pour cinquante de fibres. On place un poids sur celle-ci pour les tenir submergées, et on fait bouillir le tout pendant trois ou quatre heures. Il ne reste plus qu'à rincer la filasse dans de l'eau douce, et à la presser comme nous l'avons dit. La fibre ainsi nettoyée est mise à sécher à l'ombre, et secouée de tems en tems pour prévenir l'adhérence mutuelle des filamens, qui pourrait avoir lieu.

Il existe d'autres manières de nettoyer les fibres, mais je préfère celle que je viens de décrire.

Quant à la seconde partie de mon invention, il me suffit de remarquer que la supériorité de la filasse de l'ananas sur celle des autres plantes textiles, permet de l'appliquer à diverses fabrications utiles. Elle est d'une couleur blanche et luisante, reçoit la teinture très facilement, est très forte, et peut acquérir tout le degré voulu de finesse, car chaque fibre n'est réellement qu'un assemblage de filamens très déliés, adhérant plus ou moins fortement entre eux. Ces qualités permettent de l'employer dans la fabrication des schals, du linge damassé, des pluches, du papier, des tapis, des cordes, ficelles et fils, et d'une foule d'autres objets pour lesquels on emploie le lin, le coton, la soie, la laine et autres matières fibreuses. Pour filer cette matière comme on file le lin, il faut la soumettre au procédé par lequel on blanchit le lin, et le moment auquel le blanchiment est plus commode à effectuer, est celui où la fibre est dans l'état appelé techniquement *roving*. Pour des fils grossiers, il suffit des premières opérations de blanchiment; mais plus le fil qu'on veut obtenir doit être fin, plus il faut pousser loin le procédé. Cette opération a pour effet de dégager une partie de la matière agglutinative qui lie les plus fins filamens entre eux, et de rendre le fil susceptible d'alongement entre les cylindres employés dans la filature, après qu'il a passé dans l'eau chaude.

DES TILLEULS.

Les tilleuls sont des arbres qui appartiennent à la famille des tilliacées de Jussieu, et à la polyandrie-monogynie de Linnée. Ils ont pour caractères génériques : calice tombant, à cinq divisions profondes ; cinq pétales nus, ou munis d'une écaille à leur base, alternes avec les divisions du calice ; étamines libres, indéfinies ; un style ; une capsule globuleuse, coriace, sans valves, partagée en cinq loges renfermant une ou deux graines.

On en connaît huit espèces, qui tous ont les feuilles alternes, pétiolées, cordiformes, dentées : les fleurs blanches ou jaunâtres, disposées en corymbes pendans à l'extrémité des rameaux, chacune insérée au milieu d'une bractée lancéolée et colorée. Toutes les espèces ont les mêmes qualités textiles, aussi ne nous occuperons-nous ici que des deux espèces que l'on trouve communément en France, et ce que nous en dirons pourra s'appliquer aux autres.

Le tilleul des bois, (*tilia sylvestris*, Desf. *tilia microphylla*, Vent. *tilia europæa*, Linn.) est un bel arbre commun dans nos forêts. Ses racines sont traçantes ; son tronc droit, haut de soixante pieds ; ses feuilles sont petites, glabres, arrondies, terminées par une pointe, et bordées de dents aiguës ; son fruit est petit, presque rond, velu, cassant, à côtes très peu relevées.

Sa grosseur devient quelquefois énorme, de 40 à 50 pieds de circonférence, par exemple, et sa vie se prolonge pendant trois ou quatre siècles. Son bois est blanc, tendre, et assez lourd, quoiqu'on en ait dit, car, selon Varennes de Fenilles, étant sec il pèse 48 livres 2 onces 1 gros par pied cube.

Le tilleul commun ou de Hollande (*tilia platyphyllos*, Vent.), aussi connu sous les noms de tilleul femelle ou des jardins, avait été confondu par Linnée avec le précédent. Cependant, il s'élève davantage ; ses feuilles sont plus larges, plus velues, plus douces au toucher, et il fleurit un mois plus tard ; son fruit est plus dur, plus gros, et relevé de côtes saillantes ; ses rameaux sont glabres, ses boutons plus gros et appliqués.

On le trouve à l'état sauvage dans quelques forêts de l'ouest de la France. Son bois ne diffère de celui du précédent que par sa pesanteur un peu moindre ; le pied cube pèse, étant vert, 54 livres 9 onces ; sec, 39 livres 1 once. Tout ce que nous allons dire de cet arbre convient également au précédent.

Les forêts de tilleul sont fort rares dans les contrées méridionales ; mais en Prusse, en Pologne, en Russie, on en trouve de vastes massifs. Leur bois est un mauvais combustible, et de peu d'usage comme bois de service, il n'acquiert que rarement, dans un âge avancé, le volume que sa prompte croissance sembloit promettre dans sa jeunesse. Sa souche et ses racines donnent, même dans leur vieillesse, de nombreux jets. ¶ ; tilleul est employé par les tourneurs, les ébénistes et les sculpteurs; on doit couper les arbres lorsqu'ils ont atteint soixante ou quatre-vingts ans : plus tard leur croissance se ralentirait, leur bois perdrait de sa blancheur, et serait moins propre à l'usage auquel on pourrait le destiner. Les taillis de vingt à trente ans donnent un volume presque triple de celui que rend un taillis de chêne du même âge ; mais, comme bois de chauffage, on ne l'évalue qu'aux deux tiers du hêtre à égalité de volume. On l'emploie quelquefois pour la charpente, mais en pièces détachées, et, au besoin, pour faire des poutres et des chevrons dans les constructions légères. Il est très estimé pour être débité en petits ustensiles, tels que jattes, cuillers et autres petits ouvrages semblables. Les ébénistes le préfèrent à tous autres bois, lorsqu'il est sain, pour les parois intérieures des meubles. On le débite en planches que l'on a soin de mettre à l'abri de la pluie.

Le tilleul se traite assez bien par la carbonisation; son feuillage desséché est un bon fourrage pour les chèvres et les moutons. Cet arbre, quoique déjà parvenu à une certaine grosseur, se transplante avec succès; ses nombreuses racines assurent sa reprise. On en fait de belles avenues; son épais feuillage et ses branches étendues projettent sur les champs un ombrage qui nuit beaucoup à la végétation des plantes qui sont dessous. Enfin, on a proposé de faire une sorte de chocolat avec ses graines, et du vin avec sa sève. Tout le monde connaît l'emploi de ses fleurs en médecine. C'est de son écorce que l'on tire de la filasse.

Culture.

Le tilleul réussit partout; cependant il préfère les plaines aux montagnes, et l'exposition du nord à toute autre. Il réussit bien dans les terres légères, profondes, riches en humus, plutôt humides que sèches, et même dans une terre argileuse, pourvu qu'elle ne soit pas trop tenace; on peut l'élever dans les terrains sablonneux, secs et maigres, mais sa croissance y est lente. Cet arbre ne peut pas se traiter en haute futaie; son rajeunissement par coupes d'ensemencement naturel ou spontané présente de trop grandes difficultés.

On multiplie les tilleuls de graines, de rejetons, et les espèces exotiques, de marcottes. On recueille la graine dans l'arrière saison, et on la sème de suite, en ligues, dans une bonne terre légère bien préparée, en la recouvrant d'un demi-pouce de terre. Si on attend au printems pour faire le semis, il faut faire stratifier la graine dans du sable, sans quoi elle ne lève que la seconde ou la troisième année. Quand les jeunes plants ont trois ans, on les place en pépinière pour les replanter encore une fois en place lorsqu'ils ont acquis une hauteur et une grosseur convenables.

Pour multiplier ces arbres par rejetons, on lève ceux-ci en automne, on les élève en pépinière, et on peut les mettre en place cinq ans après. La multiplication par marcottes se fait seulement en horticulture; quand les marcottes sont enracinées, en automne, on les sépare de leur mère et on les traite comme les rejetons.

Extraction de la filasse.

Les tilleuls de douze à quinze ans, selon Desfontaines, de vingt à trente ans, selon Burger, sont ceux dont l'écorce est préférée pour extraire de la filasse, parce que c'est l'âge, dit le premier, où elle a le plus de force et de souplesse. Au moment où la sève commence à affluer, on enlève l'écorce dans toute la longueur des perches, qui ont ordinairement quinze à vingt pieds, et on laisse sécher en bottes: son épiderme se sépare souvent par la seule dessiccation. Ensuite on la met rouir dans l'eau. Si on veut en faire seulement des cordes grossières, on se contente de la réduire en lanières, qu'on file comme les cordes de chanvre; mais si on veut en obtenir de la filasse, on nettoie l'écorce des parties les plus grossières, en la soumettant à l'action d'une machine semblable à celle qui sert à broyer le chanvre.

La filasse ainsi préparée est employée à fabriquer des filets pour la pêche, des toiles d'emballage, des cordes d'une assez grande force et qui pourrissent difficilement, etc. etc. La Russie tire annuellement plus de quatre millions de la fabrication de ces objets. On peut aussi en faire du papier qui ne le cède guère, pour la force, à celui de chiffons.

Autrefois on fabriquait des nattes avec l'écorce de tilleul, mais les progrès du luxe, et peut-être la diminution des forêts de tilleul ont fait renoncer à cet ameublement. Ce n'est plus que dans le nord de l'Europe et dans la Sibérie qu'il est encore en usage.

DU BROUSSONETIER.

Cet arbre a pour caractères génériques : fleurs dioïques ; les mâles en chatons ; calice à quatre divisions ; corolle nulle, quatre étamines élastiques. Les femelles en chatons globuleux, calice à quatre divisions, graines portées chacune sur un pédoncule charnu et alongé.

LE BROUSSONETIER MURIER A PAPIER, (*broussonetia papyrifera*, DESF. *morus papyrifera*, LIN.) est un grand arbre croissant naturellement au Japon, à la Chine, et dans les îles de la mer du Sud. Ses feuilles sont larges, en cœur, simples ou lobées ; ses rameaux sont touffus, et l'arbre a une très belle forme, surtout quand il est paré de son feuillage. Il est dioïque, c'est-à-dire que les fleurs mâles naissent sur un individu et les fleurs femelles sur un autre. Ces dernières produisent des baies sphériques, composées de gros filamens charnus qui prennent une couleur rouge à l'époque de la maturité.

Culture.

Les racines de cet arbre tracent à une grande distance et produisent de nombreux rejets, ce qui rend sa multiplication fort aisée. Lorsque ces rejetons sont enracinés, on les lève au printems, et on les plante en pépinière ; deux ans après ils ont atteint cinq ou six pieds de hauteur et l'on peut les mettre en place. On multiplie encore le broussonetier par ses semences que l'on sème au printems sur une terre bien ameublie, chaude, à l'exposition du midi, avec la précaution de très peu couvrir les graines. Le plant lève très bien et prend en peu de tems un grand développement. Sous le climat de Paris, il est prudent de couvrir le semis pendant les grands froids et pendant le premier hiver.

Du reste cet arbre n'est sensible à nos gelées que pendant son jeune âge, et encore il ne perd jamais que quelques rameaux qui se renouvellent aisément.

Le broussonetier vient très bien dans tous les terrains,
cependant il croit plus vite dans les sols légers, chauds
et pourtant pas trop secs. C'est un bel ornement pour
nos parcs, et ses feuilles séchées font une fort bonne
nourriture d'hiver pour les moutons. C'est de son écorce
que l'on tire de la filasse.

Extraction de la filasse.

Ce que nous avons dit du tilleul, sur cet objet, s'ap-
plique parfaitement au broussonetier. Mais les habitans d'Othaïti et autres îles des mers du Sud, en fabri-
quent des étoffes en préparant son écorce d'une autre
manière. Pour cela, ils coupent les tiges de deux à trois
ans, lorsqu'elles sont parvenues à la grosseur du pouce,
sur une longueur de deux à trois mètres. Ils les fendent
longitudinalement et les dépouillent de leur écorce; ils
divisent cette écorce en lanières qu'ils font macérer dans
l'eau courante pendant quelque tems, après quoi ils en
raclent l'épiderme et le parenchyme sur une planche de
bois. Pendant l'opération, ils les plongent souvent dans
l'eau pour les nettoyer. Lorsqu'elles le sont parfaitement,
ils placent sur une autre planche plusieurs de ces lanières
encore humides, de manière qu'elles se touchent par les
bords; puis ils en appliquent deux ou trois autres couches
par dessus, ayant soin qu'elles aient partout une épaisseur
aussi égale qu'il est possible. Au bout de vingt-quatre heures elles adhèrent ensemble, et ne forment plus qu'une
seule pièce qu'ils posent sur une grande table bien polie,
et qu'ils battent avec de petits maillets de bois qui ressemblent à un cuir carré de rasoir, mais dont le manche est plus long, et dont chaque face est sillonnée de
rainures de différentes largeurs.

L'écorce s'étend et s'amincit sous les coups des maillets, et les rainures dont je viens de parler y laissent
l'impression d'un tissu. Ces sortes d'étoffes blanchissent

à l'air ; mais ce n'est que quand elles ont été lavées et battues plusieurs fois qu'elles acquièrent toute la souplesse et toute la blancheur qu'elles peuvent avoir. Ils en font aussi avec l'écorce de l'arbre à pain, mais celles du mûrier à papier sont préférées. Pour les blanchir lorsqu'elles sont sales, ils les mettent tremper dans de l'eau courante, et ils les tordent légèrement. Quelquefois ils appliquent plusieurs pièces de ces étoffes l'une sur l'autre, et ils les battent avec le côté le plus raboteux du maillet ; elles ont alors l'épaisseur de nos draps, mais leur défaut est d'être spongieuses et de se déchirer facilement. Ils les teignent en rouge et en jaune. Le rouge qu'ils emploient, au rapport du voyageur Cook, est très brillant et approche de l'écarlate ; leur jaune est aussi très beau.

Aujourd'hui on tire de meilleurs produits du broussonetier, en préparant sa filasse par le rouissage. Elle donne du fil assez fort, des cordes, des toiles, et surtout du papier excellent. C'est avec elle que les Chinois préparent ce papier qui est aujourd'hui tant à la mode en France, en Allemagne et en Angleterre, pour imprimer les lithographies et les gravures les plus belles. Les procédés de fabrication du papier de la Chine, au moyen des jeunes tiges de cet arbre, sont décrits avec beaucoup de détails par Kœmpfer.

Il y a quelques années que M. Faujas a fait fabriquer de ce papier, à Paris, par la méthode européenne, beaucoup plus prompte que celle de la Chine et du Japon, et il a eu lieu de s'applaudir de son essai, quoiqu'il eût été fait avec de l'écorce telle qu'elle sort de l'arbre.

DU GENÊT D'ESPAGNE.

Les genêts appartiennent à la famille des légumineuses de Jussieu, et à la diadelphie-décandrie de Linnée. Ils ont pour caractères génériques : calice à cinq dents, dont deux supérieures et trois inférieures; ailes et carène abaissées et écartées de l'étendard ; gousse oblongue, comprimée, polysperme.

Ce sont des arbustes ou des arbrisseaux, dont les uns ont les tiges armées d'épines, et les autres sont nues. Parmi ces derniers on distingue :

Le Genêt jonciforme ou d'Espagne (*genista juncea*, Desf. *spartium junceum*, Linn.). Originaire de l'Espagne et du midi de la France, cet arbrisseau atteint communément de six à dix pieds de hauteur, et quelquefois davantage ; ses rameaux sont cylindriques, opposés, flexibles, pleins de moelle, enfin semblables aux tiges de jonc ; ses feuilles sont en très petit nombre et fort petites, simples, alternes et lancéolées ; ses fleurs sont nombreuses, grandes, d'un beau jaune, et elles exhalent une odeur fort agréable, pendant une partie de l'été.

Dans quelques-uns de nos départemens méridionaux, on cultive le genêt pour extraire de ses rameaux une filasse qui ne le cède en rien à celle du chanvre, quoi qu'elle soit un peu plus courte.

Culture.

Le genêt d'Espagne ne craint nullement le froid sous le climat de Paris. Si par fois il en est frappé, ce qui n'arrive que de loin en loin, dans les hivers excessivement rigoureux, ses tiges meurent, mais sa racine en reproduit bientôt de nouvelles qui les remplacent et fleurissent dès la même année. D'ailleurs, j'ai remarqué que ces fortes gelées n'atteignaient guère que les vieux pieds.

Cet arbrisseau croît bien dans tous les terrains, et, dans le Midi, on le voit couvrir les sables les plus arides, les terrains les plus secs. Cependant les terres légères et chaudes, à l'exposition du midi, sont celles qui lui conviennent le mieux. Dans les environs de Lodève, on le sème de tems immémorial dans les lieux les plus arides, sur les coteaux les plus en pente, en un mot dans tous les terrains qui, sans lui, ne pourraient être utilisés.

On le sème en place, depuis janvier jusqu'en mars, selon le climat, après un léger labour, et il vaut beaucoup mieux le semer plus épais que clair, parce que l'on peut aisément enlever les pieds qui sont de trop, tandis qu'il est fort difficile de regarnir les places vides. Bosc recommande de le semer au printems, à l'exposition du levant, de le repiquer en pépinière, l'année suivante, à six ou huit pouces de distance, pour le replanter en place deux ans après. Cette méthode est très vicieuse, parce que, de tous les arbrisseaux, le genêt d'Espagne est celui qui reprend le plus difficilement ; on s'exposerait donc à manquer le but qu'on se propose, car un champ ainsi traité offrirait un grand nombre de clairières.

Lorsque l'on a semé en place et que le plant est bien levé, il ne reste plus qu'à donner les soins ordinaires, c'est-à-dire à biner une fois ou deux dans le cours de l'année, pour empêcher l'envahissement des mauvaises herbes. La seconde année on éclaircit, afin que les pieds se trouvent à peu près à deux pieds de distance les uns des autres, et l'on attend pour cela le printems, parce que les deux premiers hivers, qui sont les plus dangereux pour les jeunes plantes, ont produit leur mauvais effet. Les pieds qui restent étant les plus vigoureux, sont donc assurés contre la rigueur des hivers qui suivront. Il est indispensable de défendre un champ de genêt par de bonnes haies, car le bétail, qui est très avide des jeunes pousses de cet arbrisseau, y ferait un grand dégât s'il pouvait y pénétrer.

Extraction de la filasse.

Au bout de trois ans, les genêts commencent à donner des rameaux assez longs pour être coupés et employés à l'extraction de la filasse. C'est dans le courant d'août que s'en fait la récolte. On réunit ces rameaux en petites bottes que l'on met sécher au soleil ; on les bat légèrement avec un morceau de bois pour faire tomber les feuilles et les ordures qui peuvent y être attachées ; on les lave, et on les laisse tremper dans l'eau pendant trois ou quatre heures. Les bottes ainsi préparées sont mises dans une fosse creusée auprès d'une mare ou d'un ruisseau ; on les couvre de paille ou de fougère, on les laisse dans cette fosse pendant huit à neuf jours, et on mouille souvent le tas sans le découvrir. Au bout de ce tems on ôte les bottes de terre, on les lave bien pour en séparer le parenchyme, et on bat légèrement les bottes sur une pierre pour détacher la filasse de la chenevotte. Cette opération achevée, on les délie et on les fait sécher.

Pendant l'hiver, quand les travaux de la terre sont suspendus, on teille les rameaux absolument comme le chanvre, et l'on passe la filasse au peigne. Le fil qui en provient suffit exclusivement, dans quelques départemens du Midi, aux besoins du ménage de plusieurs milliers de familles. Le plus fin est réservé pour faire des draps, des serviettes et des chemises ; l'autre sert à fabriquer de la grosse toile. Les habitans des environs de Lodève n'emploient guère d'autre linge. Ils cultivent le genêt parce que leur terrain est trop sec et trop aride pour que le lin et le chanvre puissent y croître.

Jean Trombelli dit que les habitans du mont Casciano font rouir les genêts dans des eaux thermales, pendant trois ou quatre jours, après les avoir fait sécher au soleil. Ils en prennent ensuite un ou deux brins à la fois, qu'ils tiennent à fleur d'eau, et avec une pierre tranchante ou un fragment de verre, ils en raclent l'écorce qu'ils réunissent en paquets. Quand cette filasse est bien sèche, ils la battent. Le duvet cotonneux qui s'en sépare sert à rembourrer des oreillers. Ils peignent la filasse, la filent, et en font une toile qui prend très bien les couleurs qu'on veut lui donner. Quoique Trombelli n'indique pas le genêt dont ils se servent, il est à croire que c'est celui d'Espagne et non le genêt à balais comme l'a cru Rosier.

DE L'ACACIA COMMUN, OU ROBINIER.

Les robiniers appartiennent à la famille des légumineuses de Jussieu, et à la diadelphie-décandrie de Linnée. Leurs caractères génériques sont: calice en cloche, à quatre lobes; gousse alongée, polysperme.

Le ROBINIER FAUX-ACACIA, OU l'ACACIA COMMUN, (*robinia pseudo-acacia*, LINN.) est originaire de la Virginie. Cet arbre s'élève de cinquante à soixante-et-dix pieds; son tronc est droit, ses branches et ses rameaux cassans, très épineux; ses feuilles sont ailées, composées de dix-sept à vingt-une folioles. Il fleurit en mai et juin, et donne de belles grappes pendantes de fleurs blanches et odorantes.

Il y a deux ou trois ans que M. Giobert vient de découvrir un procédé au moyen duquel on fabrique d'assez bonnes cordes avec l'écorce de cet arbre.

Culture.

L'acacia vient assez bien dans toutes sortes de terrains, mais mieux en bonne terre légère et fraîche, où il trace beaucoup, raison qui le rend fort incommode aux arbres voisins. On le multiplie de graines semées en pépinière au printems, et peu recouvertes de terre; ou de rejetons qu'il donne très abondamment.

Cet arbre a été vanté outre mesure par les agronomes économistes, et, après en avoir pour ainsi dire couvert la France pendant quelques années, on s'est aperçu, mais trop tard, que tout son mérite était dans l'exagération des écrivains qui l'ont vanté. Les nombreuses épines dont il est hérissé rendent son emploi dangereux et fort difficile, quand on doit se servir de jeunes tiges ou de ses branches; d'où il résulte que, même pour faire des fagots, la main d'œuvre pour son exploitation coûte plus que le bois ne vaut; j'en ai fait moi-même une assez triste expérience. En second lieu, il ne faut qu'un coup de vent pour détruire et briser une forêt entière de ces arbres. Il est bien rare, même dans les expositions assez bien abritées, de rencontrer un seul acacia qui, avant l'âge de vingt ans, ne soit mutilé. Du reste ce n'est pas de cela que nous devons nous occuper ici, mais seulement du procédé de M. Giobert.

Cordes en écorce d'acacia.

On coupe les rameaux de l'acacia au moment ou la végétation commence à se développer; on pratique sur chacun d'eux quatre incisions longitudinales; on soulève avec un couteau les lanières, qu'on enlève ensuite avec la main. Les branches de trois ans doivent être préférées pour cet usage. On a soin de ne pas laisser dessécher les lanières et de les converser à l'ombre, ou, mieux, de les recouvrir d'une étoffe humide. Il est préférable, dans tous les cas, de les faire macérer après les avoir détachées. La macération peut se faire de trois manières :

1° Avec l'eau seule; 2° avec l'eau à laquelle on ajoute un peu de matière fermentescible de nature animale; 3° avec l'eau aiguisée avec les acides sulfurique et hydrochlorique.

L'écorce étant macérée, on la retire et on la lave deux ou trois fois à l'eau pure et fraîche, puis on l'étend sur l'herbe. C'est pendant qu'elle possède encore un peu d'humidité, qu'on procède au triage. L'épiderme et les deux couches parenchymateuses qui lui sont contiguës se détachent, sont mis à part, desséchés, et employés à faire de la litière pour les animaux. En passant ensuite le reste de l'écorce entre le pouce et le premier doigt, on obtient des lanières fines, qu'on fait sécher; celles qui ne sont pas assez souples sont mises en réserve pour subir une seconde macération. Les lanières longues au moins d'un pied servent à faire de la corde, les courtes à bourrer des matelas, des traversins, des oreillers, des coussins très élastiques et très doux, mais qui sont hygroscopiques; au reste, une exposition de peu de durée au soleil, suffit pour leur enlever toute humidité, et quelques coups de baguette pour leur restituer leur élasticité, quand ils sont affaissés. Ces lanières peuvent aussi servir de matière première pour la confection du papier.

DE L'APOCYN A FLEURS HERBACÉES.

Les plantes de ce genre appartiennent à la famille des apocynées de Jussieu, et à la pentandrie-digynie de Linnée. Elles sont herbacées ou ligneuses et toutes exotiques à l'Europe, à l'exception d'une seule qui croît en Italie. Leurs caractères génériques sont :

Calice très court, persistant, à cinq divisions; corolle campanulée, à cinq lobes ouverts ou même roulés en dehors; cinq corpuscules glanduleux entourant l'ovaire; cinq étamines à filamens très courts, portant des anthères oblongues et conniventes; deux ovaires à style presque nul, terminé par deux stigmates aussi grands que les ovaires; deux follicules alongés, acuminés. Graines munies d'une longue aigrette.

L'APOCYN A FLEURS HERBACÉES, (*apocinum cannabinum*, Lin.) est une plante vivace, traçante, de la Virginie. Ses tiges s'élèvent à trois ou quatre pieds ; ses feuilles sont oblongues, velues en dessous ; ses fleurs, qui paraissent en été, sont disposées en corymbes axillaires plus longs que les feuilles. Linnée a donné à cette plante le nom de *cannabinum* qu'on pourrait traduire par le mot de *chanvrier*, parce que, dans l'Amérique septentrionale, ses tiges sont employées à faire de la filasse.

Culture.

L'apocyn chanvrier ne craint nullement le froid dans les environs de Paris, où il résiste, en plein air, aux plus fortes gelées. Il croît assez bien dans tous les terrains, mais cependant ses tiges deviennent plus hautes dans les terres franches, légères, un peu fraîches, à l'exposition du levant. On le multiplie de graines semées en mars, ou par éclat des racines ou de la souche, en automne et au printems.

M. Thouin a fait sur cette plante de nombreuses expériences qui lui ont prouvé, qu'à Paris, et à plus forte raison dans le midi de la France, *il serait plus avantageux* de la cultiver que de cultiver le chanvre.

Extraction de la filasse.

On coupe les tiges lors de leur maturité, et l'expérience seule pourra apprendre, faute d'autres renseignemens sur ce point, le moment précis de cette maturité. On les fait rouir dans l'eau ou dans la terre, absolument comme le chanvre ; on les teille de même, et on donne à la filasse les mêmes préparations.

La filasse qu'on en extrait est un peu moins fine que celle du chanvre, mais beaucoup plus forte, et elle peut s'employer aux mêmes usages sans exception, c'est-à-dire à faire des cordes, de la toile et du papier. Malgré ce qu'en a dit d'avantageux M. Thouin, malgré les recommandations de quelques savans, je ne pense pas qu'on ait jamais essayé en France d'utiliser cette plante, ni même de la soumettre à des expériences suivies; et cependant les résultats qu'on en obtiendrait pourraient devenir d'une extrême importance.

LIVRE II.

—

CHAPITRE Iᵉʳ.

DES QUALITÉS DE LA FILASSE DE CHANVRE.

Comparaison des chanvres de divers pays.

Il est assez difficile de poser des bases certaines sur la qualité des chanvres des divers pays, parce que ces qualités peuvent varier considérablement, non-seulement en raison des différentes contrées où ils ont été recueillis, mais encore en raison de mille accidens de culture. Par exemple, le chanvre peut avoir été semé plus clair ou plus épais; il a végété pendant une saison sèche ou pluvieuse; il a été plus ou moins roui, etc. etc., toutes choses qui, dans la même localité, peuvent le faire varier du double au simple, de manière à ce qu'il soit impossible de s'en rapporter à des expériences comparatives. Mais dans nos ports on trouve des cordiers qui, depuis de longues années, ont l'habitude d'employer journellement du chanvre de divers pays; l'expérience leur a fait trouver un terme moyen qu'il serait inutile de chercher ailleurs; aussi est-ce seulement sur les données qu'ils ont acquises avec le tems, que l'on peut asseoir avec quelque certitude un jugement.

Chanvres étrangers.

1° *Chanvres de Riga, Berg et Kœnigsberg.* Ils sont généralement connus sous le nom de chanvre du Nord. Ce sont les plus fins et les plus doux de tous; les queues ont cinq à six pieds de longueur; mais on prétend qu'ils ont le défaut de pourrir en moins de tems, dans l'eau, que celui de Bretagne. Lorsqu'il est bien conditionné, le chanvre du Nord est d'un vert jaunâtre, mais il se détériore quelquefois et arrive dans nos ports avec une couleur brune, ce qui prouve qu'il s'est échauffé dans le transport. Dans ce cas il a beaucoup perdu de sa qualité.

Il paraît, d'après les expériences comparatives de Duhamel, que le second brin des chanvres du Nord est égal en force au premier brin d'Auvergne. D'après les épreuves du même auteur, 100 livres de chanvre de Riga ont rendu.

1er brin.	76 livres.
2e brin.	14
Étoupes.	4
Déchet.	6
	100

Ce chanvre est propre à faire toutes sortes de manœuvres, même des lignes fines et du fil de voiles.

2. *Le chanvre de Norvège* est inférieur à celui de Riga, sans doute parce qu'il est moins roui, mal teillé, et quelquefois mêlé à de mauvaises herbes. Les queues ont cinq à six pieds de longueur. On en fait cependant des cables et des manœuvres courantes.

3. Le *chanvre de Constantinople* est d'une assez bonne qualité. Cent livres ont rendu :

1er brin. . . . . . 47 liv.
2e brin. 31 1/2
Étoupes. 7 1/2
Déchet. 14
                  ─────
                  100.

4. Le *chanvre de Naples* est moins fin que celui de Bologne et d'Ancone, mais il est plus fort. Cent livres ont rendu :

1er brin. . . . . . 71 liv.
2e brin. 20
Étoupes. 4
Déchet. 5
                  ─────
                  100

5. Les *chanvres d'Italie* en général, sont plus beaux, plus fins et plus doux que ceux de Bourgogne, de Dauphiné et de Franche-Comté. 100 livres ont rendu :

1er brin. 35
2e brin. 41
Étoupes. 19
Déchet. 5
                  ─────
                  100

6. Les *chanvres de Bologne* et de la *Marche d'Ancone*, sont plus fins que tous ceux de France ; les queues ont quelquefois jusqu'à dix pieds de longueur. 100 livres ont rendu :

1er brin. . . . . . 56 livres.
2e brin. 25
Étoupes. 14
Déchet.. 5
                  ─────
                  100

7. Les *chanvres de Piémont* sont d'un vert jaunâtre ; les queues ont quelquefois jusqu'à dix pieds de longueur ; le brin en étant un peu rude, il est difficile à filer ; le fil n'en est jamais fort uni, et les cordages qu'on en fait

sont rudes, durs, difficiles à manier. 100 livres ont rendu, dans deux épreuves :

1er brin.	59	et 60
2e brin.	24	25
Étoupes.	10	7
Déchet.	7	8
	100	100

On est persuadé dans nos ports que ce chanvre est un de ceux qui se conservent le mieux dans l'eau, et c'est pour cette raison qu'on a coutume de l'employer à faire des cables.

Chanvres français.

1. Les *chanvres de Bourgogne*. Leurs queues ont quelquefois cinq à six pieds de longueur, le brin en est souvent blanchâtre, dur et cassant; il passe, avec celui du Piémont, pour être le plus rude de tous les chanvres, et il ne donne pas beaucoup de premier brin. On s'en sert ordinairement pour les manœuvres hautes. 100 livres ont rendu, dans deux épreuves :

1er brin.	60	57 1/2
2e brin.	22	22
Étoupes.	9	10
Déchet.	9	10 1/2
	100.	100.

Une chose qu'ignorait sans doute Duhamel, c'est que les chanvres véritablement sortis de la Bourgogne sont beaucoup meilleurs qu'on ne le dit ici ; mais, dans nos ports, on livre avec eux, presque moitié de chanvres de la Bresse, qui sont plus longs mais d'une qualité tout-à-fait inférieure.

2. Les *chanvres de Dauphiné* ont le brin plus fin et plus doux que ceux de Piémont et de Bourgogne; leurs queues ont environ quatre à cinq pieds de longueur; ils se peignent plus aisément et rendent un peu plus en pre-

mier brin. On s'en sert pour toutes les manœuvres, même pour les cables et grélins. 100 liv. ont rendu, en deux épreuves :

1ᵉʳ brin.	66	66
2ᵉ brin.	17	20
Étoupes.	9	8
Déchet.	8	6
	100	100

3° Les *chanvres de Lannion, en Bretagne*, sont rudes à travailler; leurs queues ont ordinairement quatre à cinq pieds de longueur; ils donnent communément neuf à dix livres de déchet par quintal en été, et, en hiver, celui qui est broyé en donne jusqu'à dix-huit à vingt livres. Il est propre à faire toutes sortes de manœuvres principales, mais il est trop grossier pour être converti en fil de voile. 100 livres du meilleur chanvre de Lannion, non broyé et mis à l'épreuve en été, ont rendu :

1ᵉʳ brin.	60	68
2ᵉ brin.	25	24
Étoupes.	9	4
Déchet.	6	4
	100	100

2° Les *chanvres de Bretagne*, principalement ceux de Tréguier, Paimpol et de la Roche-Dérieu, sont rudes à travailler, et celui de Tréguier plus que les autres, ce que l'on attribue à ce qu'ils ne sont pas assez rouis ni teillés avec soin; ils sont remplis de chenevottes, et leurs queues sont moins longues que ceux de Lannion. Aussi ces derniers passent-ils pour être les meilleurs de la Bretagne.

5. Les *chanvres d'Auvergne* sont quelquefois assez doux et assez bons pour être préférés à ceux de Bretagne; mais généralement il n'ont que trois pieds et demi de

longueur; ils donnent beaucoup de déchet , et quelquefois
même ils sont pleins de feuilles et de chenevottes. Il en résulte qu'on les refuse souvent dans les corderies de la
marine.

6. Les *chanvres de Bordeaux et de Tonneins* fournissent des queues qui ont quelquefois sept pieds de longueur, et que l'on est obligé de rompre en deux pour
que les fileurs soient moins embarrassés pour les mettre
autour d'eux. Ce chanvre est fort et peut se préparer assez fin pour filer toutes sortes de caret, premier et second
brin. Il ne donne pas plus de déchet que celui de Lannion.

7. Les *chanvres de Clérac* ont pour la plupart le grave
inconvénient de donner beaucoup de déchet. 100 livres
ont rendu :

1er brin.	34 1/2
2° brin.	21 1/2
Étoupes.	18
Déchet.	26
	100

On voit par ce résumé que les chanvres varient beaucoup en qualité, et qu'il s'en faut de beaucoup qu'ils fournissent, même approximativement, la même quantité
de premier brin , et ce premier brin est presque la seule
partie utile, comme on le verra par la suite. Pour répéter
les épreuves que nous venons de rapporter, on fera espader, peigner, et en un mot préparer un quintal du
chanvre que l'on voudra soumettre à l'expérience. On
pèse ensuite le premier brin, le second brin, les étoupes que l'on en aura retirées, et ce qui manquera de
cent livres indiquera le déchet.

Mais, pour juger de la qualité du chanvre, cela ne
suffit pas, il faut encore connaître sa force, car le chanvre le plus fort fait toujours les meilleurs cordages.
Voici donc comment on le soumet à l'épreuve.

Moyen de reconnaître la force du chanvre, et celle des cordages.

Je suppose pour cela que l'on ait à éprouver une fourniture de chanvre de Riga :

1. On prendra au hasard deux ou trois balles qu'on étiquettera *chanvre nouveau de Riga ;* on les fera peser exactement et porter dans l'atelier des espadeurs et peigneurs.

2. On choisira dans les magasins une pareille quantité de chanvre de Riga des anciennes fournitures, et dont on connaîtra la qualité, n'importe qu'elle soit parfaite ou médiocre, pourvu qu'on la connaisse ; car si elle est médiocre on exigera que le chanvre à recevoir soit plus fort, et si elle est parfaite, on se contentera qu'il soit aussi fort. Ces balles seront pesées comme les précédentes, étiquetées *ancien chanvre de Riga*, et portées à l'atelier des espadeurs et peigneurs.

3. On fera espader ces deux espèces de chanvre par le même homme, on les fera aussi peigner par la même main et sur les mêmes peignes, recommandant à ces ouvriers de ne pas apporter plus de précaution pour l'un que pour l'autre. Enfin, si on veut en même tems faire l'épreuve du déchet, on pèsera à part ce que chacun de ces chanvres aura fourni de premier et de second brin, d'étoupes et de déchet.

4. Il sera ensuite question de filer ce premier brin, et comme il est d'un grande importance que les fils des deux espèces de chanvre soient également tors, il faudra prendre les précautions que nous allons rapporter : 1. Il les faudra filer en même tems et à la même roue ; 2. Il faudra que les molettes soient précisément de la même grosseur, sans quoi la molette la plus menue tournant plus vite que l'autre, tordrait davantage son fil, et

cette seule circonstance rendrait l'expérience défectueuse.

Pour parvenir à avoir les molettes précisément de la même grosseur, on les fera d'abord tourner le plus semblables qu'il sera possible ; ensuite, pour vérifier si elles le sont effectivement, on les ajustera sur la boîte A B, fig. 5 ; puis on fera vers une des extrémités de chacune, un petit trou avec un poinçon ; et on assujettira dans ces trous, à l'aide d'une petite cheville de bois, des fils à coudre *c, d,* qui auront chacun précisément deux pieds de longueur, et qui porteront à leur bout d'en bas chacun une balle de plomb, *e, f.* Tout étant ainsi disposé, on fera tourner une des molettes jusqu'à ce que le fil qui lui appartient s'étant roulé sur elle, la balle soit remontée au niveau du fond de la boîte ; alors on comptera combien le fil aura fait de révolutions sur la molette ; on opérera de même sur l'autre molette, et s'il se trouve que les fils aient fait un pareil nombre de révolutions sur chacune, on sera assuré que les deux molettes sont de la même grosseur, et qu'elles ne tordront pas plus leur fil l'une que l'autre. Mais s'il se trouvait qu'il y eût plus de tours sur l'une que sur l'autre, il en faudrait conclure que celle qui sera chargée d'un plus grand nombre serait la plus menue ; il la faudrait donc grossir en y collant du papier, ou diminuer l'autre. Enfin, quand on sera assuré d'avoir des molettes précisément de la même grosseur, on les ajustera à la même roue.

5. On choisira deux fileurs qui filent l'un comme l'autre ; l'un prendra du premier brin de chanvre ancien, et l'autre du premier brin de chanvre nouveau ; ils commenceront tous deux ensemble à filer aux deux molettes qu'on aura appareillées ; on aura soin que les deux fileurs se suivent toujours, allant aussi vite l'un que l'autre, et on mesurera de tems en tems les deux fils pour s'assurer qu'ils sont de même grosseur. Quand les

fileurs seront arrivés au bout de la corderie, on dévidera
leur fil sur deux tourets différens dont on aura pris la
tare, et que l'on étiquettera, l'un *chanvre ancien*, et
l'autre *chanvre nouveau*. Les deux fileurs reviendront ensemble, ayant attaché l'extrémité de leur fil chacun à un
petit émérillon, pour que les deux fils perdent autant de
tors l'un que l'autre. Il faut observer que de cette façon
le chanvre qui a le plus de ressort perd plus de son tors
que celui qui est plus doux, et c'est un petit défaut
pour l'expérience. Quand les fileurs se seront rendus à la
roue, on pourra faire prendre du chanvre nouveau à celui qui avait l'ancien, et de l'ancien à celui qui avait le
nouveau; et ils continueront à filer avec les mêmes précautions que nous avons indiquées, jusqu'à ce qu'on ait
la même quantité de fil dont on juge avoir besoin.

6° On ourdira, avec le fil étiqueté *chanvre vieux*,
un quarantenier à trois tourons de six fils par touron,
juste à 180 pieds, et par les différens raccourcissemens
du commétage; on le réduira à 120, c'est-à-dire, qu'on
le commettra à un tiers de diminution.

Nous demandons qu'on le commette à ce point et
non pas à un quart de diminution, parce que nous savons, et nous le prouverons par la suite, que les chanvres de moindre qualité supportent moins bien le tortillement que les bons chanvres. C'est pourquoi nous
avons cru qu'il était à propos, dans ces épreuves, où il
s'agit de connaître la vraie qualité des chanvres, que
les cordes fussent très tortillées.

Quand la corde du chanvre ancien sera faite, on
commettra celle de *chanvre nouveau*: ayant grand soin
de l'ourdir au même point, de mettre un tors pareil sur
les tourons, et, en commettant, de la raccourcir de
même, de la commettre avec les mêmes instrumens,
que le chariot et le quarré aient la même charge; en un
mot, qu'elle soit la plus semblable à l'autre qu'il sera

possible. Après ce que nous avons dit, un maître cordier attentif en viendra aisément à bout.

7. On portera ces deux pièces de cordage au magasin de la garniture, on les alongera à côté l'une de l'autre sur le plancher, ayant grande attention que lesdites
cordes ne fassent point d'inflexion ; et quand elles seront
bien droites, on posera dessus une règle de vingt pieds,
et avec un couteau on marquera où portera l'extrémité
de la règle, et on achèvera de couper les deux bouts,
qu'on marquera d'une étiquette pour reconnaître le bout
qui sera de chanvre ancien et celui qui sera de nouveau.

On continuera de même à couper ces deux pièces par
bouts de vingt pieds, et quoiqu'elles en pussent fournir
six, nous nous sommes ordinairement contentés d'en tirer cinq des pièces de cette longueur, parce que souvent on est obligé de retrancher les extrémités des pièces, qui ne sont pas si parfaites que le reste.

On pèse ensuite ces cinq bouts tous ensemble, on
divise ce poids par cinq, et le quotient exprime le poids
moyen de chaque bout de cordage.

On fait ensuite rompre à la romaine chaque bout de
cordage à part, et on fait une somme totale des forces
de ces cinq bouts ; puis on divise cette somme en cinq,
et le quotient exprime la force moyenne de chacun
des cordages. On voit qu'ayant opéré de même sur les
deux pièces, on en peut comparer la force.

Il y a des ports où on éprouve la force du fil de caret
en le chargeant de poids, et en observant combien il en
a fallu pour en faire rompre un. Cette épreuve ne vaut
absolument rien, parce que le fil de caret se détord à
mesure qu'on le charge, par conséquent, si on fait
durer l'expérience un peu long-tems, le fil aura plus
perdu de son tortillement que si on le charge tout de
suite à peu près du poids qui doit le faire rompre. On
ne peut donc être certain que deux fils qu'on compare,

sont également tortillés au moment de leur rupture, et néanmoins cette circonstance est très importante.

Outre cela, s'il se rencontre un défaut dans le fil qu'on éprouve, il rompra en cet endroit sous un très petit poids, ce qui n'arrivera pas dans une corde, parce qu'ordinairement tous les défauts des fils qui la composent, ne se rencontrent pas au même endroit de la corde.

Néanmoins, nous avons remarqué que rarement plusieurs bouts d'une même corde, se trouvent aussi forts les uns que les autres; c'est pourquoi, dans toutes nos épreuves, nous avons toujours fait rompre quatre, cinq ou six bouts de corde de la même espèce, et nous avons extrait la force moyenne.

Il y a d'autres ports où l'on éprouvait la force des chanvres en faisant rompre un bout de quarantenier auquel on suspendait un plateau de balance qu'on chargeait de poids; mais comme on négligeait beaucoup d'attentions importantes dans l'exécution de ces expériences, elles étaient sujettes à induire en erreur.

Pour ne pas revenir sur le même sujet, nous joindrons ici le moyen de se servir 1° du cylindre, 2° de la romaine, pour calculer la force, non seulement du chanvre, mais encore des cordages, et nous supposons que ceux de ces derniers, devant servir aux épreuves, ont été faits avec les mêmes soins et avec les mêmes procédés que ceux que nous avons indiqués plus haut.

S'il s'agit d'essayer une petite ficelle, on fait sceller dans une muraille un gros cylindre de bois *a*, fig. 6; un peu plus bas, et à côté de ce gros cylindre, on en fait sceller un petit *b*; auquel on attache la ficelle à éprouver, puis on la fait passer sur le gros, d'où elle pend verticalement soutenant le plateau *c*, dans lequel on met des poids avec la précaution de les y placer presque tous à la fois, afin de laisser à la ficelle le moins de tems possible pour se détordre. Comme les ficelles que l'on éprouve font une grande révolution sur le gros rouleau, elles ne rompent pas au point de suspension, ce qui arriverait, si elles étaient attachées à une cheville ou à un simple clou, mais elles rompent indifféremment dans toute leur longueur, depuis ce point jusqu'au plateau, car, pour éviter cet inconvénient auprès du plateau, on la fait rouler sur un cylindre qui y est attaché. Pour une expérience en petit, cette méthode a assez d'exactitude.

Mais pour faire ces expériences en grand, sur des cordes de diverses grosseurs, voici comment l'on agit :

Nous fîmes planter en terre et dresser verticalement quatre bignes ou mâtereaux, A, A, A, A, fig. 7, de vingt-cinq à trente pieds de hauteur; ces mâtereaux étaient à six pieds de distance les uns des autres et formaient un carré. Nous fîmes faire un châssis avec quatre pièces de bois B, B, B, B, bien assemblées, qui avait environ cinq pieds et demi en carré; on éleva ce châssis à vingt-cinq pieds de hauteur, et on le lia très fortement aux quatre mâtereaux, ce qui formait un échafaud solide et fort élevé, sur lequel on montait au moyen d'une échelle C. On forma sur le châssis un plancher et un garde-fou, pour la sûreté de ceux qui devaient y opérer, et le tout devint très solide au moyen de plusieurs haubans P, qui s'étendaient de tous côtés. On établit sur cet échafaud une forte romaine D, dont le crochet inférieur E tombait à plomb dans le plan des deux mâtereaux de devant l'échafaud, et la queue ou le levier de la romaine était reçu dans une coulisse F, qui la tenait de niveau quand le levier reposait sur le fond de cette coulisse.

Nous faisions épisser les cordages GG qu'il fallait éprouver, par un bout, sur une forte cosse H d'un diamètre un peu plus large, pour qu'elle fît un peu l'office du rouleau (dont nous avons parlé à l'occasion de l'épreuve de la ficelle). L'autre bout du même cordage à éprouver était épissé avec toute l'attention possible sur un cordage plus fort H, qu'on nomme une itague.

Quand on voulait éprouver la force d'un cordage, on l'attachait d'un bout à la romaine, au moyen de la cosse H de fer que l'on passait dans le croc de cette romaine, puis on faisait passer l'itague H dans une poulie de renvoi L, qui était fixée à un corps mort perpendiculairement sous le croc de la romaine ; on amarrait cette itague à une moufle ou caliorne à six rouets NN, dont le cordage, ou, pour parler en terme de marine, le garant répondait à un cabestan à cuisse O.

Cet appareil était très commode pour les expériences que nous avions à faire, car les mouvemens du cabestan, qui sont fort doux, l'étaient encore davantage, au moyen des révolutions que le cordage faisait sur les poulies mouflées. Ainsi, pour peu qu'on eût d'attention à faire virer le cabestan d'un pas égal, le cordage à éprouver était tendu également dans des tems égaux, sans aucune secousse, et la force de cette tension était exprimée par la romaine ; car sitôt que ceux qui étaient en haut de l'échafaud voyaient le levier de la romaine quitter son point d'appui, on appuyait dessus pour le faire reposer au fond de la coulisse, pendant qu'un autre transportait vite le poids d'un ou plusieurs crans, ce qu'on répétait toutes les fois que le levier de la romaine quittait son point d'appui, et celui qui transportait le poids avait soin de crier le nombre qu'exprimait la romaine, pour que ceux qui étaient en bas fussent informés du poids dont le cordage était chargé. A côté du cordage qu'on éprouvait, il y avait une règle plus longue que le cordage, divisée par pouce dans toute sa longueur, et qui servait à connaître l'alongement de chaque cordage. A un des mâtereaux on avait attaché une poulie dans laquelle passait un cordage, aux deux bouts duquel il y avait des crocs ; ce va-et-vient servait à monter les cordages qu'on voulait éprouver. »

Plus tard, Duhamel perfectionna cette machine, voici comment :

Au lieu d'élever quatre mâts de trente pieds de hauteur, nous nous contentâmes de trois bigues AAA, de quinze ou vingt pieds de long, qui se réunissaient en tiers-point ; l'échafaud fut établi très solidement sur des chevalets de scieurs de long BB ; la romaine fut attachée à la réunion des bigues D. Le cordage dont on voulait éprouver la force, était épissé par les deux bouts à deux cordages ou itagues ; une de ces itagues E portait à une de ses extrémités une cosse F, qu'on accrochait à la romaine, puis elle passait dans la poulie de renvoi G qui était au-dessous ; le cordage à éprouver HH, au lieu d'être vertical, comme dans les premières expériences, était horizontal, et l'itague I, qui était épissée à l'autre bout, répondait à la moufle ou caliorne L, qui, comme dans les premières épreuves, était tirée par un cabestan ; la règle M, divisée par pouce, qui devait servir à indiquer l'alongement des cordages, était posée à côté du cordage HH dont on éprouvait la force, sur des supports qui la tenaient dans une disposition convenable.

Cet appareil était plus commode que celui dont nous nous étions servis en premier lieu, en ce qu'il était plus tôt établi, avec moins de dépense, et d'un service beaucoup plus aisé. Il est vrai que, par cette disposition, la romaine exprimait la force des cordages, moins le frottement de la poulie de renvoi, au lieu que par le premier appareil, toute la tension du cordage était exprimée. Mais qu'est-ce que cela fait ? comme le frottement est constant, et qu'il s'agit de comparer la force d'un cordage à la force d'un autre, l'exactitude de l'expérience n'était pas troublée par le frottement de la poulie.

Tant de causes accidentelles pouvaient agir pour la rupture plus ou moins prompte de ces cordages, qu'il ne

fallait pas, pour atteindre un but certain, se borner à
l'épreuve d'un seul morceau du même cordage. Duhamel, qui comprenait parfaitement cela, avait l'habitude
d'en faire rompre six ; il prenait ensuite le terme moyen
de toutes leurs forces, et il arrivait ainsi aussi près de la
vérité qu'il est possible.

De ce qui constitue la qualité du chanvre.

1. Selon l'opinion de Duhamel, le chanvre le plus
doux et le plus fin est le meilleur pour l'usage de la corderie, et celui qui rompt difficilement dans les mains
quand on en éprouve quelques brins, n'est pas toujours
celui qui fait les meilleures cordes. Sans nous mettre positivement en opposition avec cet auteur, nous pensons, comme M. Gavoty, que les chanvres durs du Midi
et les chanvres doux du Nord sont également bons,
quand on sait les manipuler convenablement les uns et
les autres. D'ailleurs, l'expérience prouve assez que ce
que les cordes faites avec les chanvres doux du Nord gagnent en flexibilité et peut-être en force, elles le perdent
sous le rapport de la durée, quand elles sont dans l'eau,
et cet inconvénient est bien suffisant pour rétablir la balance.

2. Le chanvre teillé doit être généralement meilleur
que le chanvre broyé ; en effet, celui-ci, quoique plus
doux, plus affiné, et ayant moins de pattes, ne laisse
pas que de faire beaucoup de déchet, non seulement
parce qu'il n'est jamais aussi net de chenevottes, mais
principalement parce que les brins étant mêlés les uns
dans les autres, il s'en rompt un plus grand nombre
quand on les passe sur le peigne. Il est à croire, cependant, que les chanvres fort durs vaudraient mieux
broyés que teillés.

3. Il y a des chanvres qui sont d'une couleur argentine et comme gris de perle, et que l'on regarde comme
les meilleurs ; d'autres tirent sur le vert, et passent pour

être bons ; on fait moins de cas de ceux qui sont jaunes, et l'on rebute ceux qui sont bruns. Le vrai est qu'il y a beaucoup de préjugés dans ces opinions ; car l'expérience a prouvé que les chanvres, sans pour cela perdre de leur qualité, se teignaient volontiers de diverses couleurs, en raison de la nature des eaux dans lesquelles on les fait rouir. Par exemple, ceux qui rouissent dans les eaux dormantes, sont toujours d'une couleur plus foncée que ceux qui subissent le rouissage dans une eau courante.

Cependant, le noir et le brun foncé sont des couleurs qui annoncent toujours que les chanvres ont été trop rouis, ce qui est un grand défaut puisqu'il leur ôte la plus grande partie de leur force, ou qu'ils ont été mouillés étant en balles, et qu'ils se sont échauffés, ce qui est encore pis. Il faut surtout examiner si les queues sont d'une couleur marbrée ; car, si elles sont marquées de taches brunes, c'est un indice certain qu'elles ont été mouillées en balles, et dans ce cas, les endroits tachés sont ordinairement pourris.

4. L'odeur du chanvre est un signe moins équivoque de sa bonne ou mauvaise qualité. Celui qui sent le pourri ou le moisi, doit être rebuté sans hésitation, même quand il ne sentirait que l'échauffé. Celui qui a une odeur aromatique prononcée est toujours bon. Quand cette odeur est très forte, cela prouve qu'il est de la dernière récolte, condition que l'on regarde comme importante dans les ports, parce que le chanvre nouveau produit moins de déchet que le vieux. Mais cependant, comme il s'affine beaucoup moins bien que le vieux, si l'on tenait à avoir de la filasse très fine, c'est ce dernier qu'il faudrait préférer.

5. Il y a des queues de chanvre dont tous les brins, depuis la racine jusqu'à la pointe, sont plats comme des rubans ; d'autres ont ces brins ronds comme des cordons. Il est certain que les premiers sont plus aisés à affiner,

parce qu'ils se refendent plus aisément sur le peigne, et c'est la seule raison de préférence qu'on y trouve.

6. Il y a des chanvres beaucoup plus longs les uns que les autres, et cette différence peut aller de deux pieds et demi à dix pieds. Généralement on regarde les plus longs comme les meilleurs, et cependant, il est certain que si les chanvres trop courts font de mauvaises cordes, ceux qui sont trop longs font un déchet inutile.

Pour que les brins de chanvre forment une corde continue, il faut qu'ils s'engrènent les uns dans les autres, au moyen du tortillement, de manière à ce que le frottement qu'ils auraient à éprouver les uns contre les autres, pour se séparer, fût plus fort que la force même de chaque brin isolé; c'est-à-dire, qu'ils doivent se rompre plutôt que de se désunir. Cette force de tortillement résulte d'un certain nombre de tours que les brins font les uns sur les autres. Or, quand les brins sont courts, il est clair que pour avoir ce nombre de tours, il faut les tordre davantage que quand ils sont longs; et ceci, comme nous le verrons plus tard, est préjudiciable à la force des cordes. Le chanvre trop court est donc mauvais.

On aurait raison de choisir le chanvre le plus long, si on pouvait, en filant, le maintenir dans toute sa longueur; mais cela n'est pas possible, car, sur les fileurs, le chanvre trop long se trouve replié en deux ou trois endroits dans sa longueur, ce qui forme des bouchons très préjudiciables à la bonté du fil. On est, pour cette raison, forcé de rompre les chanvres qui ont six, sept ou huit pieds de longueur, et cette opération ne se peut faire sans diminuer la quantité de premiers brins que le chanvre aurait fourni.

Trois pieds et demi ou quatre pieds de longueur formant un engrenement suffisant, il est inutile d'en employer de plus grands, et par conséquent, ceux qui auront cette longueur, seront les plus avantageux, sans que, néanmoins, on doive rejeter ceux qui sont plus longs.

Duhamel a confirmé ceci par des expériences concluantes. Il a fait peigner avec soin du second brin très fin, mais qui n'avait que dix, douze, ou quatorze pouces de longueur. Il en a fait faire du fil qui était fort beau, mais les cordes en furent plus faibles que de semblable qu'il avait fait faire avec du premier brin de trois pieds ou trois pieds et demi de longueur.

7. Le chanvre doit être net de chenevottes, et avoir de la force à la pointe. Quand il n'est pas assez roui, l'écorce reste trop adhérente à la chenevotte, on a de la peine à l'en séparer, et il en reste toujours d'attaché au chanvre, surtout quand il a été broyé. Ce défaut est considérable, parce que ces chenevottes rendent le fil d'inégale grosseur, et qu'elles l'affaiblissent dans les endroits où elles se rencontrent.

D'une autre part, quand le chanvre a trop roui, l'eau a plus puissamment agi sur la pointe, qui est toujours plus tendre que le reste de la tige, et souvent elle l'a entièrement pourri. On examinera donc, surtout dans les chanvres teillés, si les pointes ont de la force. Dans les chanvres dont la filasse a été extraite au moyen de la broie ou de la macque, les pointes trop rouies restent ordinairement dans l'instrument et ne se trouvent plus dans la queue. Ceci n'est pas un défaut quand les brins ont conservé une longueur suffisante.

8. Dans une bonne fourniture, il doit y avoir autant de chanvre mâle que de femelle. Elle serait meilleure, si elle se composait entièrement de chanvre mâle; car, ayant été arraché de la chenevière plus tôt que la femelle, qui y reste pour mûrir ses graines, il est moins ligneux, moins dur, moins élastique, et par conséquent d'une qualité supérieure. Une fourniture qui contient autant de mâle que de femelle, est aisée à reconnaître par la raideur et la dureté du chanvre femelle, qui est

ordinairement plus brun que le mâle : celui-ci a une
couleur plus brillante et plus argentine.

9. Il ne suffit pas seulement, quand on reçoit une
fourniture de chanvre, de savoir s'il est d'une bonne
qualité ou non, il faut encore reconnaître les petites
ruses employées par les paysans pour tirer un meilleur
prix de leur marchandise.

Quelquefois, pour faire paraître leurs queues de chanvre bien fournies dans toute leur longueur, ils ont soin
de fourrer des étoupes vers le milieu. On reconnaîtra
cette fourberie en prenant les queues de chanvre par la
tête, et en les secouant pour voir si tous les brins se
prolongent dans toute la longueur de la queue. Comme
les pattes sont inutiles et qu'elles doivent être retranchées par les peigneurs, il est très avantageux que les
queues n'en aient pas trop, ce qui est le défaut principal de toutes les queues de chanvre qui ne suivent pas
une diminution uniforme dans toute leur longueur.
D'ailleurs, tous les brins de chanvre que les paysans
mettent pour nourrir les queues, restent sur le peigne,
et ne fournissent que du second brin ou de l'étoupe.

Quand les pattes sont trop grosses relativement aux
brins qui les portent, ces brins faibles se rompent sur le
peigne à cause de la trop grande résistance des pattes, et
alors ils fournissent beaucoup de brin court, ou de second brin, ou d'étoupe, et fort peu de brin long ou de
premier brin.

Pour que l'on comprenne bien ce que nous venons de
dire, nous devons expliquer ici ce qu'on entend par
patte. Dans un brin de chanvre, on distingue deux
bouts, l'un fort délié qui sort de la tête de la plante, on
le nomme *pointe :* l'autre large, plat, assez épais, qui
se terminait près de la racine et enveloppait le collet de
la tige, on le nomme *patte*.

Lorsqu'on forme une *queue* de chanvre, on met toutes les pattes d'un côté, et cette extrémité s'appelle la

tête ; l'autre extrémité qu'on appelle le *petit bout* ou la pointe, n'étant composée que de brins déliés, ne peut être aussi grosse que la tête. Or, il faut, pour qu'une queue de chanvre soit bien conditionnée, qu'elle aille en diminuant uniformément de la tête à la pointe, et qu'elle soit encore bien garnie aux trois quarts de sa longueur.

10. Il est fort essentiel aussi, lorsqu'on prend livraison d'une fourniture, d'examiner l'état des ballots. A mesure qu'on apporte le chanvre, on délie les ballots pour voir s'ils ne sont pas mouillés ou fourrés de mauvaise marchandise. Il est important qu'ils ne soient pas mouillés, 1° parce qu'ils en pèseraient davantage, et, comme on achète le chanvre au poids, on trouverait un déchet considérable quand on l'aurait fait sécher. 2° Si on l'entassait humide dans les magasins, il s'échaufferait et pourrirait. Il faut donc faire étendre et sécher les ballots qui seraient humides, et ne les recevoir que quand ils sont secs.

On examine encore s'ils ne sont pas fourrés, car il arrive par fois qu'on trouve dans le milieu du chanvre, des liasses d'étoupes, des bouts de corde, et même des morceaux de bois et des pierres. Nous n'avons pas besoin de dire qu'avant de les peser, on doit en retirer tous les corps étrangers.

De la conservation des chanvres dans les magasins.

A mesure qu'on fait la recette du chanvre, dit Duhamel, on porte les balles dans les magasins, où elles doivent rester jusqu'à ce qu'on les délivre aux espadeurs; et comme les consommations ne sont pas toujours proportionnelles aux recettes, on est obligé de les laisser quelquefois assez long-tems dans les magasins, où il est important de les conserver avec beaucoup d'attention, sans quoi on courrait risque d'en perdre beaucoup. Il est donc avantageux de rapporter en quoi consistent ces précautions, et nous allons le faire en peu de mots.

1. Les magasins où l'on conserve le chanvre, doivent être des greniers fort élevés et spacieux, plafonnés, percés de fenêtres ou de grandes lucarnes, de côté et d'autre, et ces fenêtres doivent fermer avec de bons contrevents qu'on tiendra ouverts quand le tems sera frais et sec, et qu'on fermera soigneusement quand le tems sera humide, et du côté du soleil quand il sera fort chaud; car la chaleur durcit, raidit le chanvre, et le fait à la longue tomber en poussière; quand, au contraire, il est humide, il court risque de s'échauffer. Il est important, pour la même raison, qu'il ne pleuve point sur le chanvre; ainsi, il faudra entretenir les couvertures avec tout le soin possible.

2. Si le chanvre qu'on reçoit est tant soit peu humide, on l'étendra, et on ne le mettra en meulons que quand il sera fort sec; sans quoi il s'échaufferait et serait bientôt pourri.

3. Pour que l'air entre dans les meulons de tous côtés, on ne les fera que de quinze à dix-huit milliers, et on ne les élèvera pas jusqu'au toit. Comme dans les recettes, il se trouve presque toujours du chanvre de différentes qualités, on aura l'attention, autant que faire se pourra, que tout le chanvre d'un même meulon soit de même qualité, afin qu'on puisse employer aux manœuvres les plus importantes les chanvres les plus parfaits; c'est une attention qu'on n'a pas ordinairement, mais qui est des plus essentielles pour le bien du service.

4. Le gardien fourrera de tems en tems le bras dans les meulons pour connaître s'ils ne s'échauffent pas; et s'il sentait de la chaleur dans quelques-uns, il les déferait, leur laisserait prendre l'air et les transporterait dans d'autres endroits.

5. Une ou deux fois l'année, il changera les meulons de place pour mieux connaître en quel état ils sont intérieurement; d'ailleurs, par cette opération, l'on

expose le chanvre à l'air, ce qui lui est toujours avantageux.

6. Quelquefois les rats et les souris endommagent beaucoup le chanvre, qu'ils rongent et qu'ils bouchonnent pour faire leur nid ; c'est au gardien attentif à leur faire la guerre.

Cependant, malgré toutes ces précautions, le chanvre diminue toujours à mesure qu'on le garde, et quand on vient à le préparer, on y trouve plus de déchet que quand il est nouveau. Il est vrai que le chanvre gardé s'affine mieux ; mais je ne crois pas que cet avantage puisse compenser le déchet.

CHAPITRE II.

DE L'ESPADAGE ET DU PEIGNAGE.

C'est à ces deux opérations que commence véritablement l'art de la corderie. Elles ont pour but de faire subir au chanvre les préparations qui le rendent propre à être filé.

De l'espadage.

Décrivons d'abord cette opération, puis nous discuterons ensuite son utilité. On pourrait, par des moyens chimiques ou par d'autres manœuvres, procurer au chanvre les mêmes avantages que ceux que lui donne l'espadage ; mais, soit qu'on ait remarqué que cette opération, qu'on appelle *espader*, produise moins de déchet que toute autre, soit qu'on la croie moins coûteuse, c'est la seule qu'on emploie dans les ports pour débarrasser le chanvre des chenevottes qui peuvent y être attachées, et pour commencer à l'affiner.

La poussière de chanvre qui s'élève dans l'atelier lorsqu'on espade le chanvre, est fort dangereuse pour la poitrine des espadeurs, et beaucoup en sont incommodés au point d'être forcés de renoncer au travail ou d'exposer leur vie. Pour parer à ce grave inconvénient, autant qu'il est possible, il faudra donc choisir pour atelier un local grand, aéré, dont le plancher soit très élevé et les fenêtres fort grandes.

L'atelier sera garni, tout autour, d'un rang de chevalets simples, et l'on placera dans le milieu, s'il est nécessaire, un rang de chevalets doubles.

Le *chevalet simple*, fig. 9, ne peut servir qu'à un seul ouvrier. Il se compose d'une pièce de bois de quinze à dix-huit pouces de largeur, de huit à neuf d'épaisseur, et de trois pieds et demi à quatre pieds de longueur. A un de ses bouts on assemble ou on cloue solidement, dans une position verticale, une planche de douze à quatorze lignes d'épaisseur, de dix à douze pouces de largeur, et de trois pieds et demi de hauteur. Cette planche doit avoir en haut une entaille demi-circulaire, D, de quatre à cinq pouces d'ouverture et de trois et demi à quatre pouces de profondeur.

Le *chevalet double*, fig. 10, ne diffère du simple que parce que deux ouvriers devant y travailler à la fois, au lieu de placer une seule planche verticale, on en place deux, une à chaque bout de la pièce de bois formant la traverse. Cette traverse doit, dans ce cas, avoir quatre pieds et demi à cinq pieds de longueur.

La *spade* ou l'*espadon*, fig. 11, n'est rien autre chose qu'une palette en bois, de deux pieds de longueur, de quatre ou cinq pouces de largeur, et de six à sept lignes d'épaisseur. Ses deux côtés sont taillés en forme de tranchant émoussé; elle est munie, à un de ses bouts, d'une poignée par où l'espadeur la tient commodément.

A cela se bornent tous les instrumens nécessaires à l'espadeur; venons-en maintenant aux détails de l'opération.

De la main gauche, l'espadeur prend, vers le milieu de sa longueur, une poignée de chanvre pesant à peu près une demi-livre. Il serre fortement la main, et ayant

appuyé le milieu de cette poignée sur l'entaille du chevalet, il frappe avec le tranchant de l'espade sur la portion de chanvre qui pend le long de la planche B. Quand
il a frappé plusieurs coups, il secoue sa poignée de chanvre; il la retourne sur l'entaille, et il continue de frapper jusqu'à ce que son chanvre soit bien net et que les
brins paraissent bien droits; alors il change le chanvre
bout pour bout, et il travaille les pointes comme il a
fait les pattes, car on commence toujours à espader le
côté des pattes le premier. Souvent les espadeurs
négligent de battre aussi bien le milieu du chanvre
que les bouts, et c'est un grand défaut dont ils devraient
se corriger.

Quand l'ouvrier a fini d'espader une poignée, il la
pose en travers sur la pièce de bois formant le pied de
son chevalet, et il en prend une autre qu'il traite de
même. Quand il y a une trentaine de livres de chanvre
ainsi espadées, on en fait des ballots qu'on porte aux
peigneurs. Un bon espadeur peut préparer soixante à
quatre-vingts livres de chanvre dans sa journée, selon
qu'il est plus ou moins chargé de chenevottes, et le déchet
varie de cinq à sept pour cent.

L'espadage est-il une opération indispensable, ou même
utile? les uns répondent oui, les autres non. Si nous vou-
lons consulter les faits pour nous déterminer en faveur de
l'une ou l'autre de ces opinions, nous tombons dans le
même embarras, car, à Toulon et à Marseille, on n'espade aucun chanvre; à Venise où la corderie est en réputation, et à Brest, on espade tous les chanvres; dans
d'autres corderies, comme par exemple à Rochefort,
on n'espade que les chanvres du Midi, et jamais les
chanvres du Nord; Duhamel veut que l'on espade toujours et avec beaucoup de soin; plusieurs maîtres cordiers instruits soutiennent que cette opération est plus
nuisible qu'utile! lesquels croire? Étudions d'abord
l'effet que produit l'espadage, puis ensuite nous pour-

rons nous former une opinion en connaissance de cause.

L'espade, dit Duhamel, nettoie mieux le chanvre de ses chenevottes que toute autre préparation connue. Nous sommes parfaitement de cet avis s'il s'agit de substituer une autre préparation à l'espadage ; mais il n'est pas question de cela, et il est de principe que moins on multiplie les opérations moins on a de déchet. Il s'agit seulement de savoir si le peignage ne suffit pas pour dépouiller le chanvre de ses chenevottes et le rendre aussi net que possible. A Toulon, et partout où on n'espade pas, on soutient que oui, et il me semble que ceci est un fait positif contre lequel on ne peut marcher malgré quelques expériences particulières de Duhamel ; car il n'est pas possible que les cordiers de Toulon n'aient pas d'yeux pour voir si le peignage laisse ou ne laisse pas de chenevottes. Je me crois donc, en bonne logique, autorisé à regarder l'espadage comme inutile, sous ce rapport.

L'espade affine le chanvre, dit encore Duhamel, et il ajoute que : « Plus le chanvre est affiné, plus il est » doux, et plus on a *diminué son élasticité*, meilleur il » est pour faire de bonnes cordes (pag. 63), et il ré- péte la même chose page 66.

Mais cet auteur diminue lui-même le poids de son au- torité en tombant dans une contradiction flagrante, car il dit, page 158 : » Le *ressort* des fils est nécessaire pour » commettre du bitord, et il *serait impossible* d'en » commettre avec des fils *qui ne seraient pas plus élas-* » *tiques* que le sont des fils de plomb..... Il faut donc » *profiter de la force élastique* pour qu'ils restent tortil- » lés; *l'élasticité des fils est donc nécessaire* pour faire » une corde. »

Cet auteur, pour prouver ensuite l'utilité de l'espadage, tombe dans une erreur de physiologie végétale d'autant plus grave ici qu'elle pourrait entraîner à de fausses ma-

nœuvres ; la voici : « Il faut se rappeler que nous avons
» dit en parlant du chanvre brut ou de celui qui vient
» d'être teillé , qu'il forme des espèces de lanières ou
» de rubans plats qui sont fort durs ; ces rubans sont
» formés par des fibres qui s'étendent suivant la lon-
» gueur de la plante , et ces fibres sont jointes les unes
» aux autres par des *fibres plus déliées* ou par un tissu
» vésiculaire. Ce qu'il faut faire pour, en affinant le
» chanvre , en faire de la filasse , consiste à séparer les
» unes des autres les fibres longitudinales, et à détruire
» *celles qui les joignent.* »

Tout ceci est absolument faux. L'écorce du chanvre
est composée , il est vrai, de fibres longitudinales , mais
qui ne sont réunies que par une matière résino-gommeuse , et non par des fibres transversales. Ces fibres
longitudinales sont elles-mêmes composées de vaisseaux
spiraux , comme disent les botanistes , vaisseaux formés
par des rubans roulés en spirale, comme nous le montrons
fig. 2. A, un faisceau de fibres; B, une fibre isolée; C, la
même très grossie , laissant voir les rubans qui forment
ses spires.

Il résulte de cette conformation physiologique de la
fibre , que l'élasticité du chanvre n'est pas entièrement
due, comme le croyait Gavoty, à la résine qui réunit les
fibres entres elles , ni, entièrement, comme on pourrait
peut-être le croire, à la forme spirale des vaisseaux ;
mais bien à ces deux causes réunies.

Or, il est certain que l'espadage détruit plus ou
moins ces deux causes d'élasticité, et doit rendre le
chanvre d'autant moins élastique qu'il est plus battu.

Mais cette opération , en écrasant les vaisseaux spiraux et affaiblissant la résine que le rouissage a déjà
suffisamment réduite, doit nécessairement aussi affaiblir
le chanvre , et il deviendra d'autant plus faible que les
fibres auront été plus isolées les unes des autres par les

coups d'espade. Il est vrai que ces fibres rompues et isolées sont enlevées par le peigne, mais il est vrai aussi
que ce déchet est superflu et en pure perte.

On objectera sans doute qu'il y a des chanvres trop
durs, trop élastiques, sur lesquels l'espadage peut être
utile. Je répondrai à cela, conjointement avec Gavoty
qui certes est compétent quand il s'agit de la pratique de
l'art, que si les chanvres doux sont indispensables pour
les manœuvres courantes, les chanvres durs le sont également pour les cables, les manœuvres dormantes et autres, telles que rides, étais, galaubans, haubans, et principalement pour celles qui sont le plus souvent dans l'eau ;
car l'expérience a prouvé que les chanvres durs et élastiques résistent mieux dans l'eau à la pourriture, que les
chanvres doux. Si, pour ces manœuvres constamment
mouillées on préfère les chanvres durs du Midi aux chanvres doux de Riga, ce n'est par aucune autre cause.

Je conclurai donc par dire que je ne regarde l'espadage comme utile que dans un seul cas, et qui est extrêmement rare, celui auquel on manquerait de chanvre
doux pour établir les petites manœuvres qui l'exigent
absolument de cette qualité. Mais, comme dans une
corderie on a presque toujours plus de chanvres doux
que de rudes, l'espadage devient le plus souvent inutile.

Pour remplir le but qu'on se propose en espadant, on
a employé d'autres moyens mécaniques ; dans de certains
pays on écrase le chanvre avec des petits maillets de
bois, dans d'autres on le pile dans des espèces de mortiers de bois. On a même inventé des mécaniques pour
le fouler, à peu près dans les mêmes principes que les
battoirs ou moulins dont on se sert pour broyer les écorces dont on prépare le tan. Mais cette dernière méthode
occasione trop de déchet, et les deux premières sont
trop peu expéditives, d'où il résulte que, dans toutes

les corderies de nos ports, quand on espade, on se sert du chevalet.

Des chimistes ont, dans ces derniers tems, cherché à remplacer cette opération par des lessives préparées; mais ces opérations, qui nécessitaient une grande augmentation de frais, ont dû, pour cette raison, malgré les bons effets qu'on en a obtenus, être rejetées de la pratique jusqu'à ce qu'on les ait simplifiées au point que le prix pût s'en trouver en équilibre avec celui, très modique, que l'on donne aux espadeurs.

Du peignage.

Comme la poussière qui s'exhale du chanvre en le peignant est aussi dangereuse (et peut-être plus car elle est plus fine) pour les ouvriers que celle qui s'élève quand on espade, l'atelier des peigneurs sera également spacieux, percé de grandes fenêtres, et le plafond en sera très élevé. Les fenêtres seront munies de contrevens pour abriter les ouvriers de la pluie, du vent et du soleil. Le tour de la salle sera garni de fortes tables, fig. 12, solidement attachées sur de bons tréteaux de deux pieds et demi de hauteur, qui doivent être scellés par un bout dans le mur, et soutenus à l'autre bout par des montans bien solides.

Les *peignes ou sérans*, fig. 13, le *fer*, fig. 14, et le *frottoir*, fig. 15, sont les seuls instrumens que l'on trouve dans l'atelier des peigneurs.

Les *peignes* sont composés de six ou sept rangs de dents de fer à peu près semblables à celles d'un rateau; ces dents sont fortement enfoncées dans une épaisse planche de chêne.

Elles doivent toujours être rangées en quinconce et jamais carrément, quoiqu'on en trouve quelques-uns où elles sont ainsi placées. On conçoit que c'est un défaut essentiel, car, dans ce cas, plusieurs dents passant dans la même fente de la fibre, il n'y a que la première qui agit, et les autres restent inutiles. Elles doivent être taillées en losange et posées de façon que la ligne qui passerait par les deux angles aigus, coupât perpendiculairement le peigne suivant sa longueur, d'où il résulte deux avantages; savoir: les dents résistent mieux aux efforts qu'elles ont à souffrir, et elles refendent mieux le chanvre. C'est pour cette seconde raison qu'il faut avoir grand soin de rafraîchir de tems en tems les angles et les pointes des dents, parce qu'elles s'émoussent assez vite et s'arrondissent en travaillant.

Dans quelques corderies on n'a des peignes que de deux grosseurs; on en a de trois dans d'autres, et dans quelques-unes de quatre; nous allons décrire tous les peignes en usage, dans l'ordre de leur grandeur.

1. Le *peigne à peignons*. Ses dents ont douze à treize pouces de longueur: elles sont carrées, grosses par le bas de six à sept lignes, et écartées les unes des autres par la pointe, ou, en comptant du milieu d'une des dents au milieu d'une autre, de deux pouces.

Ce peigne n'est pas destiné à affiner le chanvre, mais seulement à former des *peignons* ou *ceintures*, c'est-à-dire à réunir ensemble ce qu'il faut de chanvre peigné et affiné pour faire une paquet suffisamment gros pour que les fileurs puissent le mettre autour d'eux sans être incommodés, et qu'il y en ait assez pour faire un fil de la longueur de la corderie.

2. Le *peigne à dégrossir* doit avoir les dents de sept à huit pouces de longueur; de six lignes de grosseur par le bas, et elles doivent être écartées les unes des autres de quinze lignes, en mesurant comme nous l'avons dit plus haut.

C'est sur ce peigne qu'on passe d'abord le chanvre pour ôter la plus grosse étoupe, et dans quelques corderies on s'en tient à cette seule préparation pour tous les chanvres qu'on prépare, tant pour les câbles que pour les manœuvres courantes; dans d'autres on n'emploie ce chanvre dégrossi que pour les cables.

3. Le *peigne à affiner* a les dents de quatre à cinq pouces de longueur, cinq lignes de grosseur par le bas, et éloignées les unes des autres de dix à douze lignes.

On s'en sert, dans quelques corderies, pour passer le chanvre qu'on destine à faire les haubans et les autres manœuvres tant dormantes que courantes.

4. Le *peigne fin* a les dents encore plus menues et plus serrées que le précédent, mais dans des proportions plus variables.

C'est avec lui qu'on prépare le chanvre le plus fin, destiné à faire de petits ouvrages, comme le fil de voile, les lignes de loc, les lignes à tambours, etc.

Pour peigner, un homme fort et vigoureux prend de la main droite une poignée de chanvre vers le milieu de sa longueur; il fait faire à cette poignée un tour ou deux autour de cette main, de sorte que les pattes et un tiers de la longueur du chanvre pendent en bas. Alors, il serre fortement la main, et faisant décrire aux pattes du chanvre une ligne circulaire, il les fait tomber avec force sur les dents du peigne à dégrossir, et il tire à lui; il répète cette opération en engageant toujours de plus en plus le chanvre dans les dents du peigne jusqu'à ce que ses mains soient prêtes à toucher aux dents.

Par cette manœuvre on nettoie le chanvre des chenevottes et de la poussière, s'il n'a pas été espadé. Il se démèle, se refend, s'affine, et celui qui était bouchonné ou rompu reste dans le peigne, de même qu'une partie des pattes.

Il s'agit ensuite de le *moucher*, et voici comment. Le peigneur tenant toujours le chanvre de la même manière de la main droite, prend avec sa main gauche quelques-unes des pattes qui restent au bout de sa poignée; il les tortille à l'extrémité d'une des dents du peigne, et ti- rant fortement de la main droite, il rompt le chanvre au-dessus des pattes qui restent ainsi dans les dents du peigne , et il réitère cette manœuvre jusqu'à ce qu'il ne voie plus de pattes au bout de la poignée qu'il prépare ; alors il la repasse deux fois sur le peigne, et cette partie de son chanvre est peignée.

Il faut ensuite donner à la pointe qu'il tenait dans sa main une préparation pareille à celle qu'il a donnée à la tête ; l'opération se fait de même , mais au lieu de moucher on ne fait que rompre quelques brins qui excèdent un peu la longueur des autres.

Il est indispensable de peigner le gros bout le premier, parce que les pattes qui s'engagent dans les dents du peigne ou qu'on tortille autour quand on veut moucher , exigent qu'on fasse un effort auquel ne résisterait pas le chanvre qui aurait été peigné et affiné auparavant.

Pour éviter de rompre le chanvre en le démêlant sur le peigne, ce qui ferait beaucoup de déchet , il ne faut que l'y engager peu à peu et proportionner l'effort à la force du brin. Pour cela , le peigneur commence par n'engager dans les dents qu'une très petite partie de son chanvre , et il en engage un peu plus chaque fois, en raison de la résistance qu'il trouve.

Quelquefois le chanvre est trop long, et dans ce cas il faut le *rompre*, voici comment : le peigneur prend de la main gauche une petite partie de la poignée ; il la tortille autour d'une des dents du peigne à dégrossir, et tirant fortement de la main droite, il la rompt en s'y prenant de la même façon que quand il le mouche. Cette portion étant rompue , il en prend une autre qu'il rompt de même , et ainsi de suite jusqu'à ce que toute la poignée soit rompue. A mesure qu'il a rompu une pincée de chanvre , il l'engage dans les dents du peigne pour la joindre ensuite au chanvre qu'il tient dans la main , ayant attention que les bouts rompus répondent à la tête de la queue , et ensuite il peigne le tout ensemble, afin d'en tirer tout ce qui a assez de longueur pour fournir du premier brin.

Quelques peigneurs maladroits, craignant de se piquer les doigts aux dents du peigne, n'en approchent jamais la main, d'où il résulte que les deux bouts de la poignée sont bien affinés, mais que le milieu est resté brut. Pour obvier à cet inconvénient, qui existe toujours plus ou moins, on peut se servir du fer et du frottoir dont nous allons parler.

Le *fer*, fig. 14, est un morceau de fer plat, large de trois à quatre pouces, épais de deux lignes, long de deux pieds et demi, qui est solidement attaché dans une position verticale, à un poteau, par deux bons barreaux de fer qui sont soudés à ses extrémités. Le bord intérieur du fer plat, forme un tranchant mousse.

Le peigneur tient sa poignée de chanvre comme s'il la voulait passer sur le peigne, excepté qu'il prend dans sa main le gros bout, et qu'il laisse pendre le plus de chanvre qu'il lui est possible, afin de faire passer le milieu sur le tranchant du fer. Tenant donc la poignée du chanvre comme nous venons de le dire, il la passe dans le fer, et retenant le petit bout de la main gauche, il appuie le chanvre sur le tranchant mousse du fer, et, tirant fortement de la main droite, le chanvre frotte sur le tranchant; on répète cette opération plusieurs fois, avec l'attention de faire porter sur le fer toutes les parties de la poignée, et lorsque le chanvre a reçu ainsi une préparation que l'on croit suffisante, on l'achève en le passant légèrement sur le peigne à finir.

Le *frottoir*, fig. 15, est une planche d'un pouce et demi d'épaisseur, solidement attachée sur la même table où sont les peignes. Cette planche est percée dans le milieu d'un trou qui a trois ou quatre pouces de diamètre, et sa face supérieure est tellement travaillée, qu'elle semble couverte d'éminences taillées en pointe de diamant.

Lorsqu'on veut se servir de cet instrument, on passe la poignée de chanvre par le trou qui est au milieu; on retient avec la main gauche le gros bout de la poignée qui est sous la planche, pendant qu'avec la main droite on frotte le milieu sur les crénelures de la planche, ce qui affine le chanvre plus que le *fer*. Mais cette opération le mêlant davantage, occasione aussi plus de déchet.

Du reste, je ne crois pas que ces deux instrumens, dont on se sert dans les corderies de l'intérieur, soient employés dans nos ports, malgré les recommandations de Duhamel. Cet auteur les croit d'autant plus utiles qu'il est persuadé que le chanvre le plus fin et le plus doux fait les meilleurs cordages. Nous ne reviendrons pas sur cette opinion, qui est regardée comme une erreur par la plus grande partie des maîtres cordiers de la marine.

L'important est de manipuler le chanvre en raison de ses qualités et de l'usage qu'on en veut faire, et c'est sur cette question que Duhamel se trouve en défaut. Nous allons tâcher de la résoudre d'une manière bien simple, et sans discussion; c'est-à-dire que nous allons décrire la manière d'opérer dans les meilleurs ateliers de la marine royale, et nous épouserons, en ceci, la manière de voir de Gavoty.

On sait que le fil le plus utile pour le commettage des cordages de la marine, est un fil de cinq à six lignes de circonférence, et que l'on appelle *fil de caret*, dans nos ports. Le lecteur ne perdra pas non plus de vue, que l'usage de toutes les corderies maritimes, et même d'une grande partie de celles du commerce, est de filer à la *ceinture*, et non pas à la *quenouille* ou *filouse*.

En peignant on se propose d'obtenir : un *premier brin*, de deux à quatre pieds de longueur; un *second brin* de dix à vingt pouces; et de l'*étoupillon*, qui a depuis trois jusqu'à neuf pouces. On fabrique aussi des cordes avec ce dernier, mais on a calculé qu'elles ont moitié moins de force que celles du premier brin, selon Gavoty, et cette estimation me paraît fort exagérée. L'étoupillon a donc trop peu d'importance pour que nous revenions sur cet objet.

On règle le peignage en raison de la qualité du chanvre, de la manière suivante. Les chanvres durs et élastiques, comme le sont en général ceux de France, qui sont d'excellente qualité, sans chenevottes, longs de six à neuf pieds et plus, sont coupés, sur le peigne à finir, de trois à quatre pieds et demi de longueur. On peigne à fond sur l'ébauchoir ces parties ainsi divisées, afin de redresser les brins entrelacés et de les dépouiller de leurs étoupes.

Les brins qui n'excèdent pas vingt pouces de longueur restent entre les dents de l'ébauchoir, et le premier brin, qui est la partie essentielle pour le fil à carret, étant resté entre les mains de l'ouvrier, est ensuite mouché sur le peigne à finir. Par ce moyen on le purge des étoupes qui pourraient encore s'y trouver. Avec ce premier brin on forme des poignées que l'on plie en deux et que l'on entortille afin de conserver l'arrangement des fibres résultant du peignage.

On retire alors du peigne à ébaucher et à finir les étoupes qui sont restées entre leur dents; on les passe de nouveau sur l'ébauchoir, et on les mouche ensuite sur le peigne à finir. Les brins de dix à vingt pouces, ou *second brin*, restent dans la main de l'ouvrier, et les *étoupillons* de trois à neuf pouces restent sur le peigne, d'où ils seront enlevés à leur tour.

Les *chanvres doux et flexibles*, quand ils sont chargés de chenevottes et de parties bouchonneuses, ce qui arrive très souvent parce qu'ils sont ordinairement broyés, sont traités de la même manière, à ces différences près: on les passera plusieurs fois sur l'ébauchoir pour les débarrasser autant que possible des parcelles de chenevottes et des parties défectueuses, et le premier brin ne s'en trouvant pas suffisamment dépouillé, sera passé sur le peigne à finir deux fois au lieu d'une, ou ce qui vaudra mieux, dans les dents d'un peigne d'une grosseur intermédiaire, avant de le terminer sur le peigne à finir.

D'après les expériences de Duhamel, que nous allons rapporter ici, il paraîtrait que la force des cordages fabriqués avec le second brin, n'irait guère au-delà de la moitié de celle des cordages commis avec du premier brin. Nous rapporterons deux de ces expériences.

1re EXPÉRIENCE. Six bouts de cordages, dit-il, faits de premiers brins de chanvre de Riga, pesant chacun, poids moyen, 7 livres 8 onces, ont porté, force moyenne, 7998 livres.

» Six bouts de cordage tout pareils aux précédens, mais faits avec du second brin de Riga, pesant chacun, poids moyen, 8 livres quinze onces, n'ont porté, force moyenne, que 5175 livres.

» On voit déjà que le cordage de premier brin, quoique plus léger que celui du second, est néanmoins plus fort de 2823 livres; mais égalons leur poids pour mieux comparer leur force. Si le cordage de premier brin avait pesé 8 livres 15 onces, comme celui du second, il aurait supporté 9530 livres, quelque chose de plus, et sa force aurait excédé celle du cordage de second brin, de 4355 livres, ce qui fait à peu près moitié.

2e EXP. Quatre bouts de cordages faits de premier brin de chanvre de Riga, pesant chacun 7 liv. 11 onces, ont porté, force moyenne, 7975 livres.

» Quatre bouts de cordages tout pareils, mais faits avec du second brin de Riga, pesant chacun 7 liv. 11 onces, ont porté 4725 livres; le cordage du second brin, quoique le plus pesant, est déjà moins fort de 3250 livres; mais si nous rendons le poids du cordage du premier brin semblable à celui qui est fait avec le second, nous trouverons qu'il aurait porté 8174 livres, quelque chose de plus ; ainsi le cordage fait avec le premier brin aurait excédé de 3449 livres la force du second brin, ce qui fait près de moitié. »

D'après ces expériences, on verra, comme je l'ai dit plus haut, exagération de la part de M. Gavoty, quand il avance que les cordages faits avec des étoupillons de 3 à 9 pouces de longueur ont une force égale à la moitié de ceux faits avec du premier brin. Néanmoins ces étoupillons servent à faire des liens pour amarrer les pièces de cordages quand elles sont rouées; on en fait aussi quelques livardes ; on en porte à l'étuve pour faire des torchons, etc.

Il résulte encore de ces expériences qu'il serait dangereux de se fier à des cordages faits de second brin pour la garniture des vaisseaux. Outre qu'ils ont moins de force, cette force n'est pas répartie également sur toute leur longueur, et varie même du simple au double dans diverses parties.

Mais plus le chanvre est affiné, moins il donne de premier brin; or, y a-t-il véritablement bénéfice à avoir peu de premier brin en affinant beaucoup, et des cordes d'une très grande force ; ou à avoir beaucoup de premier brin en affinant peu, et des cordes un peu moins fortes ? Ici les avis sont tout-à-fait partagés, et il est fort difficile de se faire à soi-même une opinion précise. Faute d'avoir pu trouver un cordier qui ait pu m'instruire sur ce sujet important, je me vois obligé de décider la question moi-même, voici comment.

Je crois que chaque vaisseau devrait être gréé avec des cordages fabriqués selon l'emploi de ce vaisseau. Pour les longs cours, on affinerait davantage, on obtiendrait moins de premier brin, mais la fourniture serait plus forte, d'une plus grande durée, et par conséquent les accidens seraient moins à craindre. Pour les petites croisières et les traversées, on pourrait employer les cordages faits avec le premier brin ordinaire.

Duhamel ne pense pas ainsi. Il voudrait que l'on affinât beaucoup, et que, pour ne pas faire une trop grande perte, on mêlât au premier brin la portion la plus longue du second. Nous ne partageons pas son opinion, et voici pourquoi : on conçoit que plus on mêlerait de second brin au premier, plus celui-ci perdrait de sa force : première perte ; plus on enlèverait de longues fibres au second brin, plus on le rapprocherait des étoupillons, et alors il diminuerait considérablement de valeur et de force : deuxième perte. Ensuite, le premier brin ferait des cordages qui ne seraient pas propres aux fournitures pour les voyages de longs cours, et qui deviendraient peu économiques pour toutes les manœuvres et fournitures pour lesquelles on emploie ordinairement du cordage de second brin. Ce dernier brin ne fournirait plus que de très mauvais cordages, peu au-dessus, par leur qualité, de ceux que l'on fait avec des étoupillons. On voit donc qu'il y aurait perte de tous les côtés.

Aussi croyons-nous, ainsi que tous les maîtres cordiers de nos ports, et comme Gavoty en particulier, qu'il faut affiner les chanvres sur le peigne, 1° en raison de leur nature plus ou moins rude, 2° en raison de l'usage auquel on les destine.

Des ceintures, ou peignons.

Nous terminerons en enseignant de quelle manière l'ouvrier doit s'y prendre pour former les peignons.

A mesure que les peigneurs ont préparé des poignées de premier ou de second brin, ils les mettent à côté d'eux, sur la table qui supporte les peignes, ou quelquefois par terre ; d'autres ouvriers les prennent peu à peu, et les engagent dans les dents du grand peigne qui est destiné à faire les peignons ; ils ont soin de confondre les différentes qualités de chanvre (sans mêler le premier au second brin), de mélanger le plus court avec le plus long , et d'en rassembler suffisamment pour faire un paquet qui puisse fournir assez de chanvre pour faire un fil de toute la longueur de la filerie, qui a ordinairement 180 à 190 brasses ; c'est ce paquet de chanvre qu'on appelle *ceinture* ou *peignon*.

On sait par expérience, que chaque peignon doit peser à peu près une livre et demie à deux livres , si c'est du premier brin, et deux livres et demie ou trois livres, si c'est du second. Cette différence vient de ce que le fil qu'on fait avec le second brin est toujours plus gros que celui qu'on fait avec le premier, et, outre cela, parce qu'il n'y a presque pas de déchet quand on file le premier, tandis qu'il y en a plus ou moins lorsqu'on file le second.

Quand l'ouvrier juge que son peigne est assez chargé de chanvre, il ôte celui-ci du peigne sans le déranger, et si c'est du premier brin, il plie son peignon en deux pour réunir ensemble la tête et la pointe, qu'il tord un peu pour y faire un nœud ; si c'est du second brin qui, étant plus court, se séparerait en deux, il ne le plie pas ; mais il tord un peu les extrémités et il fait un nœud à chaque bout ; alors, ce chanvre a reçu toutes les préparations qui sont du ressort des peigneurs.

Comme les peignons craignent beaucoup la poussière, il est bon de les employer à mesure qu'on les fait, ou au moins de les garder le moins long-tems possible. Dans tous les cas, comme l'atelier des peigneurs est toujours très rempli de poussière , à mesure qu'on fera les peignons, des enfans les enlèveront et les porteront dans l'atelier des fileurs.

Un bon peigneur peut préparer, terme moyen, dans sa journée, soixante et quinze à quatre-vingts livres de chanvre, parfaitement peigné, s'il est bon ouvrier.

CHAPITRE III.

DU FILAGE.

On ne *file* pas des cordes, on les *commet*, c'est-à-dire, qu'on les fait en tordant ensemble des fils à caret qu'on a filés. Ainsi donc, nous n'avons à nous occuper dans ce chapitre, que de la manière de *filer* le *fil à à caret*.

On a donné à ce fil, qui ordinairement a cinq ou six lignes de circonférence, le nom de *fil à caret*, pour le distinguer du fil à coudre; et ce nom lui vient du *quarré*, instrument dont on se sert pour le faire.

De la filerie.

On appelle ainsi l'atelier dans lequel travaillent les fileurs. Dans la corderie marchande, la filerie est ordinairement en plein air, dans un lieu abrité des vents, et ombragé par des arbres pour défendre les ouvriers des ardeurs du soleil pendant l'été. On choisit ordinairement pour cela, le long d'un mur, une allée d'arbres, les fossés d'une ville, le bas d'un rempart, etc., etc. Comme il n'est pas possible de travailler dans ces fileries découvertes pendant l'hiver, ou lorsqu'il pleut, on a pris le parti, dans les ateliers du Gouvernement, de construire des fileries couvertes.

Ce sont de grands bâtimens, longs au moins de six cents pieds, quelquefois de mille, larges de vingt à vingt-huit, hauts, sous les tirans de la charpente, de huit à neuf pieds. Il y a des deux côtés des fenêtres garnies de bons contrevens que l'on ouvre ou que l'on ferme, selon que l'exige la température de l'air.

Dans une filerie, il y a ordinairement trois ou quatre

rouets, et à chaque bout autant de *tourets*; de distance en distance des *râteliers* ou *crochets* pour supporter le fil. Nous allons nous occuper de chacun de ces instrumens en particulier.

Des rouets.

Le rouet, fig. 16, est celui dont se servent les fileurs qui travaillent dans une filerie découverte. Il est léger, pour pouvoir être enlevé quand les travaux sont terminés, et transporté à la maison. On voit dans notre figure, la *roue*, les *montans* qui la soutiennent, une grosse pièce de bois qui forme l'empatement du rouet, et les *montans* qui soutiennent des traverses à coulisse dans lesquelles la *planchette* est reçue, de sorte qu'elle peut s'approcher ou s'éloigner de la roue, pour tendre ou relâcher les cordes de boyau; cette planchette porte les *molettes*, que nous avons représenté détachées, fig. 17. *a* est le morceau de bois dur qui sert à attacher la mollette à la planchette, par le moyen de quelques petits coins; *b*, broche de fer de la molette; cette broche est terminée à un de ses bouts par un crochet, l'autre traverse le morceau de bois *a*; étant rivée au point *a*, sur une plaque de fer, elle a la liberté de tourner. *c*, petite poulie qui est fortement attachée à la broche, et dans laquelle passe la corde de boyau qui, passant sur la roue, fait tourner le crochet de la molette.

On dispose les molettes sur la planchette qui les porte, tantôt en triangle, tantôt en portion de cercle, de manière à ce qu'une seule corde de boyau puisse les faire tourner toutes à la fois.

Dans les corderies du Gouvernement, où il faut quelquefois employer un grand nombre d'ouvriers à la fois, on a des rouets plus forts, qui peuvent occuper chacun jusqu'à onze ouvriers.

Le *poteau*, fig. 18, est fortement assujetti au plancher

de la filerie, et soutient la *roue*, fig. 19, qui est large et pesante. A la partie supérieure de ce poteau, et au-dessus de l'essieu de la roue, est une grande rainure dans laquelle entre la pièce de bois *b*, qui est retenue par les liens *c*, *c*.

A cette pièce de bois *b*, est solidement attachée la *croisille*, fig. 20, ou tête du rouet, qui porte les *molettes* ou *curles*, fig. 21, au nombre de sept ou de onze, suivant la grandeur des rouets. Au moyen de l'arrangement circulaire de ces molettes, une courroie qui passe sur la circonférence de la roue, fig. 19, les touche toutes, ce qui fait que chacune d'elles se ressent du mouvement que l'on donne à la roue, et qu'un seul homme, appliqué à la manivelle, peut, sans beaucoup de fatigue, fournir à onze fileurs.

La croisille est formée par deux tables minces, demi-circulaires, écartées l'une de l'autre, de quatre à cinq pouces, et retenues par les clés *f*, *f*. La portion circulaire des tables est garnie de petits morceaux de bois dur, *g*, *g*, etc., dans chacun desquels il y a une petite entaille pour recevoir la broche des molettes, qui sont retenues dans ces entailles, non seulement par la courroie qui passe sur la roue, mais encore par deux courroies *h*, *h*, qui sont clouées sur la circonférence des tables.

Toute la croisille assemblée comme nous venons de dire, est solidement attachée à la pièce de bois *b* du poteau, par les clés *i*.

La roue, fig. 19, est attachée par son essieu au poteau, et les molettes (fig. 21) sont placées à la circonférence de la croisille.

Par la seule inspection de la machine (que nous représentons montée, fig. 22 et 23), on conçoit que la pièce du poteau *b* est assemblée à coulisse en *a*, pour qu'on puisse, avec des coins enfoncés en *d*, élever ou baisser la tête du rouet, ce qui sert à amollir ou à raidir la courroie.

Les crochets des molettes les plus élevées, sont quelquefois au-dessus de la portée d'un homme, c'est pour cela que l'on met auprès du poteau le marche-pied en plan incliné B, sur lequel montent les fileurs lorsqu'ils veulent accrocher ou décrocher le fil.

On peut placer jusqu'à quatre grands rouets à chacun des bouts d'une corderie couverte de 28 pieds de largeur; ainsi, on peut faire travailler à la fois jusqu'à 88 fileurs. Mais comme un pareil nombre ne peut tenir de front sur 28 pieds, on a l'attention de ne faire partir ensemble de chaque roue, que deux fileurs à la fois, et quand ils en sont éloignés de quatre à cinq brasses, on en fait partir deux autres, ce qui fait qu'ils peuvent tous travailler sans s'incommoder les uns les autres. D'ailleurs, cet ordre est nécessaire pour que les *tourets* puissent suffire aux fileurs sans interrompre leur travail.

Des rateliers.

À mesure qu'un fileur s'éloigne du rouet, en filant, le fil, entraîné par son propre poids, décrit une courbe, et, s'il n'était soutenu, il toucherait bientôt la terre où il ramasserait des ordures, des déchets de filasse, et autres objets qui le gâteraient en s'entortillant autour de lui. Pour éviter cet inconvénient, on le soutient de six brasses en six brasses, à peu près, au moyen de rateliers, fig. 24 et 25.

Dans les ateliers du Gouvernement, on a pris l'habitude de ne se servir guère que de rateliers suspendus aux tirans de la charpente, ou formés de traverses de bois, légères, placées en conséquence, et auxquelles on suspend un nombre de crochets égal au nombre des fileurs. Ces rateliers, fig. 24, sont élevés de six pieds et demi à sept pieds, afin que l'homme le plus grand puisse passer dessous les fils sans se baisser et sans les toucher.

Dans les fileries découvertes qui longent un mur, on enfonce le ratelier dans la muraille, à deux pieds et demi ou trois pieds de hauteur. Ou bien, s'il n'y a pas de mur, on le soutient, au moyen d'un piquet enfoncé dans la terre, fig. 25.

Des tourets.

Le fil à caret est trop gros pour pouvoir être dévidé sur des bobines que le rouet ferait mouvoir, ainsi que ceux des personnes qui filent de la laine et du lin; pour cette raison, les molettes n'ont point de bobines, et les fileurs reculent à mesure que leur fil se tord. Mais à force de reculer, ils gagnent le bout de la filerie, ayant fait un fil d'environ cent brasses de longueur. Il faut alors dévider le fil sur quelque chose, et c'est à quoi servent les *tourets*, fig. 27, qui ne sont autre chose que de grandes bobines.

Quatre planches assemblées à angle droit, solidement attachés aux deux extrémités d'un tambour, font tout l'appareil de cet instrument. Quelquefois on passe par le trou qui est à l'axe du tambour, un boulon de fer qui traverse le touret d'un bout à l'autre pour lui servir d'essieu. Ce boulon est solidement attaché à un bon poteau de charpente. Il n'y a point de manivelle à ces sortes de tourets, c'est un morceau de bois qui en sert, en le fourrant dans le fil qui a déjà été dévidé sur le touret.

Il y a des tourets, fig. 26, plus grands et plus solidement établis, qui peuvent contenir près de 500 livres de fil à carret. Ils sont montés sur un pied de charpente. Ils ont chacun un essieu de fer, à une des extrémités duquel s'ajuste une manivelle en fer. Ces sortes de tourets ont l'avantage de pouvoir être transportés et changés de place à volonté, malgré leur énorme pesanteur; mais aussi, quand ils sont chargés de fil, il faut la force de deux hommes pour les faire tourner, et ils fatiguent beaucoup le fil quand on ourdit les cordes.

Il doit encore se trouver dans une filerie quelques autres instrumens moins importans, dont nous donnerons la description à mesure qu'il sera nécessaire de les faire connaître.

Du travail des fileurs.

Pendant qu'un ouvrier fait tourner le rouet, le fileur désigné par le nom de *maître de roue*, attache autour de sa ceinture un peignon de chanvre dont il calcule la grosseur sur la longueur du fil qu'il doit faire, ou plutôt sur celle de la filerie. Si le peignon est trop gros, il en ôte une portion qu'il place à côté des autres peignons, et des enfans sont chargés de porter ces portions aux fileurs qui en manquent pour terminer un fil.

Le fileur monte sur le pont (B, fig. 23), si la croisille de son rouet est très haute; il fait à son chanvre une petite boucle qu'il engage dans le crochet de la molette du milieu, qui est la plus élevée; comme le crochet tourne, le chanvre qu'il y a attaché se tortille; en fournissant du chanvre à mesure qu'il recule, il commence à former un bout de fil à carret. Nous n'avons pas besoin de dire que l'opération est la même quand il n'y a pas de pont ou marche-pied au rouet.

Quand le fileur est descendu de dessus le pont, il prend de la main droite un bout de lisière, fig. 28, *s*, nommé *paumelle*, et ayant enveloppé le fil qui est déjà fait, il serre fortement la main et tire à lui. En tirant ainsi, il empêche le fil de se tortiller sur lui-même, de faire des *coques*, ou du moins de se gripper, et en serrant la main, il retient le tortillement qu'imprime la roue jusqu'à ce qu'il ait bien disposé avec la main gauche le chanvre qui, étant tortillé, doit augmenter la longueur du fil; alors il desserre un peu la main droite, le tortillement se communique au chanvre qui avait été disposé par la main gauche, et en reculant un petit pas, il fait couler la lisière sur le fil qui se tortille actuellement. En répétant cette manœuvre, le fil

prend de la longueur ; quand cette longueur le rend assez
pesant pour le faire baisser jusque près de terre, dans
la crainte qu'il y traîne, le fileur lève les mains par une
secousse, et accroche ainsi son fil dans les dents d'un râ-
telier. Il recommence à l'accrocher ainsi aux autres râteliers disposés en conséquence, toutes les fois qu'il le
juge convenable.

Lorsque le maître de roue est éloigné du rouet de
quatre à cinq brasses, deux autres fileurs attachent de
même leur chanvre aux deux molettes suivantes, et les
huit autres fileurs, qui viennent ensuite dans le même
ordre, commencent ainsi à filer deux à deux, jusqu'à ce
que toutes les molettes soient occupées. Par ce moyen,
les fileurs ne s'embarrassent pas les uns les autres ; et
comme ils n'arrivent que successivement au bout de la
corderie, ils ne sont pas obligés de s'attendre les uns
les autres pour dévider leur fil sur les tourets, comme
nous allons le dire.

Quand le maître de roue est arrivé au bout de la
filerie, il en avertit par un cri ; alors quelqu'un détache
son fil du crochet de la molette, il le passe dans une
petite poulie qui est attachée au plancher de la filerie,
(fig. 29); il le tortille autour d'une corde d'étoupe
qu'on nomme *livarde* (fig. 30); il charge cette livarde
d'une pierre, et il attache le bout du fil au tambour du
touret. Un ou deux hommes sont occupés à faire tourner le touret, et un petit garçon qui tient le fil enveloppé dans une livarde, a soin de le conduire sur le
tambour du touret, de façon qu'il s'y arrange bien. Il
tient à la main une petite palette avec laquelle il frappe
continuellement sur le fil, pour qu'il s'arrange et se serre
mieux sur le touret.

Le fil, en passant par les livardes et sous la pierre,
s'unit et éprouve un frottement considérable qui le force
à se serrer sur le touret. Il perd un peu de son tortillement, qui se porte au bout que le fileur tient à sa main,

ce qui fait que de tems en tems il est obligé de laisser un peu détordre.

Dans quelques corderies, les fileurs, pour laisser perdre au fil le tortillement qu'il a de trop, en attachent le bout, en revenant à la roue, à un petit *émerillon*, (fig. 31). Nous allons décrire cet instrument.

o est un petit cylindre de bois dur, évidé dans son milieu; *q* est un crochet qui a la liberté de tourner au moyen de la tête qu'on aperçoit dans la partie évidée. C'est à ce crochet que les fileurs attachent leur fil quand ils veulent lui laisser perdre de son tortillement ; *r* est un anneau de fer par lequel les fileurs tiennent l'émérillon, et cet anneau a la liberté de tourner au moyen d'une petite tête qu'on aperçoit également dans la partie évidée. Comme on le verra par la suite, on se sert aussi de l'émérillon pour le commettage des cordes.

Quand son fil est sur le touret, le maître de roue se rend au rouet, il décroche le fil de l'ouvrier qu'il juge être au bout ou le plus près du bout de la corderie, et il l'*épisse* au bout de son propre fil, c'est-à-dire qu'il l'y attache en le joignant et le tortillant ; le fileur qui sent que son fil ne se tortille plus et qu'il tire contre lui, reconnaît par là qu'il est épissé ; alors il cesse de filer et revient au rouet pendant que le maître de roue commence à filer un autre fil. Les autres fileurs arrivent successivement à la roue, ils épissent de même les fils de leurs camarades, et de cette façon les tourets tournent continuellement et ne tardent pas à s'emplir.

Quand les tourets sont pleins, on les accroche au palan *b*, fig. 27, et en halant sur le garant, on les dégage avec facilité de leur essieu, on les descend à terre et on les remplace par les tourets vides. Des enfans roulent les tourets pleins auprès d'une trappe qui répond au magasin du fil à carret, dans lequel on les descend et on les arrange avec un petit palan. Ils restent dans ce magasin

jusqu'à ce qu'on les porte à l'étuve pour y être goudronnés, ou à la corderie pour y être commis en franc fumin
blanc. Dans quelques corderies l'étuve est dans la corderie même, et le fil passe dans le goudron au sortir des
mains des fileurs et avant d'être dévidé sur le touret ;
mais nous nous occuperons de ceci dans un autre chapitre.

Dans la filerie de Marseille, il y a quelques modifications dans la manière d'opérer. Par exemple : quand un
fileur est arrivé au bout de la filerie, il attache son fil au
tambour d'un touret qui y est placé, après lui avoir fait
faire plusieurs tours sur une livarde chargée d'une pierre,
et quand son fil est attaché, par un cri il avertit un enfant placé auprès de la molette, à l'autre extrémité de la
filerie ; l'enfant apporte le bout du fil à mesure qu'il se
dévide sur le touret. Le fileur qui est à l'autre extrémité
de la filerie opposée à celle où il a commencé son premier fil, ne perd pas de tems ; car, comme il y a des
rouets aux deux bouts, pendant qu'on dévide sur un
touret le fil qu'il a fait, il prend un nouveau peignon et
commence un autre fil. Lorsqu'il a fini, il recommence
la même manœuvre à l'autre extrémité, ce qui produit
deux choses avantageuses au service : 1° le fileur ne
perd point de tems à porter son fil d'une extrémité de
la filerie à l'autre, puisque c'est un enfant qui est chargé
de ce soin ; 2° le fil se dévide sur les tourets à rebrousse
poils, c'est-à-dire qu'en passant par la livarde il
éprouve un frottement en sens contraire à celui qu'il
avait éprouvé en passant par la paumelle du fileur. Il
en résulte que les extrémités des filamens de chanvre qui
ne sont point arrêtés par le tortillement, se rebroussent,
et par là le fil devient un peu velu, ce qui n'est pas un
défaut quand il doit passer dans le goudron, parce que
dans cette opération il faudra le dévider d'un touret sur
un autre, et le faire encore passer par plusieurs tours de
livarde. Alors, tous les filamens qui se trouvaient hé-

rissés, se remettent dans la même position où ils étaient au sortir des mains du fileur, ce qui rend le fil plus uni et fait qu'il se charge moins de goudron que si on l'avait passé à rebrousse poils, comme on le fait à Rochefort.

Pour le fil qu'on destine à faire du cordage blanc, il vaut mieux le dévider sur un touret placé auprès du rouet où il a été fabriqué, car dans ce cas il passe dans la livarde en même sens qu'il avait passé dans la paumelle du fileur, ce qui le rend beaucoup plus uni.

Duhamel regarde le livardage du fil à carret comme une opération tellement essentielle, qu'il ne fait pas même percer un doute sur ce sujet; mais il n'en est pas de même des maîtres cordiers, et entre autres de Gavoty. Ce dernier fait remarquer que la livarde, en polissant le fil, l'use *au quart* sur sa surface. Or, ajoute-t-il, « l'opération de la livarde rend le fil beau, uni, poli, doux, flexible; mais ces avantages si séduisans pour le cordier comme pour le consommateur, sont-ils capables de compenser la détérioration que peut éprouver le fil en passant avec force et avec une très grande vitesse dans l'entortillement des torons qui composent la livarde? » M. Gavoty pense que non; mais comme il est souvent indispensable de livarder le fil pour achever de le dépouiller des chenevottes qu'il peut encore contenir quand le chanvre a été mal peigné, cet auteur praticien propose un moyen qui, selon lui, parerait à tous les inconvéniens qu'il signale dans l'opération du livardage.

Dans sa première expérience, il fit préparer des livardes moins tortillées que de coutume, et les fit enduire intérieurement avec de la cire jaune. Le fil éprouva un frottement et une pression modérés, et trouvant dans l'intérieur de la livarde un corps gras, onctueux et ami du chanvre, dit l'auteur, il s'en saisissait et en sortait avec une douceur qui bonifiait sa qualité.

Mais, quoique cette opération n'augmentât le prix des cordages que de six francs par quintal, M. Gavoty pensa que la cire était à un prix trop élevé, et il chercha une autre composition qui pût la remplacer avec les mêmes avantages et d'une manière moins coûteuse.

« Nous cherchâmes, dit-il, d'autres moyens pour atteindre le même but. Nous ne trouvâmes rien de plus économique qu'une mixtion à peu près semblable à la poix dont les cordonniers font usage, qui est composée de résine et de très peu de suif, de cire et d'huile. Les fils oints de notre mixtion acquéraient, il est vrai, une grande résistance ; mais il pouvait en résulter des inconvéniens lors de leur commettage, savoir : quand les tourons ont reçu le degré de tortillement utile, on place entre eux le toupin qui doit diriger le commettage. Ce toupin ne peut produire ce qui est nécessaire que par la force de la manivelle du quarré et la juste balance dans le travail des manivelles du chantier. Cette opération exige beaucoup de bras et plus encore d'activité dans les efforts de pression et de sujétion du toupin, ce qui produit des frottemens violens sur les torons ; de là s'en suit un échauffement inévitable, non-seulement dans les rainures du toupin, mais encore sur la partie des torons qui se réunit et se commet. Cet échauffement pouvait dilater le corps gras (la mixtion) dont nous avions enduit les fils ; cette dilatation arrêter le cours du toupin dans son recul, et nous mettre dans le plus grand embarras. Enfin, pour prévenir tout inconvénient, nous frottâmes les rainures du toupin avec du savon blanc, avant de le placer, et nous eûmes encore l'attention de mettre en avant un enfant qui, avec un morceau de savon, frottait les torons de distance en distance. Au moyen de ces précautions, le recul du toupin continua d'être proportionné à l'activité de la manivelle du quarré et de celles du chantier. La propriété du savon est connue dans la corderie : on sait qu'elle affaiblit l'échauffement dans les frottemens, et qu'elle facilite au toupin un cours régulier. Notre expérience eut le plus grand succès. »

Quand les fileuses font du fil à toile ou à coudre, elles ont l'habitude de le mouiller en le tordant; mais, quoique cette méthode soit fort bonne, elle ne peut avoir lieu ici, par plusieurs raisons. La première et la plus essentielle, c'est que, si on mouillait le fil à caret, il pourrirait sur les tourets; ensuite, dans les corderies où l'on passe le fil au goudron aussitôt qu'il est filé, il est certain qu'il ne prendrait pas le goudron, étant mouillé. Voilà ce qui oblige de filer le caret à sec; aussi a-t-on remarqué qu'il n'est jamais aussi beau quand on le travaille par un tems sec que quand l'air est un peu chargé d'humidité. Les fileurs de Marseille et de Toulon ont l'habitude de tremper de tems en tems leur paumelle dans l'eau, mais cette petite humidité, qui n'est qu'à la superficie du fil, est bientôt dissipée par la chaleur ordinaire de l'air de ces climats.

Du filage à la quenouille.

Dans les corderies du Gouvernement, et dans la plupart des autres, si l'on en retranche celles de la Provence et de quelques cantons de la France, on file à la ceinture comme nous l'avons dit. Voici comment on agit pour filer à la quenouille ou filouse :

Le fileur attache au bout d'une perche légère, longue de sept à huit pieds, une queue de chanvre peigné; il ajuste cette perche sur son côté, au moyen d'une ceinture, à peu près comme les femmes font leur quenouille; il tient de la main gauche le fil enveloppé de la paumelle, et il fournit du chanvre avec la main droite.

On a beaucoup discuté la question de savoir si le fil filé à la quenouille est meilleur que celui filé à la ceinture, et comme cela arrive toujours, chacun est resté persuadé de la supériorité de la méthode qu'il emploie lui-même. Aussi ne répèterons-nous pas ici tous les argumens qui ont été avancés pour ou contre. Mais nous établirons des faits sur lesquels le lecteur pourra fixer son opinion, et les voici :

Duhamel fit filer à la ceinture et à la quenouille du premier brin de chanvre de Bretagne, et les deux fils qui en résultèrent furent soumis à l'épreuve. Le cordage fait avec le fil travaillé à la quenouille, pesait 7 livres 2 onces et portait 5758 livres 4 onces. Celui fait avec le fil travaillé à la ceinture, pesait 6 livres 11 onces, et portait 5758 livres 4 onces. Ce dernier fil, s'il eût pesé autant que l'autre, aurait porté 6134 livres, ce qui fait une différence de 376 livres. Comme on le voit, la différence dans la force n'est que d'environ un quinzième, ce qui est très peu appréciable, car dans des cordes faites absolument de la même manière et du même chanvre, on trouve souvent une différence plus grande.

Il est donc à peu près indifférent, quant à la force du fil, de le filer à la quenouille ou à la ceinture.

Sur ce qui constitue le fil bien travaillé.

La première qualité que doit avoir le fil à caret, c'est d'être bien uni, bien serré et bien égal ; mais cela ne suffit pas. Il faut encore qu'il n'ait ni boursouflure, ni mèche, et, selon Duhamel, que le chanvre soit roulé en longue spirale.

Il y a des ouvriers qui, après avoir prolongé un nombre de filamens de chanvre suivant l'axe du fil *t u*, fig. 28, en prennent une pincée avec la main droite *x*, d'un de leurs côtés, et la fourrent au milieu de l'un des filamens *t*, *u*; si l'on examine attentivement la manière dont le chanvre se tortille, on verra que le chanvre *t u* se prolongera selon l'axe du fil en se tordant par de longues hélices ou spirales , pendant que le chanvre que tient la main x, se roulera autour de l'autre par des hélices courtes , comme on le voit en y, fig. 32.

D'autres fileurs arrangent tout leur chanvre à plat , z, fig. 33 ; ils en forment une lanière qu'ils tiennent entre le pouce et les doigts de leur main gauche. Quand ce chanvre vient à se tordre , les filamens se roulent les uns sur les autres par des hélices alongées z, sans qu'il y ait de mèche au milieu , et c'est cette méthode de travailler qui est la meilleure.

Supposons que deux fils , l'un semblable à la fig. 34 et l'autre à la fig. 35 , soient chargés tous deux d'un poids considérable , relativement à leur force , voilà ce qui en arrivera. La mèche a, qui est dans l'intérieur et qui est roulée par des hélices alongées ne s'alongera pas autant que la portion $b\,b$, qui l'entoure et la recouvre , et qui fait des hélices courtes. La mèche portera le poids pendant que l'autre ne sera point encore en état de résister ; tout le chanvre du fil ne fera pas effort à la fois, et il ne sera guère plus fort que si on avait retranché les hélices $b\,b$, qui enveloppent la mèche a.

Il n'en sera pas de même du fil, fig. 35 , filé comme dans la seconde méthode; puisque tout le chanvre qui le compose forme des hélices pareilles , il n'y a point de raison pour qu'une partie s'alonge plus qu'une autre ; ainsi, toutes feront effort à la fois et résisteront proportionnellement à la quantité de chanvre dont il est formé; il sera donc beaucoup meilleur.

Dans beaucoup de fils à mèche, celle-ci fait quelquefois les trois quarts du chanvre qui les forme. Si on charge ces fils, il est clair que la mèche portant seule tout le poids, ils n'auront que les trois quarts de la force qu'ils devraient avoir. Dans d'autres, la mèche n'est que le cinquième du chanvre qui la recouvre; dans ce cas, la mèche commence par rompre au moindre effort, et c'est le chanvre qui la recouvre qui fait la force du fil. On croirait pour cette raison qu'il ne devrait être que d'un cinquième moins fort, mais pour cela il faudrait que toutes les fibres du chanvre de la couverture fissent effort à la fois, et c'est ce qui n'arrive pas.

Il est un moyen aisé de reconnaître si un fil est bien fabriqué ou non. On fait arrêter la roue, et prenant le fil d'une main, de l'autre on le détord et on le tend en écartant les deux mains. S'il n'y a pas de mèche, si tous les brins sont également tendus, si la torsion est modérée, que les hélices soient un peu alongées et parfaitement égales, le fil sera parfait.

Comme la bonne filature du fil à caret est une chose de la plus haute importance dans la corderie, nous ne craindrons pas d'alonger ce chapitre en citant textuellement un excellent passage d'un auteur praticien.

« Pour atteindre le perfectionnement dans la confection du fil à caret de cinq à 6 lignes sur une longueur de plus de 900 pieds, nous ne voyons rien de plus facile que de filer en lanière ou ruban, de 9 à 10 pouces de prolongement. La main gauche, en formant avec dextérité ce ruban à brins tendus également, a la faculté d'ôter les corps étrangers qui pourraient se présenter, sans arrêter la main droite, et de faire couler uniformément le tors sur ce ruban, de manière que cette main avançant vers la ceinture, le corps recule nécessairement d'autant que la main avance.... Un bon fil, s'il a été moletté à cinq ou six lignes, doit conserver cette circonférence jusqu'à la fin. Il doit être purifié de chenevottes, ainsi que des parties bouchonneuses, cotonneuses, etc. Il doit être parfaitement uni et bien serré : les brins se trouvant ainsi rapprochés les uns des autres, ne forment plus qu'un seul et même corps. L'excès de tortillement est aussi préjudiciable que l'excès de faiblesse. Il faut donc, à cet égard, un terme moyen, celui qui produit des hélices un peu alongées et bien décrites. »

Le même auteur explique fort bien comment un mauvais fileur fait le fil à mèche, fig. 34. « C'est un fil assez régulier en apparence, dit-il, mais il contient boursouflure inégale et mèche. Ces défauts proviennent en partie de ce que l'ouvrier, au lieu de tenir le poignet dont les doigts de la main droite serrent le fil, horizontalement au fil et à la lanière qui l'alimente, le tient perpendiculairement, et forme le centre d'un Z : le pouce de la main et le fil en forment la partie du haut, et le petit doigt et la lanière, celle du bas. Cette manière de filer réduit la résistance du fil aux brins qui composent la mèche. L'usage de filer à la ceinture exigeant de plier les brins en deux parties, il s'en suit que si ces deux parties ne sont pas tendues également, celle qui le sera le plus formera mèche centrale à hélices un peu alongées, et la partie qui le sera le moins se tortillera extérieurement à hélices plus courtes, et cachera la mèche qui est la seule partie résistante. »

Du tortillement du fil à caret.

Quel est le degré de tortillement que l'on doit donner au fil à caret, et quel est le moyen de lui donner le degré convenable de ce tortillement ? telles sont les questions que nous avons à résoudre.

Duhamel prétend que moins un fil est tordu, plus il a de force, et il cite à l'appui de cette opinion plusieurs expériences dont, à mon avis, il tire de fausses conséquences. Je ne citerai que la première.

« Nous avons fait filer, dit-il, trois fils différens, le premier, que nous appellerons n° 1, était un fil de caret ordinaire.

» Le second, n° 2, était moins tortillé.

» Et le troisième, n° 3, était encore moins tortillé que les deux autres.

» Tous les trois étaient d'une égale longueur et paraissaient égaux en grosseur.

» Mais le n° 1, qui était le plus tortillé, avait ses fibres extrêmement pressées, et on en pouvait juger même au toucher, car il était fort dur, et les deux autres étaient mous et fort souples. Il devait être entré plus de matière dans le n° 1 que dans les deux autres; c'est ce que nous vérifiâmes en les pesant, car le n° 1 pesait 2 onces 4 gros; le n° 2 pesait seulement 2 onces, et le n° 3 pesait 1 once 4 gros.

» Cela fait, nous éprouvâmes leur force pour savoir si elle était en même raison que la quantité de leur matière.

» Le n° 1, qui pesait 2 onces et demie, rompit sous le poids de 115 livres.

» Le n° 2, qui ne pesait que 2 onces, c'est-à-dire, un cinquième de moins que le n° 1, et qui, par conséquent, n'ayant que les quatre cinquièmes de matière, n'aurait dû porter que 92 livres, qui sont les quatre cinquièmes du poids qu'avait porté le n° 1, porta encore, outre cette charge, 8 livres dont on le chargea peu à peu, et ne rompit que par un poids de 100 livres.

» Le n° 3 ne pesait qu'une once et demie, et n'avait par conséquent, que les trois quarts de la matière qui était entrée dans le n° 2. Dans cette proportion, il aurait dû porter un quart moins, c'est-à-dire, 75 livres seulement, et cependant il n'a rompu que par 83.

» On voit déjà par cette expérience que le fil perd de sa force à mesure qu'il est tortillé. »

On voit aussi que ces trois fils, de *grosseur* et *longueur égales*, ont porté : le plus tortillé 115 livres ; celui qui l'était moins que le premier, 100 livres, et celui qui l'était le moins de tous 83. Mais, dirait Duhamel, cette différence vient de ce qu'il y avait plus de chanvre dans le n° 1 que dans les autres. Et qu'importe ? il faut qu'un fil de caret ait six lignes de circonférence. Si pour le faire, vous employez moins de chanvre en le tordant moins, vous aurez économie de matière, il est vrai, mais perte de force; si vous augmentez la matière sans augmenter la torsion, vous aurez la même force que le N° 1, mais votre fil à caret sera beaucoup trop gros, et ne pourra pas servir aux usages ordinaires.

Je trouve, dans les calculs de Duhamel, une erreur qui me paraît palpable. Il dit : « le n° 2 qui pesait un cinquième de moins, n'aurait dû porter que 92 livres, c'est-à-dire un cinquième moins de force. » Voici en quoi il se trompe : il croit que la force du fil croît ou diminue dans les mêmes proportions que le poids de la matière ; c'est comme s'il disait, voici un fil qui porte une livre, donc cent fils semblables réunis, porteront 100 livres, et moins s'ils sont tortillés. Il suppose que la force est toujours proportionnelle au nombre des fibres, et il a tort. Voyons quels sont les effets physiques ou plutôt mécaniques du tortillement, et nous serons convaincus de ce que j'avance ici.

1° Il est prouvé que plus un fil est court, plus il est fort. Par exemple, si un fil d'un pied porte une livre, le même fil long d'un pouce, en portera quatre ou cinq et davantage. Tout le monde est à même de vérifier cette expérience bien simple.

2° Or, examinons l'effet du tortillement : supposons que n, l, fig. 36, soient deux fibres de chanvre simplement réunies l'une contre l'autre. Si je saisis le fil n, que je le tire en haut, et que je tire en bas le fil p, il est certain qu'ils se sépareront sans éprouver de frottement et sans m'opposer de résistance. Si je saisis les deux fils à la fois, en o, et que je les tire ensemble en $l\,n$, ils m'offriront une somme de résistance égale au double de leurs forces isolées. Si je les saisis en r, et que je tire $l\,n$, la résistance sera plus grande, parce que chaque fil sera plus court et par conséquent plus fort.

Mais si nous répétons la même expérience sur les fi-

bres *a i, k b*, la chose sera tout-à-fait différente, parce
que les fils sont tortillés. En effet, si je saisis le fil *i*, que
je le tire en haut, et que je tire en bas l'autre fil *k*, ils ne
se sépareront qu'en éprouvant un frottement très fort,
parce qu'ils se trouvent appuyés ou assis l'un sur l'autre
aux points *ef*, *gh*, *cd*, et dans toute leur longueur. J'é-
prouverai donc la résistance d'*i*, plus la résistance du
brin *a*. On me dira, cette résistance n'est égale qu'à la
somme de résistance fournie par les deux brins? Il est
vrai, mais là consiste tout l'art de la corderie, et voici
pourquoi : on fait des cordages de 150 brasses et plus,
et cependant les plus longues fibres employées à cet usage, ont à peine de trois à quatre pieds. Or, comme on
ne soude pas ces fibres bout à bout, il n'y a que la résistance qu'un brin acquiert d'un autre en s'asseyant dessus comme je viens de le dire, qui fait que les fibres ne
se séparent pas par leurs extrémités et que le cordage résiste à la tension. On conçoit donc que si l'on commettait une corde avec des fibres simplement réunies
comme *l n*, sans être tortillées, à la moindre tension
les fibres glisseraient les unes sur les autres, faute d'être
soudées bout à bout; la corde s'alongerait d'abord
considérablement, puis elle romprait au moindre
effort, parce que les fibres se sépareraient, même sans se
casser.

Mais ce n'est pas tout. Si je saisis les deux fils *a i*, en
s, et que je ne tire que le fil *a* ; ce fil m'offrira beaucoup plus de résistance que si je saisissais l'autre fil en
o, et que je tirasse le fil *l*. Cela vient de ce que la tension n'agirait sur le fil seul *a*, que jusqu'en *t*, et que là
cette tension s'exercerait sur les deux fils *a, i*, à cause
du frottement et de l'union des deux fils opérée par la
torsion en *t*; ce frottement deviendrait égal à la force du
fil ; ainsi donc, si la tension augmentait, le fil romprait
au-dessus de *t*, mais en offrant la même résistance,
quoique saisi et retenu en *k, b*, que le fil *l*, saisi et re-

tenu en *r*. Cela vient, comme on le voit, de ce que le phénomène de la tension agit sur lui comme sur une fibre très courte, au lieu d'agir comme sur une fibre longue. En résumé, la force de frottement ou de cohésion, obtenue par le tortillement, augmente beaucoup la force de la fibre du chanvre, quoiqu'en dise Duhamel.

Ces expériences, me dira-t-on, sont cependant là. Il est vrai, mais il me semble avoir déjà prouvé qu'il y avait erreur dans ses calculs. Ensuite, il eût été facile de déterminer la somme de tortillement, et Duhamel ne l'a pas fait. Il ne s'agissait cependant que de compter le nombre de spires dans une longueur déterminée de fil à caret, en tenant également compte du poids du morceau de fil et de sa grosseur. On eût pu ainsi apprécier rigoureusement ses résultats, et surtout voir quel degré de torsion avait chaque morceau de fil ou de cordage soumis à ses expériences.

Conclura-t-on de ce que je viens de dire, que plus un fil est tortillé, plus il a de force? Non, car on tomberait comme Duhamel, dans un excès, mais opposé au sien. La torsion opère sur la fibre une tension d'autant plus forte que cette torsion est plus grande, et on le prouve aisément en faisant rompre une corde en n'employant que le rouet seul. La corde se raccourcit d'abord beaucoup; puis, quand le raccourcissement n'est plus possible, c'est-à-dire, quand chaque spire de la corde forme un anneau presque perpendiculaire à l'axe de tension de la corde, les fibres se rompent, en commençant par les plus extérieures. Cet effet résulte d'un axiome de géométrie extrêmement simple que voici : « la ligne la plus droite d'un point à un autre, est toujours la plus courte. » Expliquons-nous. Que l'on soumette à la tension la fibre *a*, fig. 37, jusqu'à ce que son extrémité *c* ait atteint le point *b*, et supposons que son alongement de *c* en *b*, soit d'un pouce de longueur. Si l'on soumet au même alongement une corde tortillée *d*, il est certain que les fibres ne décrivant pas de ligne droite, mais des lignes courbes, comme *f*, seront obligées de s'alonger de deux ou trois pouces au lieu d'un, pour que la corde s'alonge d'un pouce et atteigne le point *e*. On voit donc qu'une corde très tortillée, se rompra plus vite sous la tension qui doit l'alonger d'une longueur déterminée, qu'une corde peu ou point tortillée, et c'est ceci qui avait séduit Duhamel.

Un autre phénomène a lieu dans une corde trop tortillée. Les hélices éprouvent une tension d'autant plus forte qu'elles sont plus nombreuses, et cette somme de tension ajoutée à la somme de tension de la corde, est cause qu'elle rompt sous un moindre poids.

Il faudrait donc, pour qu'une corde ait toute la force qu'elle peut avoir, qu'elle fût tordue de manière à ce que la force de cohésion ou d'union des fibres entre elles, fût égale à la force de tension de chaque fibre en particulier, ni plus ni moins.

Mais comment atteindre cet équilibre dans la pratique de la corderie? c'est ce qu'il n'est possible d'établir que d'après l'expérience, car tous les chanvres n'ont pas la fibre de même force. Il faut donc là-dessus s'en rapporter aux anciens maîtres fileurs, qu'une longue habitude d'un travail bien fait a instruits sur cette matière. Terminons, en citant un passage de Gavoty : « D'après les règles basées sur la constitution du chanvre, nous sommes convaincus que le fil à caret d'un chanvre rude et dur doit être tortillé avec modération, pour ne pas trop exciter son élasticité, parce qu'un tortillement qui y serait disproportionné ne pourrait que diminuer la force de la fibre; tandis que le fil d'un chanvre doux, peu élastique, doit au contraire recevoir une torsion propre au commettage. De là il s'ensuit, que si le chanvre peu élastique exige un grand tortillement et le commettage au tiers de raccourcissement, il faut tordre moins le chanvre élastique, et ne commettre le cordage qu'au quart. »

De la grosseur du fil à caret.

Cette grosseur varie de corderie à corderie; elle ne dépasse guère sept lignes de circonférence, et n'a jamais moins de trois lignes et demie à quatre lignes. Le terme moyen de cinq à six lignes de circonférence, est celui qui est le plus généralement en usage.

Il est certain qu'avec dix fils de trois lignes de grosseur, on ferait une corde plus forte qu'avec cinq fils de six lignes, toutes les expériences ont prouvé ce fait. Mais il est également certain que l'augmentation de dépense que nécessiterait le filage du fil fin ne serait nullement compensée par la force qu'acquerraient les cordages, qui deviendraient d'un prix exorbitant. C'est cette raison seule qui a fait adopter dans la grosseur des fils, le terme moyen de cinq à six lignes.

Comme peu d'ouvriers raisonnent leur pratique, ils sont naturellement portés à croire que la méthode qu'on leur a enseignée est la meilleure, et c'est uniquement de là que naît sur ce point leur dissidence d'opinion. Tous savent néanmoins que le fouet qui est fait avec du fil à coudre, est bien plus fort qu'une ficelle de même grosseur qui est faite avec deux ou trois gros fils; il ne leur serait pas difficile de tirer les conséquences de ce fait.

Dans les corderies de nos ports, on fait ordinairement du fil de trois grosseurs. Le plus gros sert pour faire des cables et, pour cette raison, se nomme *fil de cable;* le moyen sert pour les manœuvres dormantes et courantes et s'appelle *fil de hauban.* Le plus fin sert pour faire les petites manœuvres, comme ligne de loc, lusin, merlin, fil à voiles, etc. D'après diverses expériences, voici le tableau de ce que pèsent, sans être goudronnées et goudronnées, terme moyen, 180 brasses de chacun de ces fils :

	blanc.		goudronné.	
	liv.	on.	liv.	on.
1° Fil de second brin, pour manœuvres communes.	6	8	8	5
2° Fil ordinaire de premier brin, pour cables, grelins, étais, tournevire, écouets, etc. . . . , ...	5	0	6	2
3° Fil de hauban, pour haubans, drisses, écoutes, guinderesses, itagues, ralingues, etc.	4	0	5	4
4° Fil de ligne, pour lignes à sonder et lignes d'amarrage.	2	6	2	14
5° Fil pour le merlin et le luzin. .	2	0	2	7
6° Fil pour lignes de loc.	1	0		

On consomme trop de chanvre dans les arsenaux du Roi, dit Duhamel, pour exiger qu'on affine tout le chanvre au même point ; mais il est absolument nécessaire d'affiner le plus qu'il est possible celui qu'on prépare pour faire le merlin, le fil de voile, etc., parce qu'on ne pourrait autrement le filer assez fin, d'autant que la grosseur du fil dépend nécessairement du degré d'affinement qu'on a donné au chanvre.

A l'égard des deux autres espèces de fil, il serait à souhaiter qu'on s'en tînt à la seconde, comme la meilleure, et qu'on supprimât entièrement la première ; car si l'on court risque de démâter quand les haubans rompent, si on est en danger de s'affaler à une côte lorsque dans de certaines circonstances les manœuvres viennent à manquer, et si, d'ailleurs, le salut d'un vaisseau ne dépend pas moins de la tenue d'un cable, il faut donc tâcher de les faire tous bons, et ne rien négliger de ce qui peut tendre à leur perfection. Mais ce qui pourrait autoriser à faire deux espèces de fil, c'est l'inégalité qui se trouve dans les fournitures de chanvre, qui oblige de mettre à part celui qui est le plus dur et le plus grossier qu'il n'est pas possible de beaucoup affiner, pour le filer un peu plus gros, et ce sera assurément celui qu'on emploiera de préférence pour faire les cables plutôt que pour les haubans et les manœuvres courantes. Mais ce qu'il faut toujours avoir en vue, c'est d'assurer le chanvre autant qu'on le pourra, de le filer le plus fin qu'il sera possible, et de ne jamais faire de gros fil de dessein prémédité.

Ce que nous venons de dire ne regarde que le fil qu'on fait avec le premier brin, car celui qui se fait avec le second doit être plus gros, puisque la matière est plus grosse, et ce fil n'exige pas d'être travaillé avec autant de soin, parce qu'il doit servir à des ouvrages de peu de conséquence. L'opinion de l'auteur cité plus haut est donc que le premier brin, qui est le plus beau et le meilleur, pourrait être filé à trois lignes et demie de circonférence, celui qui est plus grossier à quatre lignes et demie, et le second brin à six lignes.

Dans les ateliers de la marine, onze ouvriers peuvent filer par jour environ sept cents livres de chanvre, un peu plus ou un peu moins, selon que les jours sont plus ou moins longs, que l'atmosphère est sèche ou humide, que le chanvre est rude ou doux, etc., etc.

De l'emmagasinage des fils.

Quand les tourets chargés de fil sont descendus dans les magasins, au moyen de la trappe et du palan, comme nous l'avons dit précédemment, on les entasse les uns sur les autres, de la même manière que des barriques dans un cellier. On doit seulement avoir soin qu'il y ait de l'air entre eux, sans quoi le fil courrait risque de s'échauffer. Mais ce qu'il y a de plus important, c'est que le magasin soit frais et sec, car le fil se gâterait dans un endroit fort chaud, et le chanvre tomberait en poussière; dans un lieu humide, au contraire, il s'échaufferait et pourrirait.

La commodité du service exige que ce magasin soit au rez-de-chaussée, et c'est aussi la position où il trouve la fraîcheur la plus convenable. Il n'y a à craindre que l'humidité, et pour l'éviter, voici comment on s'y prend.

1° On élève le sol de deux pieds au moins au-dessus du terrain environnant.

2° On forme sur le sol ainsi élevé une aire de terre glaise qui intercepte l'humidité du terrain.

3° On pave à chaux et ciment sur cette aire de glaise, et enfin on recouvre le pavé avec de bonnes planches de chêne qui soient soutenues sur de fortes lambourdes de cinq à six pouces d'épaisseur.

Les tourets seront placés de manière à ce qu'aucun ne touche le mur, et on les séparera avec des planches ou membrures de trois à quatre pouces d'épaisseur. On aura l'attention d'ouvrir les fenêtres quand il fera frais et sec, et de les tenir fermées quand l'air sera humide et même très chaud.

A ces conditions, le fil pourra se conserver assez long-tems dans les magasins sans s'y détériorer. Mais malgré cela, il ne serait pas du tout prudent de l'y laisser pendant plusieurs années. Cependant il faut que les magasins soient toujours fournis dans nos ports, parce qu'on peut avoir besoin de fabriquer tout-à-coup, pour une expédition imprévue ou toute autre cause, un grand nombre de manœuvres de différentes proportions, et l'on ne pourrait pas exécuter des ordres pressés, si l'on n'avait pas une quantité suffisante de fil en magasin. Il y a encore un autre avantage à avoir du fil en magasin, c'est de pouvoir choisir les différentes qualités de ce fil pour en faire un meilleur emploi, en adaptant toujours le plus parfait aux manœuvres les plus importantes.

CHAPITRE IV.

DU COMMETTAGE DU BITORD, DU MERLIN ET AUTRES FILS FINS.

Afin de n'être pas obligé d'interrompre nos descriptions à chaque instant, nous allons d'abord nous occuper de faire connaître à nos lecteurs, les instrumens dont se servent les cordiers, pour commettre les petits cordages dont il est question.

Du rouet de fer.

On peut, pour la fabrication du bitord, employer le rouet ordinaire, fig. 22 et 23, et même on ne se sert guère d'un autre dans les corderies marchandes; mais cependant, le rouet de fer, fig. 38, est bien préférable. Il est composé de quatre crochets mobiles, disposés en forme de croix; ces crochets tournent en même tems que la roue, et d'un mouvement bien plus rapide, à l'aide d'un pignon ou lanterne dont chacun d'eux est garni, et qui engrène dans les dents de la roue qu'un homme fait tourner au moyen d'une manivelle.

La grande roue imprime donc le mouvement aux quatre lanternes, qui, étant égales, tournent également vite.

Du toupin.

Cet instrument a reçu plusieurs noms dans les différentes corderies de la France, où il est connu sous ceux de *cabre, masson, cochoir, sabot,* ou *gabien,* fig. 39. Il consiste en un morceau de bois tourné en forme de cône tronqué, dont la grosseur est proportionnée à celle de la corde qu'on veut faire. Il doit avoir, dans sa longueur et à égale distance , autant de rainures ou *gougeures* que la corde à de cordons. Ainsi, quand une corde n'a que deux cordons, le cordier se sert d'un toupin qui n'a que deux rainures diamétralement opposées l'une à l'autre, tel qu'on le voit dans la figure. Ces rainures doivent être arrondies par le fond, et assez profondes pour que les fils y entrent de plus de moitié de leur diamètre.

La fourchette.

C'est tout simplement une fourche, dont le manche est solidement implanté dans le plancher, fig. 40.

Le croc à poulie.

C'est un petit rouet de poulie qui est monté dans un crochet qui lui sert de chappe, fig. 41. Cet instrument est d'une telle simplicité que l'inspection seule de notre figure le fera suffisamment comprendre.

A présent que nous connaissons les instrumens propres à faire divers fils, faisons connaître ce que c'est que ces fils, et quelques-uns de leurs principaux emplois.

Le bitord.

C'est un des cordages les plus petits employés dans la marine; il consiste en deux fils seulement, commis ensemble. Il y en a de deux sortes : du fin et du grossier.

Le principal usage que l'on fait du bitord est de *fourrer* les cordages , c'est-à-dire de les en recouvrir entièrement en le roulant autour, afin d'empêcher le frottement de les endommager, et l'eau de les pénétrer aussi facilement. Quand on fourre de gros cordages, on emploie du gros bitord, et du fin quand on fourre des cordages menus. Comme le bitord est presque toujours employé à un usage qui n'exige pas qu'il ait beaucoup de force, on a coutume de le faire avec du second brin.

Presque toujours le bitord est goudronné, et on ne laisse en blanc que celui destiné à garnir les cadres, ou à former les bourrelets dont on garnit l'avant des canots et des chaloupes, pour les défendre du dommage qu'ils pourraient souffrir à l'occasion des fréquens abordages auxquels ils sont sans cesse exposés.

On plie tout le bitord en paquets, qui ont chacun vingt-cinq brasses de longueur; on le commet tout en blanc, et quand on veut le goudronner, on le trempe dans la cuve de goudron.

Du lusin.

Le lusin est un vrai fil retors, c'est-à-dire qu'il est fait avec deux fils de premier brin simplement tortillés l'un avec l'autre et non pas commis; on le trempe dans le goudron, ce qui l'empêche de se détordre.

On s'en sert ordinairement pour arrêter les bouts des manœuvres qui sont coupés, quand elles ne sont pas grosses.

Le merlin.

Il est fait avec trois fils de premier brin, commis ensemble, et sert à arrêter le bout des manœuvres coupées, quand elles sont un peu grosses.

On ne conserve que peu de merlin en blanc, et seulement ce qu'il en faut pour les manœuvres qui ne sont pas goudronnées.

Le fil à voile.

C'est un bon fil retors, dont on se sert, après l'avoir lissé, à assembler les lez de toile dont on fait les voiles.

Comme on le fabrique d'une manière différente que les

autres fils dont il est question plus haut, nous allons enseigner ici comment on le fait.

On prend du chanvre plus fin et mieux peigné qu'on
n'a coutume de le faire pour les autres manœuvres. L'ouvrier en fait deux fils fins, longs de vingt brasses chacun. Aussitôt qu'ils sont faits, il les attache à une autre molette du rouet où il file, mais qui est disposée de
façon que la corde de boyau fait tourner la molette, qui
retord dans un sens opposé à celui des molettes où l'ouvrier file. Pendant que ces deux fils se commettent ensemble, l'ouvrier en fait deux autres, ainsi le même
homme file et commet en même tems. On dit qu'il commet, et non pas qu'il retord, parce que les deux fils qui
viennent d'être filés ont un peu de force élastique qui les
engage à se rouler l'un sur l'autre. Ces deux fils, qui
avoient vingt brasses, se raccourcissent de quatre brasses;
le fil n'a donc plus que seize brasses de longueur, ce qu
fait un cinquième de raccourcissement.

DE LA FABRICATION DU BITORD.

Maintenant que nous connaissons les instrumens propres à la fabrication, et les petites cordes que nous devons faire, il nous sera aisé de comprendre ce qui va
suivre.

En général, on distingue deux espèces de cordages,
les uns qu'on peut nommer *simples*, parce que par
une seule opération, on convertit les fils en corde. On
appelle, en terme de corderie, ces cordages qui ne sont
commis *qu'une seule fois*, des *aussières*.

• L'autre espèce de cordage, qu'on peut appeler des
cordages *composés*, est formée d'aussières ou de cordages
simples, qu'on commet les uns avec les autres, c'est-à-
dire qu'on réunit ensemble par le tortillement; ces sortes de cordages s'appellent, en corderie, des grelins, et
on verra qu'ils sont commis deux fois.

Comme on le voit, selon Duhamel, il y a deux espèces de cordages ; mais selon Gavoty, il y en a trois, puisqu'il y a trois espèces différentes de commettage, selon ce dernier.

La première espèce résulte d'un commettage *simple* ;

La deuxième d'un commettage *combiné* ;

La troisième d'un commettage *combiné* et *composé*.

Suivons les raisonnemens de ce praticien.

1° Le *commettage simple* concerne les ficelles de deux fils, nommées *bitord*, et les ficelles de trois fils nommées *merlin*.

Ce commettage est simple, puisque le tortillement du fil de la première opération s'exécute dans le même sens que le filage, c'est-à-dire de *droite à gauche* et le commettage de *gauche à droite*.

2° Le *commettage combiné* concerne les aussières qui sont composées de trois ou quatre torons, et chaque toron de deux jusqu'à vingt-quatre fils et au-dessus.

Ce commettage est *combiné*, parce que le tortillement du fil, dans la première opération, est en sens opposé à son filage, c'est-à-dire de *gauche à droite*, et le commettage de *droite à gauche*.

Duhamel a confondu le commettage des aussières qui est *combiné*, avec le commettage du bitord, qui est simple. Il n'a pas remarqué une différence essentielle, consistant en ce que le tortillement du fil pour commettre du bitord est dans le même sens que le filage, et, pour commettre des aussières, dans le sens contraire au filage, de manière que le bitord est commis de *la gauche à la droite*, et l'aussière de *la droite à la gauche*, ce qui fait deux commettages tout-à-fait distincts.

3° *Le commettage combiné et composé* concerne les

grelins ou cables, qui sont composés de trois cordons, chaque cordon de trois tourons, et chaque touron depuis deux jusqu'à deux cents fils et au-dessus.

Ce commettage est non-seulement *combiné*, mais encore composé de 9 torons en 3 cordons. Le tortillement des 9 torons, formé séparément de trois en trois, et exécuté en sens opposé à celui des fils qui composent les torons, c'est-à-dire le fil étant tortillé de *la droite à la gauche* comme nous venons de dire ; les torons des cables comme ceux des aussières, sont tortillés de *la gauche à la droite*. La réunion des trois torons, pour en composer un cordon, s'opère au moyen d'une torsion de *la droite à la gauche* ; et la réunion des trois cordons, pour en composer le grelin ou le cable, s'exécute par un tortillement définitif de *gauche à droite*. Ainsi ce genre de commettage, comme le dit Gavoty, est *combiné* et *composé*.

Il faut observer que le grelin n'est rien de plus qu'un petit cable, de quatre à neuf pouces de circonférence, et le cable proprement dit, est le même cordage, mais depuis dix pouces jusqu'au-dessus de vingt-quatre pouces de circonférence.

Nous prouverons, ajoute Gavoty, quand le cas l'exigera, qu'on ne compose pas les cables avec des aussières, par la raison qu'un cordage définitivement commis ne peut recevoir un second commettage, sans faire éprouver aux parties qui le composent des efforts superflus qui ne peuvent qu'affaiblir la résistance du cordage. Mais revenons au bitord.

Un fil abandonné à lui-même perd presque tout son tortillement, parce que l'élasticité de ses fibres les fait revenir sur elles-mêmes pour reprendre leur première position, par un mouvement de ressort. L'art du cordier consiste à combiner deux ou plusieurs fils, dans la composition d'une corde, de manière que l'élasticité de l'un agisse en sens opposé à l'élasticité de l'autre, d'où il résulte que les ressorts se combattant avec une force égale d'un côté et de l'autre, paralysent eux-mêmes leur action, en se faisant équilibre l'un à l'autre.

Pour obtenir cet équilibre, il est facile de concevoir que les deux forces résultant de l'élasticité du chanvre doivent être aussi égales que possible, d'où on tire la conséquence naturelle qu'il faut, pour faire une bonne corde, choisir des fils à caret de même grosseur, d'un même degré de torsion, et faits de chanvre ayant les mêmes qualités.

Pour faire du bitord, le cordier prend d'abord un fil qu'il attache par un de ses bouts à un des crochets du rouet, ensuite il l'étend, le bande un peu, et va l'attacher à un pieu qui est placé à une distance proportionnée à la longueur qu'il veut donner à sa corde, et ce fil est destiné à faire un des deux cordons.

Cela fait, il revient attacher un autre fil à un crochet opposé à celui où il a attaché le premier, il le tend aussi, il va l'arrêter de même au pieu dont nous venons de parler, et ce fil doit faire le second cordon. Nous n'avons pas besoin de répéter que ces deux fils doivent être de même grosseur, de même longueur, et de même tension. C'est là ce qu'on appelle *étendre les fils* ou les *vettes*, ou bien *ourdir* une corde, et cette dernière expression étant la plus généralement connue, est aussi celle que nous emploierons de préférence.

Cette opération étant faite, c'est-à-dire, la corde étant ourdie, le cordier prend les deux fils qu'il a attachés au pieu, et les unit ensemble, soit par un nœud, soit autrement, de sorte que ces deux fils ainsi réunis n'en forment pour ainsi dire qu'un; car ils font précisément le même effet qu'un seul fil qui serait retenu dans le milieu par le pieu, et dont les deux bouts seraient attachés aux deux crochets du rouet.

Quelques cordiers font autrement. Leur second fil n'est que le prolongement du premier; ce que Duhamel trouve préférable, parce que les deux fils sont alors nécessairement tendus également, aussi longs et aussi forts l'un que l'autre, toutes conditions essentielles pour qu'une corde soit bien ourdie. Mais Gavoty est d'une autre opinion : « Nous observerons ici, dit-il, non seulement pour le commettage des ficelles, mais encore pour celui des aussières et des cables, que les fils doivent être alongés, ourdis et accrochés aux molettes ou aux manivelles du chantier, par leur bout *à rebrousse poils*, afin que l'autre bout, qui est *la tête du fil*, soit accroché en avant, et où, par le moyen du toupin, le commettage commence. Cette première attention de la part du commetteur, dans toutes les opérations délicates qu'exige un bon commettage, rend la ficelle, ou l'aussière, ou le cable, infiniment moins poileux, puisque le toupin comprime sur les fils les petites fibrilles qui ne se trouveraient pas engrénées. Dans les corderies de l'intérieur du royaume de France, comme dans celles des côtes maritimes, on n'a pas cette attention ; aussi leurs cordages sont plus ou moins poileux, parce que les fils qui composent un toron, sont ourdis et accrochés au chantier indistinctement par la tête du fil, ou par le bout qui termine le filage, ce qui produit nécessairement un effet contraire dans le tortillement du toron. Tandis que si les fils étaient tous accrochés en avant du chantier par leur tête, le cordage serait sans duvet et plus uniforme. »

Voyons ce qui reste à faire au cordier quand il a réuni ses deux fils par leurs extrémités, comme nous l'avons dit. C'est par ce point de réunion qu'il les attache à un émérillon, fig. 31. Un bout de corde, qui tient à l'anneau de l'émérillon, va passer sur une fourche, fig. 40, qui est plantée à quelques pas plus loin que le pieu où nous avons dit qu'on attachait les fils à mesure qu'on les étendait, et cette corde soutient, par son autre extrémité, un poids proportionné à la grosseur de la corde qu'on veut commettre, de sorte que ce poids a la liberté de monter ou de descendre plus ou moins le long de la fourche, selon qu'il sera nécessaire. Ce contre-poids sert à tenir également tendus les deux fils ourdis, et comme le tortillement qu'ils doivent souffrir, et dont nous allons parler, les raccourcit, il faut que le contre poids qui les tend, puisse monter à proportion le long de la fourche.

Dans beaucoup de corderies, on ne se sert pour le commettage du bitord et du merlin, ni de la fourchette ni d'un poids. Les bouts de fil opposés à ceux qui sont accrochés aux molettes, sont attachés à un cordeau tenu par un ouvrier, qui obéit peu à peu aux efforts du tortillement, et fait ainsi opérer le raccourcissement au degré convenable. Dans la pratique de l'art, cette méthode paraît beaucoup préférable à celle de Duhamel.

Tout étant ainsi disposé, le cordier prend le toupin et le place entre les deux fils qu'il a étendus, en sorte que chacune de ses rainures reçoive un des fils, et que la pointe du toupin touche au crochet de l'émérillon. Il ordonne que l'on tourne le rouet pour tordre les fils. Chacun des deux fils se tord en particulier, et comme ils sont parfaitement égaux en grosseur et en longueur, ils se tordent également et acquièrent le même degré d'élasticité. Par cette opération, à mesure que les fils se tordent, ils se raccourcissent, et le poids qui pend le long de la fourche, remonte d'autant.

Ce tortillement s'opérera dans le même sens que le filage, et au moyen de ce surcroît de torsion, le fil prend le nom de toron. On conçoit, qu'en plaçant le toupin entre les deux torons, le commettage se trouvera dans un sens opposé au tortillement du fil, c'est-à-dire, de gauche à droite. Expliquons-nous.

Quand le maître cordier juge que les fils sont assez tors, il éloigne le toupin de l'émérillon, et le fait glisser entre les fils jusqu'auprès du rouet, sans discontinuer de faire tourner la roue. Moyennant quoi , les deux fils se réunissent en se roulant l'un sur l'autre, et font une corde dont on peut se servir sans craindre qu'elle se détorde par son élasticité. Mais il faut observer que, pendant cette opération, c'est-à-dire, pendant que la corde se commet , elle continue de se raccourcir , et le poids remonte encore le long de la fourche.

On ourdit ordinairement le fil sur une longueur de trente brasses , plus ou moins, selon le degré de tortillement qu'il a reçu pendant sa confection. Cinq brasses, plus ou moins, sont consommées par le commettage , et l'on obtient en conséquence un bitord de vingt-cinq brasses.

Si le lecteur a bien compris ce que nous avons dit plus haut sur l'élasticité , il ne lui sera pas difficile de nous suivre dans ce que nous allons lui dire sur les raisons qui font qu'une corde ne se détord pas, pendant qu'un fil abandonné à lui-même , perd presque tout le tortillement qu'il avait acquis.

Pendant que le toupin était contre l'émérillon , les deux fils ont été tors chacun en particulier, et ont acquis chacun un certain degré de force élastique qui tendait à les détordre ou à les faire tourner dans un sens opposé à celui dans lequel ils avaient été tortillés , dès qu'on leur en aura donné la liberté, ce qui se fait sentir par l'effort que le toupin fait pour tourner dans la main du cordier. Aussitôt que le cordier aura écarté le toupin de l'émérillon , la partie du premier fil qui se trouve entre le toupin et l'émérillon , étant en liberté , tendra par la force élastique qu'elle a acquise par le tortillement , à tourner dans un sens opposé à ce tortillement. C'est-à-dire , que si les fils ont été tors de droite à gauche, la partie du premier fil comprise entre le toupin et l'émérillon, qui sera en liberté , tendra à tourner de gauche à droite, et elle tournera effectivement en ce sens par la seule élasticité, en faisant tourner avec elle le crochet de l'émérillon. De même, le second fil ayant été tors de droite à gauche, la partie de ce fil comprise entre le toupin et l'émérillon tendra aussi à se détortiller, et à tourner de gauche à droite, et effectivement, elle tournera dans ce sens, et fera tourner le crochet mobile de l'émérillon.

Il en résulte, que les deux fils, tournant dans le même sens, s'ils n'étaient pas réunis, et qu'ils fussent attachés à deux émérillons séparés, ne feraient que se détordre. Mais, comme ils sont attachés au même crochet, et qu'ils ne peuvent pas tourner autour d'un même axe sans se rouler l'un sur l'autre, les deux fils, par leur seule élasticité, par l'effort qu'ils font pour se détordre, se roulent l'un sur l'autre de nouveau, mais dans un sens opposé à celui dans lequel ils avaient été tortillés séparément, de sorte que la ficelle ou le bitord se trouve entortillé dans un sens opposé à celui des fils qui le composent.

On voit : 1° que la portion des fils qui est entre le toupin et la roue, perdrait tout son tortillement, si le cordier n'avait pas soin de faire tourner la roue à mesure qu'il en approche le toupin ; 2° qu'une corde ainsi commise reste sans perdre son tortillement.

Le tortillement des fils augmente nécessairement leur élasticité, et l'effet qui résulte de cette élasticité est de détordre les fils, parce que les fibres, ainsi que nous l'avons dit, font ressort et s'efforcent de reprendre leur première position. Cet effet ne peut s'opérer sans que les fils se roulent les uns sur les autres, c'est-à-dire, sans qu'ils se commettent, sans qu'ils forment une corde ; mais comme le tortillement des fils diminue à proportion que la pièce se commet, et qu'il faut plus de force pour beaucoup tordre deux fils l'un sur l'autre, que pour les tordre peu ; il s'ensuit que la puissance d'élasticité des fils diminue, que la résistance, qui est l'effort qu'il faut pour rouler les fils l'un sur l'autre, augmente ; quand cette

résistance est égale à la puissance d'élasticité, tout resté
en équilibre.

Ainsi, comme nous l'avons dit plus haut, quand on
voit qu'une corde bien commise reste sans se détortiller, c'est parce que les deux forces dont nous venons de
parler sont en équilibre.

Quelques cordiers, après avoir commis une corde,
l'accrochent par le bout qui tenait à l'émérillon, au
crochet d'un rouet, et lui donnent plus de tortillement
qu'elle n'en avait pris elle-même par l'élasticité des fils.
Duhamel blâme cette méthode et la regarde comme au
moins inutile et très souvent nuisible. Nous pensons
comme lui, pour le plus grand nombre de cas, mais un
habile cordier, M. Forster, que nous avons consulté sur
ce point comme sur beaucoup d'autres, nous a donné
une explication qui nous a fait croire que, souvent,
cette méthode avait une. utilité réelle. Toutes les fois,
nous a-t-il dit, que les fils à caret employés pour ourdir
un bitord, ne sont pas très exactement de la même force
élastique, ni de la même grosseur, il est nécessaire de
reduire un peu cette puissance d'élasticité, en donnant
un fort degré de tortillement. La corde se détord ensuite, il est vrai ; mais elle arrive bientôt à un point où
l'équilibre se rétablit, et le fil le plus gros a perdu seul,
ce qu'il avait de trop en élasticité.

Il y a la même différence entre le fil retors et le bitord, qu'entre un fil et une ficelle. Le bitord conserve
son tortillement à cause de l'effort que les fils élastiques
font pour se détortiller ; au contraire, le fil retors ou
non, reste d'autant mieux tortillé que les brins de chanvre qui le composent ont plus perdu de leur élasticité.
Si deux fils retors ne se séparent pas, cela vient uniquement de ce que les fileuses mouillent beaucoup leur
fil, et font perdre ainsi au chanvre qui le compose, son
élasticité ; il s'attendrit, elles le retordent en cet état, et
le laissent bien sécher sans lui permettre de se détordre ;

alors les brins de chanvre qui ont pris le pli que leur rouet leur a donné, le conservent, et ne peuvent le perdre sans un effort particulier.

Si le lecteur a bien compris tout ce que nous avons longuement dit sur l'élasticité des fibres du chanvre et des fils fabriqués avec ces fibres, il connaît tout le mystère de la corderie, et pourra déduire avec certitude les principes d'un art si éminemment utile, et cependant si abandonné à la routine. Il en conclura aussi qu'il faut tordre d'autant moins le fil que le chanvre a plus d'élasticité ; que, par conséquent, les chanvres doux doivent être plus tordus que les chanvres durs.

Lorsqu'un ressort a resté trop long-tems tendu, il perd plus ou moins de son élasticité. De même le fil de caret tend d'autant moins à se redresser qu'il a resté plus long-tems sur le touret avant d'être commis en bitord. Il est donc nécessaire que le cordier prenne ceci en considération, et qu'il torde plus un fil de caret vieux filé, qu'un nouveau. Or, comme on affaiblit le fil quand on le tord trop, il y a quelques précautions à prendre ; mais, ce qui vaut mieux quand cela se peut, c'est de convertir en bitord le fil à caret aussitôt qu'il est sorti des mains des fileurs.

DE LA FABRICATION DU MERLIN.

Nous avons dit précédemment que le merlin était un petit cordage composé de trois fils à caret. Voici comment il se fait : après avoir tendu un fil depuis le crochet du rouet jusqu'au crochet de l'émérillon, il étend de même les deux autres fils, et, pour ne pas perdre de tems, il prend ordinairement un fil sur le touret placé à côté du rouet, et il le passe sur la poulie d'un croc à poulie, fig. 41, puis il l'attache au crochet de la molette. Il prend le croc à poulie et va passer la portion du fil qui se déroule de dessus le touret, dans le crochet de l'émérillon. Enfin il revient au touret, coupe d'une longueur convenable le fil qui s'est dévidé, il l'attache au troisième crochet, et sa corde se trouve ourdie.

Le cordier prend alors un toupin à trois rainures, il le place entre les fils auprès de l'émérillon, fait tourner la roue du rouet, et commet son merlin à trois fils de la même manière que nous l'avons dit pour le bitord. La corde sera d'autant meilleure qu'elle aura été bien ourdie, et pour cela il n'est besoin que de tendre bien également les fils qui la composent. Le croc à poulie est le meilleur instrument que l'on puisse employer pour cela quand il s'agit de petits cordages.

Le merlin s'ourdit ordinairement sur une longueur de 30 brasses, comme le bitord.

CHAPITRE V.

DE LA FABRICATION DES AUSSIÈRES A TROIS TORONS ET DAVANTAGE.

Nous suivrons ici la même marche que dans le chapitre précédent; c'est-à-dire que nous ferons d'abord connaître l'atelier des commetteurs et les instrumens qui y sont nécessaires; puis les différens cordages compris sous le nom général d'*aussières à trois torons*, et enfin la manière de les ourdir et de les commettre.

De l'atelier des commetteurs.

C'est, comme celui des fileurs, une galerie, longue de mille pieds ou deux cents brasses, large de trente à trente cinq pieds, ou de six à sept brasses. Aux deux bouts de la galerie sont disposés, de différentes façons, les supports des tourets, et ces supports demandent une description particulière.

Il faut qu'ils soient disposés de façon que les tourets puissent tourner tous à la fois sans se gêner les uns les autres, afin que lorsque l'on veut ourdir une grosse corde, au lieu de parcourir autant de fois la longueur de la corderie qu'il y a de fils à réunir, on puisse les réunir et ourdir la corde en une seule fois. Les supports sont quelquefois placés verticalement, fig. 42, et alors les tourets sont les uns sur les autres; d'autres fois ils sont dans une position horizontale, fig. 43, et les tourets sont à côté les uns des autres, dans une situation verticale.

On établit les supports verticaux, fig. 42, en posant sur le plancher, A A, par le travers de la corderie, une grosse pièce de bois carrée, dans laquelle on assemble un certain nombre de pieds droits, B B, plus ou moins, en raison de la largeur de la galerie. L'extrémité supérieure de ces pieds droits est assemblée dans une autre pièce de bois carrée qui tient aux solives de la corderie. Les pieds droits sont entaillés à différentes hauteurs, et c'est dans ces entailles qu'on pose les essieux des rouets. Moyennant cette disposition on peut réunir ensemble les bouts de plusieurs fils et les étendre ainsi de toute la longueur de la corderie.

Quant aux supports horizontaux, ils sont établis d'une manière à la fois plus commode et plus solide. Ce sont deux assemblages de charpente, fig. 43, C C, posés l'un sur l'autre, de telle sorte que l'un repose sur le sol de la corderie et que l'autre soit posé au-dessus, étant plus élevé de trois ou trois pieds et demi. On place entre ces bâtis de charpente les tourets debout, et on les assujettit dans cette position au moyen de la broche qui leur sert d'essieu.

De cette manière, tous les tourets peuvent tourner ensemble, et l'on peut, en une seule fois, étendre plusieurs fils de toute la longueur de la corderie ; seulement des enfans se tiennent auprès des tourets pour empêcher, avec un bâton qu'ils appuient dessus, que les tourets trop déchargés de fil ne tournent trop vite et ne mêlent leur fil.

Du chantier à commettre.

A quelques pas des tourets et directement au devant, on maçonne en terre à moitié de leur longueur, deux grosses pièces de bois d'un pied et demi d'équarrissage et de dix pieds de longueur, D, fig. 44 ; les deux pièces dressées à plomb à six pieds de distance l'une de l'autre, supportent une grosse traverse de bois, e, percée à distances égales de quatre trous et quelquefois de cinq, où l'on place les manivelles F, fig. 45 , qui doivent , pour les gros cordages produire le même effet que les molettes des rouets pour les petits.

Ces manivelles sont de fer et de différentes grandeurs, proportionnellement à la grosseur du cordage que l'on commet. G en est la poignée, H le coude, I l'axe, L un bouton qui appuie contre la traverse E du chantier , M une clavette qui retient les fils qu'on a passés dans l'axe I. On tord les fils qui sont attachés à l'axe I, en tournant la poignée G , ce qui produit le même effet que les molettes, plus lentement à la vérité, mais puisqu'on a besoin de force, il faut perdre sur la vitesse, et y perdre d'autant plus qu'on a plus besoin de force ; c'est pourquoi on est plus long-tems à commettre de gros cordages, où l'on emploie de grandes manivelles, qu'à en commettre de médiocres, où il suffit d'en avoir de petites.

Du carré.

C'est une sorte de chantier qui ne diffère du chantier à commettre que parce que celui-ci est immobile, et que le carré est établi sur un traineau pesant et qu'on charge plus ou moins suivant le besoin , comme en Q, fig. 46. Le carré est formé de deux pièces de bois carrées nommées *semelles*, jointes l'une à l'autre par des traverses ou paumelles. Sur les semelles sont solidement assemblés des montans qui sont affermis par des liens.

Comme les manivelles du chantier tournent lentement en comparaison de la vitesse que le rouet imprime aux molettes, pour accélérer un peu l'ouvrage, on met au carré, fig. 46, un pareil nombre de manivelles qu'on avait mis au chantier, fig. 44, et en les faisant tourner en sens contraire de celles du chantier, on parvient à accélérer du double le tortillement des tourons ou torons; pour cela on fait porter au carré une membrure O, pareille à la membrure *e*, du chantier, laquelle membrure du carré doit-être percée de trous qui répondent aux trous de celle du chantier. Quand les fils ont été assez tordus, on les réunit tous ensemble par le bout qui répond au carré; on les attache à une seule manivelle qu'un homme fait tourner, et alors cette manivelle tient lieu de l'émérillon employé pour le bitord et le merlin. On sait qu'en tortillant les fils avant de les commettre, et quand on les commet, ils se raccourcissent : c'est pour cette raison qu'il faut que le carré tienne les fils des grosses cordes dans une tension qui soit proportionnelle à la grosseur de la corde, et qu'il avance vers l'atelier à mesure que les fils se raccourcissent.

Du chariot du toupin.

Nos lecteurs savent ce que c'est que le toupin, que d'ailleurs nous avons figuré sous le n° 39; comme nous l'avons dit, quand les fils ont acquis un certain degré de force élastique par le tortillement, le toupin fait effort dans la main du cordier, et, quand cet effort est considérable, comme lorsqu'on fait des cordes de plus de deux ou trois fils, il serait impossible à l'ouvrier de le maintenir. En ce cas, on traverse le toupin avec une barre de bois, R, fig. 47, que deux hommes tiennent pour le conduire.

Mais comme leur force peut quelquefois n'être pas suffisante, on a recours au chariot, fig. 48. Les uns sont faits en traineaux, les autres ont des roulettes. Ils sont formés par deux semelles sur lesquelles sont assemblés des montans, et l'on attache de différentes façons avec des cordes, la barre du toupin tantôt aux montans tantôt aux traverses, suivant la disposition du chariot, de sorte que le cordage repose sur le derrière du chariot qui sert de chevalet. Loin de charger le chariot, il faut qu'il soit léger afin de courir librement. Si l'on veut qu'il chemine lentement, on le retient par le moyen d'une retraite, nommée *livarde* ou *lardasse*, consistant en une corde d'étoupe T, qui est amarrée à la traverse R du toupin, et dont on enveloppe de plus ou moins de tours le cordage, selon qu'on désire que le chariot aille plus ou moins vite.

Du chevalet.

C'est un instrument très simple, fig. 49, consistant en un tréteau dont le dessus est muni, de distance en distance, de chevilles de bois. Il sert à soutenir les fils quand on ourdit des cordes, et à supporter les pièces quand on les travaille. Il ne diffère guère des chevalets dont nous avons parlé à l'article du filage, fig. 9 et 10.

Des manuelles ou gatous.

On trouve encore dans les corderies des petits instrumens qui aident à la manivelle du carré à tordre et à commettre les cordages qui sont fort longs. Ils sont composés d'un manche de bois et d'une corde, et ressemblent assez à un fouet, fig. 50.

L'ouvrier, pour s'en servir, entortille la corde de

la manuelle autour du cordage qu'on commet, et en continuant à faire tourner le manche autour du cordage, il tord ce dernier. Quand les cordages sont fort gros, il faut deux hommes pour chaque manuelle, et alors cet instrument a un manche double, comme on le voit dans la fig. 51, long de trois pieds, estropé au milieu d'un bout de carentenier mou et flexible, ayant une demi-brasse de longueur.

L'opération des manuelles, que Duhamel regarde comme excellente, n'est pas approuvée par tous les maîtres cordiers. Voici ce qu'en dit Gavoty. « Le résultat de l'opération des manuelles peut être juste avec le degré du raccourcissement, mais il peut aussi être en même tems préjudiciable à la résistance du cordage, par l'impossibilité qu'il y a de répartir avec égalité cette manuellation sur une longueur de 135 brasses. Quelques tours de manuelle de *plus* dans une partie du cordage, et quelques tours de *moins* dans une autre partie, peuvent bien balancer la somme du raccourcissement, mais balanceront-ils la résistance de la partie qui aura reçu un excès de tortillement préjudiciable avec l'autre partie qui n'aura pas reçu la tension nécessaire ? Ce défaut ne dérive pas seul du commettage d'un cable : si le toupin arrive aux palombes lorsqu'en même tems le carré devrait arriver au terme de 120 brasses que le cable doit avoir, il se trouve à 121 ou 122 brasses ; alors on continue selon l'usage, l'opération des manuelles, et le carré arrive enfin aux 120 brasses. Cette torsion subséquente qui comprime l'une ou les deux brasses, ne provenant pas de l'élasticité des cordons qu'aurait dû donner le toupin, disparaîtra ; le cable reprendra sa longueur de 121 ou 122 brasses, et son commettage aura été imparfait.

Des palombes ou hélingues.

Comme un cordage ne peut pas être commis jusqu'auprès du chantier, à cause de l'épaisseur du toupin, de l'intervalle qui existe nécessairement entre les manivelles, de l'embarras du chariot, etc., on perdrait une longueur assez considérable de fils, si on les accrochait immédiatement à l'extrémité des manivelles. Pour éviter cette perte, on attache les fils à une corde en double qui s'accroche de l'autre bout à l'extrémité de chaque manivelle où elle est retenue par une clavette. C'est ce bout de corde qu'on appelle une palombe ou une hélingue. Les palombes servent long-tems, et économisent des bouts de cordages qui, dans le courant de l'année feraient une consommation considérable et en pure perte.

NOMS ET USAGES DES CORDAGES A TROIS TORONS.

Pour suivre la marche analytique que nous nous sommes proposée dans cet ouvrage, nous devons faire connaître d'abord quelles sont les sortes de cordages en aussière à trois torons. Il est certain qu'on fait toujours mieux quand on sait exactement ce que l'on doit faire, et ceci, je pense, n'a pas besoin de discussion.

Des lignes.

Il y a quatre sortes de lignes, qui sont : 1° les lignes à tambour, 2° les lignes de sonde ou à sonder, 3° les lignes de loc, 4° les lignes d'amarrage.

1° Les *lignes à tambour* servent à tendre la peau sonore des caisses à tambour; on les fait avec six fils fins, et de bon chanvre, qu'on commet au rouet et qu'on ne goudronne pas.

2° Les *lignes de sonde* servent à sonder la profondeur de la mer. Elles ont communément un pouce et demi de grosseur et 120 brasses de longueur. On les commet avec du fil de premier brin.

3° Les *lignes de loc* doivent être très souples, afin de

filer plus aisément quand on jette le loc pour connaître
la rapidité de la marche du bâtiment. On les fait avec
six fils un peu plus gros que des fils de voile, et on ne les
goudronne pas.

4° Les *lignes d'amarrage* servent à beaucoup de
choses, comme par exemple : aux estropes de poulies,
aux ligatures, aux haubans, aux étais, etc. Comme il
en faut de différentes grosseurs, on en fait de six à neuf
fils de premier brin, ainsi que les précédentes. Toutes
sont commises en blanc, mais on en trempe quelques-unes dans le goudron, et les autres se conservent en blanc, suivant l'usage auquel on les destine.

Des quaranteniers.

Il y en a de six et de neuf fils, qui ne diffèrent des
lignes d'amarrage que parce qu'ils sont toujours faits de
second brin, quel que soit le nombre de leurs fils ; car il
y en a qui en ont dix-huit, et même davantage.

Ils servent à toutes sortes de choses, et pour cette raison n'ont point d'usage déterminé; aussi les emploie-t-on
toutes les fois qu'on a besoin de cordages de leur grosseur et de leur qualité. On les commet avec des fils goudronnés.

On nomme *quarantenier simple*, les pièces de cordages qui ont quarante brasses ; et *quarantenier double*,
celles qui en ont quatre-vingts. On distingue aussi la
grosseur de ce cordage, par le nombre des fils qui le
composent, et l'on dit un quarantenier de six, neuf,
quinze fils, etc.

Pour ne pas revenir sur ce petit cordage, nous ferons
remarquer que dans les corderies du Gouvernement, où
l'on a de grands rouets, on commet ordinairement les
quaranteniers à six et à neuf fils de la même façon que le
merlin, excepté qu'en ourdissant le quarantenier à six
fils, on accroche deux fils à chacun des trois crochets du

rouet, ce qui fait en tout six fils, et pour les quaranteniers à neuf fils, on attache trois fils à chaque crochet, ce qui fait en tout neuf fils. Comme ces quaranteniers se travaillent de même que le merlin, à cela près que lorsque les fils sont ourdis on les tord pour les commettre dans un sens opposé à celui du tortillement des fils, nous ne nous y arrêterons pas davantage.

Des ralingues.

Ce sont des cordages qui ont depuis un pouce jusqu'à six de grosseur, augmentant progressivement de trois lignes en trois lignes. Les ralingues sont destinées à border les voiles, où elles tiennent lieu d'un second ourlet, pour empêcher qu'elles se déchirent par les bords.

Dans de certaines corderies, on commet toutes les ralingues à 80 brasses de longueur; dans d'autres, on en commet depuis 35 jusqu'à 100. On les fait avec du fil goudronné, premier brin, et on les commet un peu moins serrées que les autres cordages, afin qu'elles soient plus souples et prennent plus aisément les plis des voiles.

On ourdit ordinairement les fils à un quart plus que la longueur de la pièce, et plus encore un cinquième de ce quart. Ainsi, pour une pièce de 80 brasses, il faut ourdir les fils à 104 brasses; en virant sur les torons, on raccourcit d'un cinquième ou de 20 brasses, et en commettant, on réduit la pièce à 80 brasses.

Quant à Duhamel, il pense qu'il faut simplement les commettre au quart, et que, par conséquent, si l'on veut avoir une ralingue de 80 brasses, on doit l'ourdir à 100 brasses; et comme il est important que les hélices soient très alongées, afin que le toupin aille fort vite, on raccourcit les torons de quinze brasses, et le reste du raccourcissement est pour commettre.

Les ralingues sont des cordages très forts, et si par

hasard, on en emploie une à quelque manœuvre, elle résiste beaucoup plus qu'un autre avant de rompre.

Des cordages servant aux carènes des ports.

Ces cordages, qu'il suffirait de distinguer par leur grosseur, en leur laissant le nom d'aussières, ont cependant reçu des noms particuliers, tels que : *francs funins, prodes, éguillettes, pièces de palans*, etc. On les commet presque toujours en pièces de 120 brasses, et à des grosseurs variées, selon que les demandent les maîtres d'équipage, cependant :

Les francs funins ont ordinairement six pouces de grosseur, et quand on les destine pour de grandes machines à mâter, on leur donne cent trente brasses de longueur.

Les prodes et les éguillettes ont cinq pouces de grosseur.

Les pièces de palans en ont deux et demi jusqu'à trois et demi.

Toutes ces manœuvres se font en blanc, c'est-à-dire qu'on ne les goudronne pas pour qu'elles tournent mieux dans les poulies; on les fait de premier brin. Dans quelques ports, on fait le franc funin, moitié fils blancs et moitié fils goudronnés, mais cette méthode est très vicieuse.

Des pièces pour manœuvres de vaisseau.

Outre les différens cordages dont nous venons de parler, il y a des maîtres d'équipage qui demandent quelquefois des *pièces de haubans*, des *tournevires*, des *itaques*, des *drisses*, des *guinderesses*, des *écoutes de hune*, etc., dont ils fixent eux-mêmes la grosseur et la longueur. Ce sont toutes des aussières à trois torons, qui n'offrent rien de particulier dans leur fabrication. Il en est de même de différentes autres pièces servant aux manœuvres des vaisseaux, et qui n'ont point de destination particulière. Elles ont toutes 120 brasses de longueur, et se font avec des fils goudronnés; on en fait depuis dix pouces de grosseur jusqu'à deux.

DE L'OURDISSAGE DES CORDAGES.

Grâce à toutes les explications que nous avons données depuis le commencement de ce chapitre, nous pensons qu'il ne nous sera pas difficile de nous faire comprendre.

Pour ourdir un cordage convenablement, il faut : 1° étendre les fils; 2° leur donner un égal degré de tension; 3° en joindre ensemble une suffisante quantité; 4° leur donner une longueur convenable relativement à la longueur de la corde que l'on veut faire. Ces quatre opérations vont nous fournir autant de paragraphes.

§ I. De la manière d'étendre les fils.

Lorsque l'on veut ourdir une corde d'une grosseur moyenne, le maître cordier fait prendre sur les tourets qui sont établis au bout de la corderie, tous les fils dont il a besoin, et les fait passer dans le crochet, fig. 52, qui les réunit en un faisceau qu'un nombre d'ouvriers qui se suivent l'un l'autre, prennent sur leur épaule; en tirant assez fort pour dévider ces fils de dessus leurs tourets, ils vont au bout de la corderie, ayant attention de mettre de tems à autre ce qu'il faut de chevalets (fig. 49), pour que ces fils ne portent pas à terre.

Quand une corde est trop grosse pour que l'on puisse dévider d'un seul coup tous les fils nécessaires pour l'ourdir, les ouvriers prennent sur les tourets qui sont à l'autre bout de la corderie, le même nombre de fils, et reviennent à l'autre bout, où est le chantier, en les dévidant comme ils ont déjà fait. Cette opération se continue de même, en dévidant en allant et en venant, jusqu'à ce qu'on ait le nombre nécessaire de fils, pour ourdir la corde.

Quelques cordiers emploient un cheval pour tirer et dévider le fil, en l'attelant au faisceau de fil. On a calculé qu'un de ces animaux peut suppléer au travail de sept à huit hommes, outre que le travail se fait plus vite. Il est donc économique d'employer un cheval quand on en aura un à sa disposition.

§ II. *De la manière de diviser et tendre les fils.*

Quand on a étendu un nombre suffisant de fils, le maître cordier fait amarrer la queue du carré, avec une bonne corde à un fort pieu, fig. 53, qui est scellé en terre à une distance convenable du carré. Il fait ensuite charger le carré du poids qu'il juge nécessaire, et passer trois manivelles proportionnées à la grosseur de la corde qu'il veut faire, dans les trous qui sont à la traverse du carré.

Il divise ensuite en trois parties égales les fils qu'il a étendus, il fait un nœud au bout de chaque faisceau pour réunir tous les fils qui les composent, puis il divise chaque faisceau ainsi lié, en deux, pour passer dans le milieu l'extrémité des manivelles, où il les assujettit par le moyen d'une clavette.

La quantité de fil qui a été étendu, se trouve divisée en trois faisceaux qui répondent chacun par un bout, à l'extrémité d'une manivelle qui est arrêtée à la traverse du carré. Alors, trois ouvriers, et quelquefois six, restent pour tourner ces manivelles, et le maître cordier retourne avec les autres au bout de l'atelier où est le chantier à commettre. Chemin faisant, il fait séparer en trois faisceaux les fils précédemment réunis, comme il avait fait à l'extrémité qui est auprès du carré. Les ouvriers ont soin de faire couler ces faisceaux dans leurs mains, de les bien réunir, de ne laisser aucun fil, qui ne soit aussi tendu que les autres; pour empêcher que ces fils ne se réunissent, ils se servent des chevilles qui sont sur l'appui des chevalets.

Quand les fils sont ainsi disposés sur toute leur longueur, et qu'on est arrivé au chantier à commettre, le maître cordier fait couper les trois faisceaux de fil de quelques pieds plus courts qu'il ne faut pour joindre les palombes, et y fait un nœud. Il les fait ensuite tendre par un nombre suffisant d'ouvriers, en les faisant haler dessus jusqu'à ce que le nœud qui est au bout de chaque faisceau puisse passer entre les deux cordons des palombes.

Lorsque les trois faisceaux sont attachés d'un bout aux trois manivelles du carré, et de l'autre aux trois manivelles du chantier, on examine, 1° s'il n'y a pas de fils qui soient moins tendus que les autres, et dans ce cas, on les assujettit dans le même degré de tension, avec un morceau de fil de caret qu'on appelle une *ganse*. Si la différence de tension existait dans un trop grand nombre de fils, le cordier déferait ou couperait le nœud pour le refaire en évitant ce défaut. 2° Il faut aussi que les trois faisceaux aient un égal degré de tension. Rien n'est facile comme de voir s'ils sont également tendus : pour cela on se baisse pour que l'œil soit juste à la hauteur des faisceaux; si on les voit tous les trois sur un même plan horizontal, c'est qu'ils sont également tendus, mais si un ou deux font, d'un chevalet à l'autre, un plus grand arc vers la terre, c'est qu'ils sont moins tendus, dans ce cas, on raccourcit les faisceaux qui sont trop longs. Pour remédier à ce grave inconvénient, quelques cordiers n'y font pas tant de façons et, pour tendre les faisceaux qui sont trop lâches, ils se bornent à les faire tordre un peu. Pour les lecteurs qui nous ont suivi jusqu'ici avec attention, nous n'avons pas besoin de démonstrations afin de prouver combien cette méthode est mauvaise, puisqu'ils savent que toute la force d'une

corde dépend de l'uniformité de tension et de tortillement de toutes les parties qui la composent.

Des torons.

Dans les corderies, on appelle *torons* ou *tourons*, les
faisceaux ou *longis* dont nous venons de parler, quand
on les a tortillés. Ainsi, on nomme les cordages dont
nous avons à nous occuper dans ce chapitre, *aussières à
trois torons*, parce qu'elles sont composées de trois faisceaux de fils qui, par le tortillement, deviennent trois
torons.

Duhamel avait cru remarquer que les fils qui composent un toron, ne doivent pas avoir une force égale,
parce que les fils du milieu décrivent nécessairement une
hélice moins excentrique que ceux de la circonférence,
et sont par conséquent moins tendus; d'où il conclut
qu'une corde serait plus forte si tous les fils, ceux du
centre et ceux de la circonférence, éprouvaient un tortillement égal, et par suite une tension égale. En conséquence, il fit fabriquer des aussières, selon cette pen-
sée; on tortilla séparément les longis qui formaient les
torons, puis on commit, en tortillant de nouveau les
torons. Il fut tout étonné d'obtenir des cordes moins
fortes que celles faites à la manière ordinaire, et il ne
put expliquer ce phénomène.

Et cependant cette explication est fort aisée. Il est
vrai que les fils du milieu d'un toron sont moins tendus
que ceux de la circonférence; mais ils sont retenus par
les autres, et pressés de manière à établir entre eux et
ceux de la circonférence un équilibre parfait en élasticité et en force. Ici, la force de pression compense stric-
tement la force de tension; voilà pourquoi tous les fils de
toron résistent avec une force égale.

§ III. De la jauge du cordier.

Il est indispensable que le cordier sache le nombre de

fils qu'il faut qu'il emploie pour ourdir une corde d'un poids déterminé; sans cela, il fournirait pour les manœuvres, tantôt des cordes trop petites et trop faibles, tantôt des cordes trop grosses, qui ne pourraient pas passer dans les poulies destinées à les recevoir.

Les cordiers ont donc une mesure qu'ils nomment *jauge*. C'est une lanière de parchemin, divisée par pouces et par lignes, qu'on roule et qu'on renferme dans un petit morceau de bois, nommé *barillet*, tourné en dessus comme un petit baril, et creusé en dedans comme un cylindre. La bande de parchemin se roule et se renferme dans cet étui, qui se porte dans la poche.

Voici comment on se sert de l'instrument. On fait tenir par un ouvrier les trois torons réunis, et quand tous les fils sont bien arrangés et bien serrés les uns contre les autres, on en mesure la grosseur avec la lanière de parchemin. Cette grosseur sera égale moins un douzième, à la grosseur de la corde, quand celle-ci sera commise.

Ainsi donc, quand un cordier veut faire une aussière de 18 pouces, il donne à la grosseur de ses fils 19 pouces 6 lignes. Si la corde était trop grosse pour qu'on pût l'empoigner et la mesurer tout à la fois, le cordier donnerait à chaque toron un peu plus de moitié de la circonférence de la corde qu'il voudrait commettre. Ainsi, pour avoir une aussière de 18 pouces de circonférence, il donnerait à chaque toron un peu plus de 9 pouces de circonférence; car la proportion des torons avec la grosseur de la corde, est, selon Duhamel, comme 57 est à 100.

Il faut qu'un cordier s'habitue à ne pas se tromper dans son jaugeage, car la manière dont quelques-uns réparent leur erreur est pire que le mal. S'ils s'aperçoivent que leur corde est trop petite, ils la tordent trop pour lui faire acquérir de la grosseur; s'ils l'ont fait

trop grosse, ils ne la tordent pas assez. Dans les deux
cas, ils lui font perdre de sa force.

Duhamel propose de remplacer la jauge des cordiers
par des calculs, à la vérité assez simples, mais qui
n'en sont pas moins au-dessus de la portée des ouvriers.
Ils ont en outre l'inconvénient de n'être pas plus justes
que la jauge; et peut-être moins, en ce qu'ils reposent
sur des bases de comparaisons très variables.

§ IV. *Longueur des fils, comparativement à la longueur de la corde à ourdir.*

Dans le commettage de toutes les cordes, les fils se
raccourcissent par le tortillement, comme nous l'a-
vons dit à l'article du bitord. Il faut donc, quand on
ourdit, prévoir ce raccourcissement, et alonger les fils
en conséquence. On conçoit que, plus le fil est tordu,
plus il se retire, et que ce raccourcissement est toujours
proportionnel au degré du tortillement. Ceci connu, on
a dû mesurer le degré du tortillement par le degré du
raccourcissement, et c'est aussi ce qui est arrivé.

Il y a des cordiers qui tordent, au point de faire raccourcir leur fil de cinq douzièmes; par conséquent, s'ils
veulent avoir une corde de 7 brasses, ils l'ourdissent
avec des fils de douze brasses. Ceci s'appelle *commettre
aux cinq douzièmes*. Ce sont ceux-là qui tordent le plus.

D'autres ne tordent que de manière à raccourcir le
fil d'un cinquième, et ce sont à peu près ceux qui tordent le moins. On dit qu'ils *commettent au cinquième*.

Le plus grand nombre ourdit le fil de manière à le
raccourcir d'un tiers, c'est-à-dire, qu'ils étendent leurs
fils à douze brasses pour avoir huit brasses de cordage ;
ils *commettent au tiers*.

Enfin, il en est beaucoup qui ourdissent à douze brasses pour avoir neuf brasses de cordage, et par consé-

quent, *commettent au quart*, et c'est cette méthode qui est la meilleure.

Duhamel pense que le commettage au tiers est le plus convenable, et en ceci il tombe en contradiction avec lui-même, car il pose pour principe, que moins une corde est tortillée, plus elle a de force. Gavoty, ainsi que la plus grande partie des maîtres cordiers de nos ports, pense qu'on ne doit commettre qu'au quart. Néanmoins, nous admettons ici l'opinion de Duhamel, afin de pouvoir le suivre plus aisément dans ses expériences, et pour lui opposer quelquefois l'utile critique de Gavoty.

Pour commettre au tiers, le maître cordier divise par deux la longueur de son cordage, puis il ajoute une de ces moitiés à la longueur du cordage, et il obtient ainsi la longueur de l'ourdissage. Par exemple, s'il veut commettre un cordage de 12 brasses, il divise 12 par 2, et il a 6. Il ajoute cette moitié 6 à la longueur du cordage 12, ce qui lui donne 18. Il ourdira donc à 18 brasses. S'il veut commettre une pièce en aussière de 120 brasses, il divise cette longueur par 2, ce qui lui donne 60; en ajoutant ce nombre à 120, il a 180, qui est la longueur à laquelle il doit ourdir.

Si l'on veut commettre au quart, une pièce de 120 brasses, on divise la longueur de la pièce 120, par 3, ce qui donne 40 brasses. On ajoute ces 40 à la longueur de la corde 120, ce qui donne 160. Il ourdira donc sa pièce à 160 brasses.

DE LA TORSION DES TORONS.

Nous supposons qu'un cordage est ourdi comme nous venons de le dire, et que le carré est chargé. Il s'agit maintenant de faire acquérir aux torons le degré d'élasticité qui leur est nécessaire pour qu'ils se commettent en une bonne corde, et pour cela, on leur *donne le tors.*

Comme ils se raccourcissent à mesure qu'on les tord, on défait l'amarre qui retenait le carré au pieu, fig. 53, afin de laisser au carré la liberté d'avancer à mesure que les torons le tirent en se raccourcissant. Un nombre convenable d'ouvriers se mettent aux manivelles, et ceux du chantier les tournent de gauche à droite, tandis que ceux du carré les tournent de droite à gauche.

Les torons se tortillent, se raccourcissent; le carré avance vers le chantier, et enfin, quand les torons sont assez tortillés, ce qui se reconnaît au degré de leur raccourcissement, le maître cordier ordonne qu'on cesse de tourner les manivelles. Nous n'avons pas besoin de dire que les ouvriers qui tournent les manivelles du carré, sont obligés d'avancer à mesure que cet instrument avance.

On tortille à la fois les torons avec les manivelles du chantier et celles du carré, dans le double but d'aller plus vite dans cette opération, et de donner un tortillement plus uniforme dans toute la longueur des torons. Si on ne tournait les manivelles que d'un côté, il est certain que les torons seraient beaucoup plus tordus de ce côté que de l'autre. Duhamel pense que, quand les torons sont gros, on ferait très bien de distribuer dans la longueur du toron plusieurs ouvriers qui, avec des manuelles, travailleraient à faire courir le tortillement que procurent les manivelles, pour le rendre partout le plus égal qu'il est possible; mais cette pratique n'est usitée, je crois, dans aucune corderie.

Nous observerons que les torons sont tordus dans un sens opposé aux fils, excepté dans quelques cas exceptionnels, où l'on fait des sortes de cordages connus sous le nom de *main torse,* ou *garochoir,* qui, par parenthèse, sont toujours de mauvaises cordes.

Il est très essentiel que tous les torons qui doivent

composer un cordage, soient tortillés également, et pour
cela, il faut que les ouvriers qui sont sur les manivelles,
virent tous ensemble et par une action uniforme, afin
que tous fassent le même nombre de révolutions. Si le
carré se trouve avancer de côté, ou qu'il y ait un des torons qui baisse plus que les autres, c'est une preuve
qu'ils ne sont pas également tendus, et qu'il y en a un
qui n'est pas assez tordu. Dans ce cas, le maître cordier
ordonne aux manivelles des torons trop tordus de cesser
de virer, afin de laisser l'autre manivelle regagner ce
qu'elle a perdu; quand le toron précédemment trop lâche est bien de niveau avec les autres, il ordonne à toutes les manivelles de virer.

Nous avons dit comment une corde se raccourcit, par
l'action du commettage, d'un cinquième, d'un quart,
d'un tiers, etc. Or, il s'agit de répartir ce raccourcissement en partie sur le tortillement des torons, et l'autre
partie sur le commettage proprement dit, c'est-à-dire,
sur le tortillement du cordage. On n'est pas d'accord sur
cette répartition dans toutes les corderies.

Dans un port, on ourdit le fil à 120 brasses, on
commet au tiers de raccourcissement, et il reste 120
brasses pour la longueur de l'aussière. Les 60 brasses de
raccourcissement sont réparties ainsi :

Pour le tortillement des torons. . . .   40 brasses.
Pour le tortillement de l'aussière. . .   20
                                          ————
              Total.   60

Dans d'autres ports, on ourdit le fil à 160 brasses,
et on commet au quart ; reste 120 brasses pour la longueur de l'aussière. Les 40 brasses de l'aussière sont réparties ainsi :

Pour le tortillement des torons. . . .   20 brasses.
Pour le tortillement définitif de l'aus-
     sière.   20
                                          ————
              Total.   40

Selon Gavoty, dans le premier cas, on fait subir aux fils et aux torons un trop grand tortillement, ce qui ne peut qu'affaiblir la résistance de l'aussière, et dans le second, on diminue de 6 brasses 2 tiers le tortillement qu'il faut aux torons pour se commettre, et on augmente en même tems de 6 brasses 2 tiers la torsion du commettage, ce qui le réduit au cinquième et le rend de peu de durée.

Voyons comment un grand praticien calculait lui-même la répartition du raccourcissement.

Pour une aussière de 120 brasses, quelle que soit sa grosseur, commise au quart, et par conséquent ourdie à 160 brasses ; voici comment il répartit le raccourcissement :

Pour le tortillement de trois faisceaux en sens opposé à la torsion du fil, afin qu'ils deviennent torons, ce qui réduira leur longueur à 146 brasses ?. . . . . 13 br. ⅓.

Pour le tortillement dans le même sens, afin que les torons acquièrent le degré d'élasticité qu'ils doivent perdre lors de leur commettage, et la longueur des torons se trouvera réduite à 133 br. ⅔. . . . . 13 br. ⅓.

Pour le tortillement définitif dans la réunion des trois torons, afin d'en composer l'aussière, qui se trouvera faite et parfaite au degré de longueur de 120 br. . . . . 13 br. ⅓.

Total de raccourcissement 40

Il nous reste à deviner pourquoi Gavoty a divisé en deux parties la répartition du tortillement des torons, tandis que cette opération se fait en une seule fois. Il eût pu faire ainsi :

Tortillement des torons. . . 26 ⅔
Tortillement du commettage. 13 ⅓
Total. . 40.

Venons-en à présent à l'opinion de Duhamel, car ce sujet est d'une haute importance dans la fabrication des cordages.

Nous avons prouvé, dit-il, qu'on augmentait beaucoup la force des cordages en diminuant leur tortillement, mais il est toujours resté pour constant qu'on ne pouvait se passer du tortillement; ainsi, quoiqu'on le diminue, il faut nécessairement tordre les torons, et avant que de les commettre, et pendant qu'on les commet. Supposons qu'on veuille faire une pièce de cordage commise, suivant l'usage ordinaire, au tiers. On ourdira les fils à 180 brasses pour avoir un cordage de 120 de longueur, ainsi les fils auront à se raccourcir de 60 brasses par le raccourcissement des torons, qu'on tord soit avant de les commettre, soit pendant qu'on les commet. Nous avons dit que quelques cordiers divisaient en deux le raccourcissement total, et en employaient la moitié pour le raccourcissement des torons avant que d'être commis, et l'autre lorsqu'on les commet; ainsi, suivant cette pratique, on raccourcirait les torons de 30 brasses avant de mettre le toupin, et de 30 autres brasses pendant que le toupin parcourrait la longueur de la corderie. Nous avons aussi remarqué que tous les cordiers ne suivaient pas exactement cette pratique, et qu'il y en avait qui raccourcissaient leurs torons, avant que de les commettre, de 40 brasses, et seulement de 20 brasses pendant l'opération du commettage; c'est assez l'usage de la corderie de Rochefort.

On pourrait penser que cette dernière pratique aurait de l'avantage, car en tordant beaucoup les torons avant que de les commettre, on augmente l'élasticité des fils, ce qui fait que quand la corde sera commise, elle doit moins perdre sa forme et rester mieux tortillée; quand on la commettra, le toupin en courra mieux, les hélices que forment les torons seront plus alongées, et le tortillement se distribuera plus également sur toute la pièce.

Ceux qui donnent moins de tortillement aux torons, pourront aussi appuyer leur pratique sur des raisons assez fortes; ils pourraient dire qu'ils fatiguent moins les fils, qu'ils évitent de donner trop d'élasticité aux torons, enfin que leurs torons acquièrent assez de force élastique pour bien commettre leurs cordages.

Apercevant toutes ces raisons, qui peuvent faire douter laquelle des deux pratiques est préférable, et sentant que cette circonstance ne doit pas être indifférente pour la force des cordes, au lieu de nous arrêter à raisonner, nous avons pris le parti de consulter l'expérience.

Nous ne suivrons pas Duhamel dans ses expériences, mais nous en donnerons les résultats.

Ces expériences prouvent donc: 1° que l'on peut augmenter la force des cordes en diminuant le tortillement des torons dans la première opération, c'est-à-dire avant qu'ils soient réunis et qu'on ait posé le toupin; 2° cette différence de force est beaucoup plus remarquable quand on commet au tiers que quand on commet au quart; 3° les cordages sont d'autant plus souples que l'on a moins tortillé les torons.

DU COMMETTAGE DES AUSSIÈRES A TROIS TORONS.

Les torons étant tortillés, le maître cordier fait ôter la clavette de la manivelle qui est au milieu du carré; il en détache le toron qui y correspond, et le fait tenir bien solidement par plusieurs ouvriers, afin qu'il ne se détorde pas. Sur-le-champ on ôte la manivelle, et dans le trou du carré où était cette manivelle, on en place une plus grande et plus forte, à laquelle on attache non-seulement le toron du milieu, mais encore les deux autres, de telle sorte que les trois torons se trouvent réunis à cette seule manivelle, qui tient lieu de l'émérillon dont nous avons parlé dans l'article du *bitord*.

On conçoit que si les torons étaient simplement attachés à un émérillon, il faudrait extrêmement les tordre pour qu'ils pussent se commettre eux-mêmes. C'est pour cette raison qu'on le remplace par une manivelle qu'un ou deux hommes font tourner.

Les torons ainsi disposés, on les frotte avec un peu de suif ou de savon, pour faire mieux glisser le toupin. Ensuite on place celui-ci, qui doit être proportionné à la grosseur des cordes qu'on commet, et qui doit avoir trois rainures quand l'aussière qu'on commet est à trois torons; on le place dans l'angle de réunion des trois torons.

Quand on commet des menus cordages, comme du quarantenier, on ne se sert pas de chariot. Deux hommes prennent un barreau de bois R R, fig. 47, qui traverse le toupin, et le conduisent sans avoir besoin d'autre secours. Mais quand la pièce est grosse, on se sert du chariot, ainsi que nous allons le dire.

Le chariot se place le plus près que l'on peut du carré, et les ouvriers qui sont sur la grande manivelle, tournent quelques tours; la corde commence à se commettre, et le toupin s'éloigne du carré. On le conduit à bras jusqu'à ce qu'il soit arrivé à la tête du chariot, où on l'attache très fortement au moyen de la traverse de bois R, fig. 47; alors toutes les manivelles tournent, la grande du carré comme les trois du chantier.

On examine si la corde se commet bien, et on remédie aux défauts qu'on aperçoit. Ces défauts résultent ordinairement ou de ce que le toupin est mal placé, ou de ce qu'il y a des torons qui sont plus lâches les uns que les autres. On remédie à ce dernier défaut en faisant tourner les manivelles qui répondent aux torons trop lâches, et en faisant arrêter celles qui répondent aux torons trop tendus.

Quand on voit que la corde se commet bien régulié-

rement, on met la retraite du chariot. Elle est formée
par deux longues livardes ou cordes d'étoupe, T, fig.
47, qui sont bien attachées à la traverse du toupin, et
qu'on entortille plus ou moins autour de la pièce qui
se commet, selon qu'on veut que le chariot aille plus
ou moins vite.

Alors le chariot avance, la corde se commet, les torons
se raccourcissent, et le carré se rapproche de l'atelier.

Si l'on fait, pour la marine, des pièces fort longues
de cordage, la grande manivelle du carré peut ne pas
communiquer son effet d'un bout à l'autre de la pièce.
Dans ce cas, un nombre d'hommes plus ou moins considérable, selon la grosseur du cordage, se distribue
derrière le toupin, et à l'aide des manuelles, ils travaillent de concert avec ceux de la manivelle du carré, à
faire courir le tors.

Suivant que le maître cordier le trouve nécessaire, il
commande de tourner plus ou moins vite les manivelles
du chantier, afin de conserver aux torons le degré de
tortillement nécessaire au commettage. Pour que cette
vitesse soit bien réglée, il faut qu'elle répare tout le
tors que perdent les torons, et que ces derniers restent
dans un degré égal de tortillement. C'est ce que l'habitude apprend aisément à juger; cependant on peut s'en
assurer par un moyen très facile que voilà : avec un
morceau de craie, on fait une marque sur un toron vis-
à-vis un des chevalets. Si cette marque reste toujours sur
le chevalet, c'est signe que les manivelles du chantier
tournent assez vite ; si la marque de craie sort de
dessus le chevalet et s'approche du chantier à commettre, c'est signe que les manivelles tournent trop vite ; si
au contraire la marque s'éloigne de ce chantier, c'est signe que les manivelles tournent trop lentement et que
les torons perdent de leur tortillement.

D'ailleurs le toupin indique aussi si la corde se commet bien; dans ce cas, il avance uniformément. Si les

manivelles du chantier tournent trop vite relativement à la manivelle du carré, les torons sont plus tortillés qu'ils ne devraient être; ils deviennent plus raides et plus difficiles à commettre, ce qui retarde la marche du toupin. Si au contraire, on laisse perdre le tortillement des torons, ils deviennent plus flexibles, ils cèdent plus volontiers à l'effort que fait la manivelle du carré avec les manuelles pour commettre la corde, et alors le toupin avance plus vite.

Quand une corde a été parfaitement commise, le toupin doit arriver juste aux palombes quand le cordage a précisément la longueur qu'on a voulu lui donner en ourdissant. Mais cela n'arrive qu'assez rarement, et les cordiers, qui mettent toujours de l'amour propre à faire leur corde de la longueur prescrite, emploient un moyen fort mauvais pour atteindre ce but.

Lorsqu'ils s'aperçoivent qu'il leur reste beaucoup de corde à commettre, et que le carré approche de 120 brasses qu'ils doivent donner à leur pièce, ils font tourner très vite la manivelle du carré, et fort lentement celle du chantier; avec cette précaution, le carré n'avance presque plus et le toupin va fort vite. Au contraire, s'ils voient que leur corde est presque toute commise et que le carré soit encore éloigné des 120 brasses, ils font tourner très vite les manivelles du chantier et lentement celle du carré; alors les torons prennent beaucoup de tors, le carré avance peu pendant que la corde se commet et que le chariot avance plus vite; par ce moyen le carré arrive aux 120 brasses assez précisément dans le même tems que le toupin touche à l'atelier, et le cordier s'applaudit, quoiqu'il ait fait une corde très défectueuse.

Enfin le toupin arrive peu à peu tout près de l'atelier, il touche aux palombes; et alors la corde est commise; les ouvriers qui sont aux manivelles cessent de les faire tourner.

Duhamel enseigne un moyen bien simple de régler assez précisément les marches proportionnelles du carré et du toupin, car il n'y a qu'à attacher au chariot un fil de caret noir qui s'étendrait jusque sous le chantier où un petit garçon le tiendrait, ce fil servirait à exprimer la vitesse de la marche du toupin.

On attacherait au carré, dit-il, une moufle à trois rouets, et au chantier aussi une moufle à pareil nombre de rouets; on passerait un fil blanc dans ces six roues; un bout de ce fil serait attaché à la moufle du carré, et le petit garçon tiendrait l'autre qu'il joindrait avec le fil noir; le fil blanc exprimerait la vitesse du carré. Il est évident que si la marche du chariot était d'une rapidité proportionnée à celle du carré (7 fois plus rapide pour le commettage au tiers), les deux fils que le petit garçon tirerait à lui seraient également tendus; s'il s'apercevait que le fil blanc devint plus lâche que le noir, ce serait signe que le carré irait trop vite, et on y remédierait sur-le-champ en faisant tourner moins vite les manivelles du chantier, ou plus vite celles du carré, ou en lâchant un peu la livarde du chariot. Si, au contraire, le fil noir mollissait, on pourrait en conclure que le chariot irait trop vite, et il serait aisé d'y remédier en faisant tourner plus vite les manivelles du chantier, ou plus lentement celles du carré, ou en serrant un peu la livarde ou retraite du chariot.

J'ignore si ce moyen, inventé par Duhamel, est mis en pratique dans quelques chantiers, mais il est certain qu'il devrait l'être partout. Du reste, il y a des cordiers qui n'y mettent pas tant de façon: quand ils voient que le toupin touche aux palombes et que le carré n'est pas rendu aux 120 brasses voulues, ils continuent de faire tourner la manivelle du carré, pendant que les manivelles du chantier restent immobiles. Ils tordent ainsi leur pièce de cordage jusqu'à ce qu'elle soit arrivée aux 120 brasses.

Certainement il vaudrait mieux n'être pas obligé d'employer cette méthode, ou même laisser la corde un peu plus longue qu'elle devrait être : mais cependant un peu de tortillement quand la corde est commise, a ses avantages s'il a des inconvénieus. C'est ce que nous allons rapidement discuter.

1° Les pièces ainsi tortillées se rouent beaucoup plus aisément ; 2° souvent le tortillement se perd par le service, la dureté qu'il communique à la corde disparait quand les hélices s'alongent, et l'inconvénient de cette dureté disparait ; 3° la corde détortillée en devient plus longue, et par conséquent plus forte puisqu'elle est moins commise ; 4° comme il n'est presque pas possible que le toupin coule et s'avance uniformément le long des torons, on égalise à peu de chose près toutes les hélices qui se trouvent le long de la corde, par ce tortillement, puisqu'il est clair que ce seront les parties les plus molles de la corde, ou les moins tortillées, qui recevront le plus de ce dernier tortillement. 5° Il arrive souvent que la force élastique occasionée par le tortillement des torons n'est pas entièrement consommée par le commettage. En donnant à la pièce le tortillement dont il s'agit, on répare cette inégalité, qui est toujours un défaut pour le cordage. Cela arrive assez souvent dans les cordes où l'on prend les deux tiers du raccourcissement de la corde pour tordre les torons, mais cela est encore plus visible dans les cordages de *main torse*, car quand on ne leur donne pas le tortillement dont il s'agit, après qu'elles ont été commises, on les voit (quand elles sont abandonnées à elles-mêmes) se travailler et se replier sur elles-mêmes dans le sens du commettage; comme si elles voulaient se tordre davantage.

Venons à présent aux inconvéniens : 1° Les pièces ont un degré de force élastique qui fait que, si on les pliait en deux, elles se rouleraient l'une autour de l'autre ; 2° Ce tortillement surabondant se perdant plus tard dans le·

service, devient inutile ; 3° Tant qu'il subsiste, ce tortillement produit dans les cordages une grande disposition à prendre des coques, ce qui est un défaut considérable pour les manœuvres qui doivent courir dans les
poulies ; 4° Si ce tortillement existait dans les manœuvres qui sont arrêtées par les deux bouts, comme les
haubans, il rendrait les hélices plus courtes et par conséquent les cordes moins fortes; 5° Enfin, par ce tortillement, on fait souffrir aux fils un effort considérable,
qu'on pourrait leur épargner.

Que conclure de tout cela? C'est, à notre avis, qu'on
peut se dispenser de donner ce tortillement si la corde
se trouve juste à sa longueur, mais que, quand on le
donne modérément, à une brasse ou une brasse et demie de raccourcissement, loin de nuire, il peut être utile.

Manière de rouer le cordage.

Quand le maître cordier voit que sa pièce est bien
commise, qu'elle a toute sa perfection, il fait arrêter la
manivelle du carré, il fait lier avec un fil de caret goudronné, et le plus serré qu'il peut, les trois torons les
uns avec les autres, tant auprès du toupin, qu'auprès de
la manivelle du carré, afin que les torons ne se séparent
pas les uns des autres. On détache ensuite la pièce, tant
de la grande manivelle du carré que des palombes, et on
la porte sur des chevalets qui sont rangés à dessein le
long du mur de la corderie, ou sur des piquets qui y ont
été scellés pour cet usage.

Dans cette position, la pièce se *rasseoit* toute la journée, c'est-à-dire que les fils prennent le pli qu'on leur a
donné en les commettant. Pendant ce tems-là, les ouvriers en commettent une autre, ou s'occupent à d'autres
travaux. A la fin de la journée, on roue les pièces commises, voilà comment :

Il est indispensable de plier les cordages pour les porter dans les magasins. Ceux qui sont fort gros, comme

les cables, se portent tout entiers par le moyen de *cheva-lets à rouleau*, fig. 54, ou sur l'épaule des ouvriers; on les place en rond dans le magasin, sur des chantiers, comme on en voit un, fig. 55. A l'égard des cordages de moindre grosseur, on les *roue* dans la corderie, c'est-à-dire qu'on en fait un paquet qui ressemble à une roue, ou plutôt à une meule de moulin. Pour cela, le maître cordier commence par lier ensemble deux bouts de corde d'étoupe d'une longueur et d'une grosseur propor-tionnées à la grosseur du cordage qu'on veut rouer, mais cette corde doit être très peu tortillée, pour qu'elle soit souple; ces deux cordes ainsi réunies s'appellent une *liasse*. On pose cette liasse à terre, de façon que les qua-tre bouts fassent une croix; ensuite, mettant le pied sur la corde qu'on veut rouer, on en forme un cercle plus ou moins grand, suivant la flexibilité et la grosseur de la corde, et on a soin que le nœud de la liasse se trouve au centre de ce cercle de corde, fig. 57. Quant le premier cercle est achevé, on lie avec un fil de carret le bout de la corde, avec la portion de la corde qui lui répond, et cette première révolution étant bien assujétie, on l'enve-loppe par d'autres qu'on serre bien les unes contre les autres, en halant seulement dessus si la corde est menue et n'est point trop raide, ou à coups de maillet si elle ne veut pas obéir aux simples efforts des bras. On continue à ajouter des révolutions jusqu'à ce qu'on ait formé une espèce de bourrelet en spirale, qui ait un pied, un pied et demi, deux pieds, ou plus de largeur, suivant que la corde est plus grosse ou plus longue.

Quand ce premier rang de spirale est fait, on le re-couvre d'un autre tout semblable, excepté qu'on com-mence par la plus grande révolution et qu'on finit par la plus petite; au troisième rang, on commence par la plus petite et l'on finit par la plus grande, et ainsi de suite alternativement, jusqu'à ce que le cordage soit tout roué. Alors on prend les bouts de la liasse qui sont à la circonférence de la meule de cordage, on les passe dans la croix que forme la liasse au milieu de la meule, et halant sur les quatre bouts à la fois, on serre bien toutes les révolutions les unes contre les autres.

Lorsque les bouts de la liasse sont arrêtés et que la meule est bien assujétie, on peut la porter sur l'épaule, ou passer au milieu une barre de bois pour la porter à deux. On peut aussi la rouler si la grosseur et le poids de la pièce le demandent.

Les cordes très minces, comme le bitord, le merlin et le lusin, étant trop molles pour se soutenir si on les rouait, on a coutume de les dévider sur une espèce de moulinet, en forme d'écheveau, qu'on arrête avec une commande.

Sur la manière de charger le carré.

Nous avons dit qu'avant de commettre on chargeait le chariot, mais pour ne pas couper notre récit par une digression qui l'eût rendu moins clair en l'alongeant, nous ne sommes entré dans aucun détail à ce sujet, nous réservant d'y revenir ici, car cette opération est d'une haute importance si l'on s'en rapporte à la plupart des maîtres cordiers.

Par sa résistance, le carré doit tenir les torons à mesure qu'ils se raccourcissent, dans un degré de tension qui permette au cordier de les bien commettre; telle est son utilité. Mais quel doit être ce degré de tension et par conséquent la charge du carré, pour chaque genre d'ouvrage? C'est sur ce point que l'on n'est pas d'accord.

Il est certain que si le carré était trop léger, les torons ne seraient pas suffisamment tendus, et le cordier ne pourrait pas juger si la corde a été bien ourdie. Pour peu qu'un des torons fût plus tendu que les autres, la direction du chariot serait changée; il se mettrait de côté, et tantôt il glisserait par secousses quand le terrain se trouverait bien uni, tantôt sa marche serait retardée ou dérangée. Pour que le toupin courre bien, il faut que le carré fasse quelque résistance ; mais si au contraire, le carré est trop chargé, il en résulte d'autres inconvéniens ; il faut aux torons, pour le faire avancer, une bien plus grande tension et par conséquent trop de tortillement ; souvent même, cette tension devient si considérable que les torons se rompent.

Il faut donc, pour charger le carré, trouver un terme moyen, et chacun croit l'avoir trouvé, comme nous allons le dire. De certains cordiers chargent le carré du double du poids du cordage ; par exemple, s'ils veulent commettre un cable de douze pouces de circonférence, sachant qu'un cordage de cette grosseur et de 120 brasses de longueur pèse à peu près 3400 à 3500 livres, ils mettront sur le carré 6800 livres.

D'autres diminuent un douzième, et mettent sur le carré, dans le même cas, 6235 livres.

A Rochefort on met sur le carré le poids de la pièce, plus la moitié de ce poids. Ainsi, en supposant toujours que le cable de 12 pouces pèse 3400 livres, ils chargent le carré de 5100 livres.

Duhamel pense que, quand les cordes sont moins longues, elles se commettent très bien en n'ajoutant que le tiers ou le quart, au poids de la corde. Par exemple, si la corde n'avait que 60 brasses de longueur, on pourrait ne mettre sur le carré que 4533 livres, ou même si elle était encore plus courte, 3825 livres suffiraient ; néanmoins cet auteur dit qu'on peut suivre sans inconvénient la méthode de Rochefort.

Gavoty, que sa qualité de cordier rend à nos yeux une bonne autorité dans beaucoup de cas : le poids du carré, dit-il, est le *régulateur du commettage*, et ce poids doit être le triple de celui du cordage. Partant de ce principe, il s'en suivrait que le cable de douze pouces, de 120 brasses de longueur, et pesant 3400, exigerait que le carré fût chargé du poids de 10,200 livres. Il paraît que Gavoty ne tient pas compte de la longueur du cable, car il ajoute : « un cable de 30 brasses, du poids de 850 livres, exigera également un carré du poids de 10,200 livres.

DE LA FABRICATION DES AUSSIÈRES A QUATRE, CINQ, ET SIX TORONS.

Noms et usages des aussières à plus de trois torons.

L'atelier des commetteurs et les instrumens dont ils se servent pour fabriquer ces cordages étant les mêmes que ceux que nous avons décrits dans le chapitre précédent, nous passons de suite à un autre sujet.

Les aussières à quatre torons sont beaucoup employées pour manœuvres par de certains maitres d'équipage, et tout-à-fait négligées ou même rejetées par d'autres ; dans quelques-uns de nos ports, on en commet beaucoup, presque pas dans d'autres, ce qui en est une conséquence naturelle. On en fait quelquefois des pièces de haubans, depuis quatre pouces jusqu'à dix ; des tournevires depuis six pouces jusqu'à onze, des itagues de grandes vergues, depuis six pouces jusqu'à onze, des aussières ordinaires sans destination précise, des francs-funins, des garans de caliornes, des garans de palans, des rides, etc., depuis un pouce jusqu'à dix.

De l'ourdissage et du commettage.

On ourdit ces aussières comme celles qui n'ont que trois torons ; quand les fils sont étendus, on les divise en quatre, cinq ou six faisceaux, en ayant soin de mettre un nombre égal de fils dans chaque faisceau ; pour cela on divisera le nombre total des fils par celui des faisceaux, c'est-à-dire par quatre, cinq, ou six.

Mais, comme il faut que chaque toron soit rigoureusement composé du même nombre de fils, il en résulte qu'une corde de vingt-quatre fils, par exemple, ne pourrait pas se commettre à cinq torons, parce qu'on ne peut pas diviser exactement 24 par 5. Dans ce cas, il faudrait ajouter un fil à la corde, et l'on diviserait 25 par 5, ce qui donnerait cinq fils par torons. Cet exemple est suffisant pour faire comprendre les petites difficultés que peut offrir la division des faisceaux, et le moyen de les surmonter, en composant toujours la corde d'un nombre de fils divisible sans fractions, par le nombre des torons.

On met autant de manivelles au carré et au chantier qu'on a de torons, et on vire sur ces torons comme sur les trois dont nous avons parlé dans le chapitre précédent. On les raccourcit d'une même quantité; on les réunit de même du côté du carré à une seule manivelle. Pour les commettre, on se sert d'un toupin qui a autant de rainures qu'il y a de torons; enfin, en commettant les torons, on les raccourcit autant que quand il n'y en a que trois.

Comme on le voit, il y a peu de différence entre la fabrication des ces aussières et celle des cordages dont il a été question dans le chapitre précédent.

Des mèches ou ames.

Si on coupe transversalement une aussière à trois torons, fig. 58, on voit qu'il reste très peu de vide dans l'axe de la corde, et ce vide disparaît même par la pression, qui aplatit un peu les torons dans les points où ils se touchent, comme dans la figure 59.

Si on coupe une aussière à quatre torons, le vide sera plus grand, comme dans la fig. 60; mais une forte pression pourra faire encore que le vide disparaîtra au moins en grande partie.

Si on coupe une aussière à cinq et à six torons, fig. 61 et 62, le vide sera tellement grand qu'il sera impos-

sible de commettre la corde sans qu'un des torons glisse
dedans et le remplisse, d'où il résultera une mauvaise
corde.

Il faut donc remplir ce vide par un axe composé de
plus ou moins de fils, autour desquels les torons se tor-
tilleront et formeront des hélices régulières. C'est à cet
axe que l'on donne le nom de *mèche* ou *ame*.

Avant de placer cette mèche, encore faut-il savoir la
grosseur à lui donner, comparativement à la grosseur
des torons et à leur nombre. Si nous écrivions pour
des personnes versées dans les mathématiques, rien ne
serait plus aisé; nous leur dirions: pour connaître la
quantité du vide qui reste entre les torons de tous les
cordages, il n'y a qu'à chercher le rapport d'une suite
de polygones construits sur le diamètre des torons, car
le rapport des vides sera celui de ces polygones, diminué
successivement d'un demi-toron pour l'aussière à trois
torons, d'un toron pour l'aussière à quatre, d'un toron
et demi pour l'aussière à cinq, et de deux torons pour
l'aussière à six, en supposant que les torons soient d'é-
gale grosseur dans toutes ces aussières.

Mais nous écrivons pour des ouvriers peu ou point fa-
miliarisés avec les études, et il faut employer d'autres
moyens pour nous faire comprendre.

L'espace qui reste vide dans une corde à trois torons
est égal à la vingt-huitième partie de l'aire formée par la
coupe transversale d'un toron; celui qui reste vide entre
quatre torons est égal à trois onzièmes de l'aire d'un des
torons; celui qui reste vide entre six torons est égal à
l'aire de la coupe de deux torons. Ainsi quand on connaîtra la grosseur des torons d'un cordage quelconque,
on pourra aisément calculer la grandeur du vide et la
grosseur de la mèche avec laquelle on devra le remplir.

Mais comme la pression plus ou moins grande des
torons, selon que le cordage est plus ou moins tortillé,

les comprime et les aplatit à leurs points de contact,
il résulte que le vide diminue en conséquence, et c'est
pour cette raison que la plupart du tems la mèche d'une
aussière à six torons n'égale en grosseur qu'un toron.
Du reste il faut toujours éviter de faire les mèches trop
grosses : 1° pour ne pas faire une consommation inutile
de matière ; 2° pour ne pas augmenter le poids et la
grosseur des cordages par une matière qui est inutile à
leur force; 3° parce que les mèches trop grosses seraient
extrêmement serrées par les torons, ce qui serait un
défaut très nuisible à la force des cordages.

On n'est pas dans l'usage de faire de grosses cordes
avec plus de quatre torons, et quelques cordiers ne
mettent point de mèche dans ces sortes de cordages; le
vide qui reste dans l'axe n'étant pas à beaucoup près assez considérable pour recevoir un des quatre torons,
un habile cordier peut, en y donnant les soins nécessaires, commettre très bien et sans défaut quatre torons,
sans remplir le vide. Néanmoins la plupart des cordiers,
soit qu'ils se méfient de leur adresse, soit pour s'épargner
des soins et de l'attention, prétendent qu'on ne peut
pas se passer de mèche pour ces sortes de cordages, et ceux
qui sont de ce sentiment sont peu d'accord sur la grosseur
qu'il faut donner à ces mèches ; les uns les font fort grosses, les autres fort menues, sans autre principe qu'une
pratique arbitraire.

Quand on conçoit la grosseur que l'on doit donner à
une mèche, on choisit une corde ordinaire de cette
grosseur, pour l'employer à cet usage. On la fait passer dans un trou de tarière qui traverse l'axe du toupin,
et on l'arrête seulement par un de ses bouts à l'extrémité de la grande manivelle du carré, de manière
qu'elle soit placée entre les quatre torons qui doivent
l'envelopper. Moyennant cette précaution, la mèche se
présente toujours au milieu des quatre torons, elle se
place dans l'axe de l'aussière, et à mesure que le toupin

s'avance vers le chantier, elle coule dans le trou qui le traverse, comme les torons coulent dans les rainures qui sont à la circonférence du toupin. Il faut remarquer que, comme la mèche ne se raccourcit pas autant que les torons qui l'enveloppent, il suffit qu'elle soit un peu plus longue que le cordage ne sera étant commis. Un enfant a seulement soin de la tenir un peu tendue à une petite distance du toupin, pour qu'elle ne se mêle pas, et qu'elle n'interrompe pas la marche du chariot.

La plupart des cordiers qui emploient des fils pour faire leur mèche, pour mieux les rassembler, divisent les fils qui les composent en deux ou trois parties, et en font ainsi une véritable aussière à deux ou trois torons.

Il est facile de concevoir que, quand les torons viennent à se rouler sur ces sortes de mèches, ils les tortillent plus qu'elles n'étaient, quand même ils auraient l'attention de les laisser se détordre autant qu'elles l'exigeraient sans les gêner en aucune façon. Or, pour peu qu'elles se tortillent, elles augmentent de grosseur et se raidissent, et, dans l'axe de l'aussière, elles sont raides, fort tendues, et très pressées par les torons qui les enveloppent. C'est pour cette raison qu'on entend les mèches se rompre au moindre effort, et que si on défait les cordages après qu'ils en ont éprouvé de grands, on trouve les mèches rompues en une infinité d'endroits.

Cela vient de ce que les aussières un peu grosses font des efforts considérables, pendant lesquels les torons serrent si fort la mèche qu'ils enveloppent, que celle-ci ne peut ni glisser ni s'alonger; il faut bien, alors, qu'elle rompe.

Duhamel, frappé de cet inconvénient, a essayé d'y remédier, et comme, en pareille chose, les plus petits détails peuvent jeter de la clarté dans la matière, nous allons le laisser parler lui-même.

Nous sommes parvenus, dit-il, à diminuer un peu le défaut des mèches ordinaires, et nous avons reconnu que sans s'écarter beaucoup de la méthode des cordiers, on peut faire des mèches un peu moins sujettes à se rompre, car dans les épreuves que nous avons faites de nos nouvelles mèches, lorsque les aussières étaient un peu grosses, et quand nous les chargions jusqu'à les faire rompre, nous avons remarqué que, quoique les nouvelles mèches eussent rompu en plusieurs endroits, elles ne l'étaient néanmoins pas à beaucoup près autant que les mèches ordinaires. Si nous ne chargions ces cordages que de la moitié ou des deux tiers du poids qu'il aurait fallu pour les faire rompre, souvent nous les trouvions tout entières, ce qui n'arrivait pas aux mèches ordinaires. Enfin, lorsque les aussières étaient menues, nous avons souvent remarqué que les mèches ne rompaient qu'avec les torons, ce qui n'arrivait pas aux mèches faites à l'ordinaire, qui étaient presque toujours rompues en différens endroits.

Pour faire des mèches moins sujettes à se rompre, nous n'avons rien trouvé de mieux que d'employer (au lieu d'une corde ordinaire, comme on a coutume de le faire) un faisceau de fils qui forme le même volume, et que l'on placera de la même manière, mais que l'on tortillera en même tems et dans le même sens que les torons ; par ce moyen la mèche se tortillera et se raccourcira autant que les torons.

Il faut se souvenir que, quand on commet une corde, la manivelle du carré tourne dans un sens opposé à celui où les torons ont été tortillés, et comme ils le seraient pour se détordre. Or, comme la mèche qui sera déjà tortillée, tournera sans obstacle dans ce sens là, il faut absolument qu'elle se détortille à mesure que la corde se commet, et comme elle ne peut se détortiller sans que

les fils qui la composent se relâchent et tendent à s'alonger, la mèche restera lâche et molle dans le centre de
la corde, tandis que les torons qui sont autour seront
fort tendus, et s'il arrive que la corde chargée d'un
poids s'alonge, la mèche, qui sera lâche, pourra s'étendre et s'alonger un peu. S'il nous était possible de la
faire si lâche qu'elle ne fît aucun effort, assurément elle
ne romprait qu'après les torons ; mais jusqu'à présent
nous n'avons pu parvenir à ce point, surtout quand les
cordages étaient un peu gros.

On convient qu'une mèche, de quelque espèce
qu'elle soit, ne peut rien ajouter à la force des cordes,
ainsi il ne faut y employer que du second brin ou
même de l'étoupe ; tout ce qu'on doit désirer, c'est de
les rendre moins cassantes, pour qu'elles soient toujours
en état de tenir les torons en équilibre, et de les empêcher de s'approcher les uns plus que les autres de l'axe
de la corde.

Il est impossible de se passer de mèche pour faire des
cordages à cinq et six torons, mais on peut fort bien,
comme nous l'avons dit, en faire à quatre torons sans
y mettre de mèche. Quelques cordiers sont assez adroits
pour y parvenir sans rien changer à la·manière ordinaire de commettre, mais il n'en serait pas de même
pour tous. Aussi a-t-on inventé un procédé qui facilite
singulièrement cette opération. On place au centre du
toupin une cheville de bois pointue, assez longue pour
que son extrémité se trouve engagée entre les quatre torons, à l'endroit précisément où ils se commettent actuellement ; de cette façon la cheville sert d'appui aux
torons ; à mesure que le toupin recule, la cheville recule
aussi ; elle sort d'entre les torons qui viennent de se
commettre, et se trouve toujours au milieu de ceux qui
se commettent actuellement.

CHAPITRE VI.

DE LA FABRICATION DES GRELINS ET CABLES.

On nomme *grelins* des cordages *composés* qui n'excèdent pas une certaine grosseur; quand ils excèdent dix-huit pouces de circonférence, ils prennent généralement le nom de *cables*. Mais il s'en faut de beaucoup qu'il y ait rien de précis dans cette nomenclature.

Des différentes sortes de grelins, et de leur usage.

Dans nos ports, on trouve beaucoup de maîtres d'équipage qui emploient, de préférence, les grelins sur tous les autres cordages, quoiqu'il y ait une assez grande augmentation de dépense; ils en sont, et au-delà, dédommagés par ce qu'ils gagnent sur la force de ces cordages. Nous ne citerons ici que les principaux emplois des grelins.

1° *Les cables.* Tous les cables pour les ancres, depuis 13 pouces de grosseur jusqu'à 24, sont commis en grelins; ils ont ordinairement 120 brasses de longueur, et sont goudronnés en fil. On ne les roue pas, et on les porte au magasin de la garniture et au vaisseau, ou sur l'épaule ou sur des rouleaux.

Quelques cordiers prétendent qu'il faut commettre les cables aussi longs que possible; d'autres ne sont pas de cet avis, parce que, disent-ils, le tortillement a trop de peine à se faire sentir dans une pièce d'une grande longueur: ces cables seraient donc plus tortillés par les bouts que par le milieu, ce qui serait un grand défaut.

2° *Haubans.* On commet quelquefois en grelin des pièces pour les haubans, de cinq à dix pouces de grosseur, et de 80 à 130 brasses de longueur. Elles sont toutes goudronnées en fil. Il est inutile que les haubans soient souples et flexibles, mais ils doivent être forts, et non susceptibles de s'alonger.

3° *Tournevires.* La plupart sont commis en grelin, depuis sept jusqu'à douze pouces de grosseur, et de 40 à 67 brasses de longueur.

Quelques maîtres d'équipage font faire leurs tournevires en aussière, sous le prétexte qu'ils s'alongent moins et qu'ils sont plus souples. Mais il serait fort aisé de procurer cet avantage aux grelins ; pour cela, il ne faudrait que multiplier les torons et les tordre moins, alors ils joindraient la force à la souplesse et s'alongeraient peu.

4° *Itagues.* Les itagues de grandes vergues se commettent en grelins de 26 à 14 brasses de longueur, et de 7 à 12 pouces de grosseur.

5° *Drisses et écoutes.* Elles se commettent en grelins pour les grandes voiles et de misaine, depuis trois jusqu'à sept pouces de grosseur, et depuis 46 brasses jusqu'à 110 brasses de longueur.

6° *Guinderesses.* Toutes celles de grand et de petit mâts de hune, se commettent en grelin ; elles ont depuis quatre jusqu'à huit pouces de grosseur, et depuis 40 jusqu'à 75 brasses de longueur.

7° *Orins.* On en fait en grelin, qui ont depuis quatre jusqu'à huit pouces de grosseur, et 90 brasses de longueur.

8° *Étais.* On en fait en grelin, qui ont depuis quatre jusqu'à huit pouces de grosseur, et depuis 23 jusqu'à 36 brasses de longueur.

9° *Grelins divers.* On en fait depuis trois pouces de grosseur jusqu'à treize, dont les usages ne sont point déterminés, et que les maîtres d'équipage emploient à dif-

férens usages. On en commet en blanc et de goudronnés, pour le service des ports.

Avantage des grelins sur les aussières.

On commet deux fois les cordages en grelin ; c'est-à-
dire, qu'au lieu d'être commis une fois avec de simples
torons, on commet ces torons en aussières qui prennent le nom de cordons, puis on commet une seconde
fois ces cordons en grelins.

Lorsque les grelins ont à souffrir quelque frottement
violent, les fibres du chanvre sont tellement entrelacées
et embarrassées les unes dans les autres, qu'elles ne peuvent se dégager facilement. Quelques fils viennent-ils à
se rompre, la corde est à la vérité affaiblie à cet endroit,
mais comme ces fils sont tellement serrés par les cordons
qui passent dessus, qu'ils ne peuvent se séparer plus
avant, il n'y a que ce seul endroit de la corde qui souffre, tout le reste du cable est aussi fort qu'auparavant,
et il n'y a pas à craindre que cet accident le rende défectueux dans les autres parties de la longueur du cordage, duquel on peut se servir, après avoir retranché
la partie endommagée, à supposer qu'elle le fût au point
qu'on craignit que le cable ne pût résister dans cet endroit aux efforts qu'il est obligé d'essuyer.

Les cordiers et les marins prétendent que l'eau de la
mer, dans laquelle ces cordages sont presque toujours
plongés, pénétrerait avec beaucoup plus de facilité dans
l'intérieur des cables, si on les commettait en aussière,
et que, par cette raison, ils pourriraient plus aisément.

Le lecteur qui nous 'a suivi attentivement jusqu'ici,
sait que, dans une corde quelconque, il est avantageux
de multiplier le nombre des torons ; 1° parce qu'un toron qui est menu, se commet par une moindre force élastique que celui qui est gros ; 2° parce que plus un toron
est menu, et moins il y a de différence entre la tension

des fils qui sont au centre du toron, et la tension de ceux de la circonférence. Or, le plus sûr moyen de multiplier le nombre des torons, est de faire les cordages au grelin, parce qu'il ne paraît pas qu'on puisse faire des aussières avec plus de six torons, au lieu que le plus simple de tous les grelins en a neuf, et on serait maître de multiplier les torons dans un gros cable presque autant qu'on le voudrait.

D'après Duhamel, voici le tableau des combinaisons que l'on pourrait obtenir :

1° A 5 cordons composés chacun de 3 torons ; total, 9 torons.

2° A 4 cordons composés chacun de 3 torons ; — 12 torons.

3° A 3 cordons composés chacun de 4 torons ; — 12 torons.

4° A 3 cordons composés chacun de 5 torons ; — 15 torons.

5° A 5 cordons composés chacun de 3 torons ; — 15 torons.

6° A 4 cordons composés chacun de 4 torons ; — 16 torons.

7° A 3 cordons composés chacun de 6 torons ; — 18 torons.

8° A six cordons composés chacun de 3 torons , — 18 torons.

9° A 4 cordons composés chacun de 5 torons ; — 20 torons.

10° A 5 cordons composés chacun de 4 torons ; — 20 torons.

11° A 4 cordons composés chacun de 6 torons ; — 24 torons.

12° A 6 cordons composés chacun de 4 torons ; — 84 torons.

13° A 5 cordons composés chacun de 5 torons ; — 25 torons.

14° A 5 cordons composés chacun de 6 torons; — 30 torons.

15° A 6 cordons composés chacun de 5 torons; — 30 torons.

16° A 6 cordons composés chacun de 6 torons; — 36 torons.

Nonobstant l'autorité de Duhamel, les cordiers, jusqu'à ce jour, se sont bornés, et ils ont très bien fait, à commettre des cables, dans nos ports :

1° A 3 cordons composés chacun de 3 torons; — 9 torons.

2° A 4 cordons composés chacun de 3 torons; — 12 torons. Encore, on ne fait que rarement de ces derniers, et seulement pour les rendre plus propres à rouler dans les poulies.

J'ai dit que les cordiers ont bien fait de s'en tenir là, parce que le plus grand inconvénient qui existe dans le service des cables est leur pesanteur, et que le nombre des mèches que l'on serait obligé d'employer pour commettre ces cables, l'augmenterait considérablement, et hors de proportion avec la force qu'ils acquerraient. Citons-en un exemple dont Duhamel se serait bien donné de garde de parler.

Je suppose que l'on veuille faire un cable de 24 pouces de circonférence. Il faudra le composer de 2304 fils. Pour le faire à six cordons composés de six torons, il faudra sept mèches, six pour les cordons, une pour le cable. Le nombre de fils qu'il faudra employer pour chaque mèche de cordon, ne pourra pas être moindre que celui qu'il faut pour faire un toron, et la mèche du cable sera égale, en nombre de fils, à un cordon. En ourdissant le cable, il faudra donc diviser d'abord les fils en 48 parties, ce qui donnera 48 fils par partie. 36 de ces parties formeront les torons, et les 12 autres les mèches, savoir : une partie ou 48 fils pour la mèche de chaque cordon, et 6 parties ou 288 fils pour la mèche du cable. Ainsi, sur 2304 fils dont le cable se composera, 576, c'est-à-dire, le quart à peu près, seront entièrement perdus pour la force, et ne serviront qu'aux mèches. Ce cable pèsera 13824 livres, et aura tout juste la force d'un cable ordinaire, à trois cordons de trois torons, composé de 1728 fils, et pesant 10368 livres.

Néanmoins, tout en rejetant le tableau de Duhamel, je pense, avec cet écrivain, qu'il y aurait *peut-être* de l'avahtage à commettre des cables à quatre cordons, chaque cordon composé de quatre torons, parce qu'on pourrait commettre ces cordages sans mèches, de même que l'on fait des aussières à quatre torons. Mais expliquons encore notre *peut-être* : ces cables seraient très difficiles à fabriquer, et très peu d'ouvriers seraient assez habiles pour les commettre sans défauts; d'où il résulterait qu'on ne pourrait se les procurer que très difficilement, et que lorsqu'ils auraient quelques défauts, ils ne vaudraient pas de bonnes aussières.

A présent nous allons extraire de Duhamel tout ce que dit cet auteur sur la fabrication des cables, puis nous terminerons ce chapitre par des détails sur la manière de commettre aujourd'hui les cables dans les corderies de nos ports.

Suivant l'idée générale que nous avons donnée des grelins, dit Duhamel, il est clair qu'il suffit pour les faire, de *mettre des aussières* sur les manivelles du chantier et du carré, comme on mettrait des torons, de tourner ces manivelles dans le sens du tortillement des aussières, jusqu'à ce qu'elles aient acquis l'élasticité qu'on juge leur être nécessaire; de réunir les aussières à une seule grande manivelle par le bout qui répond au carré; de placer le toupin à l'angle de réunion des torons; de l'amarrer sur son chariot, et enfin de commettre ce cordage comme on commet les grosses aussières.

C'est à quoi se réduit la pratique des cordiers pour faire des grelins de toutes sortes de grosseurs.

Il est seulement bon de remarquer que, quoiqu'exactement parlant, les grelins soient composés d'aussières, néanmoins les cordiers nomment *cordons* les aussières qui sont destinées à faire des grelins : ainsi, lorsque nous parlerons de cordons, il faut concevoir que ce sont de vraies aussières, mais qui sont destinées à être commises les unes avec les autres pour en faire des grelins.

Ici nous relèverons une erreur de l'auteur. Les cordons dont on commet les cables, ne sont pas des aussières, quoiqu'il en dise, car le degré de leur tortillement est tout-à-fait différent, comme on le verra plus loin, et enfin parce que les cordons ne reçoivent pas, isolément, le dernier procédé du commettage, qui est le tortillement définitif. Le commettage des grelins ne saurait s'opérer utilement, avec des aussières, comme on le prétend, dit Gavoty. Si cela était, les cables seraient raides et durs, parce que ces aussières subiraient un second tortillement; de là, il résulterait deux commettages, ce qui serait contraire à l'art, car des fils qui seraient commis deux fois, se trouveraient considérablement affaiblis. Les aussières et les cables ne doivent subir que le même degré de raccourcissement qu'exigent les opérations de torsion et de commettage. Ce raccourcissement est réparti dans les aussières, en trois parties parfaitement égales, et dans les cables en cinq. Ainsi les parties qui composent un cable ne doivent pas subir un plus grand raccourcissement que celles qui composent une aussière. Les cables ne doivent donc pas être composés d'aussières, mais de cordons, et les cordons de torons.

Revenons à Duhamel. De cette façon, continue-t-il, les torons sont composés de fils simplement tortillés les uns sur les autres ; les cordons sont composés de torons commis ensemble ; et les grelins de cordons commis les uns avec les autres.

On appelle souvent *cabler*, lorsqu'on réunit ensemble plusieurs cordons, au lieu qu'on se sert du terme de commettre lorsqu'on réunit les torons.

Peut-être faisait - on cette distinction du tems de cet auteur ; mais aujourd'hui je ne l'ai vu faire nulle part.

Beaucoup de cordiers suivent cette pratique, ajoute-t-il : s'ils veulent faire un cable qui ait 120 brasses de longueur, ils ourdissent les fils à 190 brasses ; en virant sur les torons, il les raccourcissent de 30 ; en commettant les torons ils les raccourcissent de 20 ; en virant sur les cordons, ils les raccourcissent de 10 ; ainsi le total du raccourcissement est de 70, ce qui étant retranché de 190, le grelin reste de 120.

C'est là l'usage le plus commun ; néanmoins quelques cordiers ne commettent leurs grelins qu'au tiers, comme les aussières, et dans cette vue, s'ils veulent avoir un cordage de 120 brasses, ils ourdissent leurs fils à 180. En virant sur les torons pour les mettre en état d'être commis en cordons, ils les raccourcissent de 30 ; en commettant les torons ils les raccourcissent de 13 ; en virant sur les cordons pour les disposer à être câblés, ils les raccourcissent de 9 ; enfin en cablant, ils les raccourcissent encore de 8. Le total du raccourcissement se monte à 60, qui fait précisément le tiers de la longueur à laquelle on avait ourdi les fils ; si on les retranche de 180, il restera pour la longueur du grelin, 120 brasses.

Depuis que nous avons fait des expériences à Rochefort, le maître cordier commet ses grelins un peu moins qu'au tiers ou aux trois dixièmes, comme on va le voir par l'énumération des différens raccourcissemens qu'il a coutume de leur donner.

Il ourdit ses fils à 190 brasses; il raccourcit ses torons, 38 brasses; en les commettant en cordons, 12 brasses; en tordant les cordons, 10 brasses; en commettant les grelins, 6 brasses; quand la pièce est finie, 2 brasses : ce qui fait 68 brasses, qui étant retranchées de 190, il reste pour la longueur du cable 122 brasses.

Il n'est pas douteux que le petit nombre de cordiers qui suivent cette dernière méthode ne fassent des grelins beaucoup plus forts que les autres; mais on peut faire encore beaucoup mieux, en ne commettant les grelins qu'au quart ou au cinquième, et en ce cas on pourra suivre à peu près les règles suivantes.

1° *Règle pour commettre un grelin au quart.* On ourdira les fils à 190 brasses; en virant sur les torons on les raccourcira de 12; en commettant, de 11; en virant sur les cordons, de 12 ; enfin en cablant, de 12 brasses : raccourcissement total, 47 brasses et demie; reste pour la longueur du grelin 142 brasses et demie, plus long qu'à l'ordinaire de 22 brasses et demie.

2° *Règle pour commettre un grelin au cinquième.* Il faudra ourdir les fils à 190 brasses; on les raccourcira en virant sur les torons, de 10; en commettant les torons, de 9 ; en virant sur les cordons, de 10 ; enfin en cablant, de 9. Total du raccourcissement 38 brasses; reste pour la longueur du grelin 172 brasses; plus long qu'à l'ordinaire de 52 brasses.

Ainsi, pour commettre toutes sortes de grelins au quart, il faut commencer par diviser toute la longueur des fils par quatre; si ces fils ont 190 brasses, on trouvera au quotient 47 brasses et demie, qui éprouvent tout le raccourcissement que les fils doivent éprouver en-

suite : comme il y a quatre opérations pour faire un grelin, il faut diviser ces 47 demi-brasses par quatre, on
trouvera au quotient 59 pieds 9 pouces, qui doivent être
employés à chaque raccourcissement, et l'on met, si on
veut, la fraction de neuf pouces en augmentation du tortillement des cordons, ce qui fait que le grelin s'entretient mieux commis. Pour plusieurs de nos expériences,
nous avons même diminué du tortillement des deux
premières opérations, et nous avons augmenté proportionnellement le tortillement des deux dernières.

A l'égard des grelins commis au cinquième, on divise la longueur des fils par cinq, et ce qui se trouve au
quotient par quatre.

Duhamel propose ensuite un nouveau genre de cordage, auquel il donne le nom d'*archigrelin*, et qui serait
commis avec trois cordons de grelin. Mais, ce qui n'en
couragera pas à en fabriquer, c'est que, par des expériences, il établit que cet *archigrelin* n'a pas autant de
force que le grelin ordinaire.

Venons-en maintenant à la méthode que l'on emploie
aujourd'hui pour la fabrication des cables, dans les corderies du Gouvernement. Nous donnerons cette méthode
avec tous ses détails, afin de présenter au lecteur comme
un résumé général de tout cet ouvrage.

Commettage des cables et grelins.

Les cables sont composés de 3 cordons, et chaque
cordon de trois torons, en tout 9 torons. Ils sont commis au quart de raccourcissement.

Supposons qu'on veuille faire un cable de 120
brasses de longueur, et de 24 pouces de circonférence, et exposons d'abord le résumé de sa fabrication.

On le composera de 2304 fils de six lignes environ, en trois cordons, chaque cordon de trois torons chacun de 256 fils.

Les fils sont tortillés *de la droite à la gauche.*

Les faisceaux le seront *de la gauche à la droite.*

Pour être commis en torons , *de la gauche à la droite.*

Les torons pour devenir cordons, *de la droite à la gauche.*

Les cordons pour devenir cable, *de la gauche à la droite.*

Le commettage au quart consommera 40 brasses ainsi réparties ;

Tortillement des fils divisés en deux faisceaux, afin de les convertir en neuf torons; raccourcissement.	8 brasses.
Tortillement des neuf torons, pour leur faire acquérir le degré d'élasticité qu'ils doivent perdre lors de leur réunion pour en composer les cordons.	8
Tortillement des neuf torons dans leur réunion de trois en trois pour en composer un cordon.	8
Tortillement des trois cordons séparément, pour leur faire acquérir le degré d'élasticité nécessaire à leur réunion pour le commettage du cable.	8
Tortillement définitif pour le commettage du cable.	8
Total du raccourcissement.	40 brasses.

Comme il serait impossible d'établir l'un à côté de l'autre , trois chantiers qui exigeraient un nombre considérable d'outils et d'ouvriers , on est dans l'usage de diviser les torons en trois parties égales et d'en former les cordons séparément. Dans le cas même où l'on n'a pas trois manivelles d'une force suffisante, on tortille séparément les trois torons d'un cordon.

Le poids dont le carré doit être chargé s'établira ainsi :

Chaque toron étant composé de 356 fils, pesant chacun 6 livres, pèsera 1536 livres, et le carré devra être chargé, tout compris, de 4600 livres.

Chaque cordon pèsera 4600 livres, et le carré devra être chargé de 13800 livres.

Les neuf torons réunis en trois cordons pour être commis en cable pèseront environ 13800 livres; et le carré sera chargé en tout de 41400 livres.

C'est-à-dire que pour chaque commettage, le poids du carré sera le triple, environ, de celui de la corde à commettre, et cette règle est générale dans la plupart des corderies de nos ports...

Les fils qui composent chaque toron ont aussi un arrangement particulier qu'il faut connaître. Ainsi, l'organisation d'un toron de 256 fils de chacun cinq à six lignes de circonférence, sera de la manière suivante :

> 1 fil central, formant axe,
> 8 fils formant le 1er orbe autour de l'axe,
> 15 formant le 2e orbe,
> 22 formant le 3e orbe,
> 28 formant le 4e orbe,
> 35 formant le 5e orbe,
> 42 formant le 6e orbe,
> 49 formant le 7e orbe.
> 56 formant le 8e et dernier orbe.

256 fils.

Tout ceci connu, venons à présent aux diverses opérations de la fabrication du cable.

1re OPÉRATION. *Ourdissage.* — Nous avons observé que les trois cordons qui composent un cable de 24 pouces ne peuvent-être formés que l'un après l'autre, ainsi :

On divisera en trois faisceaux de chacun 256 fils, les 768 fils d'un cordon. Ils seront ourdis, étendus, et accrochés par un bout, à rebrousse-poils, aux trois manivelles du chantier, et par l'autre bout, qui est la *tête du fil*, aux trois manivelles du carré; le poids du carré sera, en tout, d'environ 4608 livres. Dans le cas où on ne tortillerait les torons que l'un après l'autre, Gavoty prétend que l'on doit réduire ce poids à 4600, mais cette différence nous paraît si minime, que nous ne croyons pas qu'elle puisse avoir une influence appréciable.

2e OPÉRATION. *Tortillement des trois faisceaux pour en faire un toron.* Ce tortillement se fait de *gauche à droite*. Si on le faisait dans le sens du fil, c'est-à-dire de *droite à gauche*, la grandeur des hélices, dit Gavoty, ferait faire des efforts considérables aux fils de l'extérieur; ferait perdre en même tems aux fils de l'intérieur de leur tension progressivement jusqu'à l'axe; produirait des vrilles et des coques, et il en résulterait des torons extrèmement durs, raides et imparfaits, quand même on chargerait le carré au-dessus des règles. Dans ce cas, il y aurait à craindre une rupture, parce que les fils du centre ne se trouvant point tendus, ceux de l'extérieur supporteraient seuls toute la résistance du carré, qui ferait succomber sous sa puissance les fils de l'intérieur.

Pour prévenir cet inconvénient, il faut tordre les faisceaux de gauche à droite, afin que les fils se détortillent selon la place qu'ils occupent, et qu'ils puissent ensuite, non seulement s'alonger et acquérir le degré de souplesse et de tension nécessaire, mais encore se retordre en même tems jusqu'au degré qu'exige la même place qu'ils occupent. Par ce détortillement progressif dans les fils, depuis l'extérieur jusqu'au centre, et le retortillement également graduel, les faisceaux sont devenus torons selon les règles de l'art.

Cette opération donne 8 brasses de raccourcissement; reste donc 152 brasses, sur les 160 d'ourdissage.

3° OPÉRATION. *Tortillement des torons pour leur donner le degré d'élasticité nécessaire au commettage des cordons.* Les trois torons seront tortillés l'un après l'autre de la *gauche à la droite.* Ce tortillement sera de 8 brasses de raccourcissement, de manière qu'ils se trouveront réduits à la longueur de 144 brasses.

4° OPÉRATION. *Tortillement des trois torons pour en faire un cordon.* On réunira par leur bout les trois torons, et on les attachera à une seule manivelle du carré. Par leur autre bout, ils resteront accrochés aux trois palombes des manivelles du chantier. On mettra ensuite le toupin à trois rainures entre les bouts des torons réunis à la manivelle du carré. Comme le toupin pourrait vaciller, il sera solidement attaché sur un petit chariot léger, en charpente, à quatre roues, et rapproché le plus près possible du carré où ce même toupin sera conduit dès qu'il aura commencé la formation du cordon; ses livardes seront entortillées sur la partie qui aura fait reculer le toupin vers le chantier, lorsqu'en même tems le carré aura avancé dans sa juste proportion.

Tout étant ainsi disposé, on tournera la manivelle du carré *de droite à gauche,* c'est-à-dire en sens contraire au tortillement des torons, ce qui les rendra doux et flexibles; les trois manivelles du chantier tourneront de *gauche à droite,* c'est-à-dire dans le sens de la torsion des torons.

Cette opération donne 8 brasses de raccourcissement, ce qui ne laisse plus aux cordons que 136 brasses de longueur.

5° OPÉRATION. *Tortillement à donner au cordon pour*

lui donner le degré d'élasticité nécessaire au commettage du cable. Ce tortillement sera fait *de la droite à la gauche*, et produira 8 brasses de raccourcissement. Le cordon n'aura donc plus que 128 brasses.

Jusque-là on a formé séparément les torons, puis les cordons.

6° OPÉRATION. *Commettage du cable.* On attache par leur bout les trois cordons aux trois palombes des manivelles du chantier, et les trois autres bouts sont réunis et accrochés à une seule manivelle du carré. Celui-ci doit-être chargé (pour le cable dont il est ici question) de 41,400 livres, y compris son propre poids. Le chariot du toupin sera rapproché le plus possible du carré.

Les manivelles du chantier tourneront dans le sens du tortillement des cordons, c'est-à-dire *de droite à gauche*, et la manivelle du carré tournera *de gauche à droite*. Le grand talent des commetteurs consiste à tenir les cordons dans un état de tension et de pression convenable, et de donner au cable un degré de torsion uniforme dans toute sa longueur. Pour cela, on place le toupin entre les trois cordons, on met les manivelles en mouvement; le cable commence à se commettre, et alors, trente ou quarante hommes, plus ou moins, achèvent de tordre la partie du cable dont le toupin s'éloigne, avec des manuelles. On conduit avec soin le toupin dessus le chariot, là il est amarré, et ses livardes sont entortillées sur la partie déjà commise, sans pourtant être trop serrées pour qu'elles ne puissent pas gêner la marche du toupin, dont on doit avoir préalablement frotté les rainures avec du savon blanc.

Si lorsque le chariot, après une marche très régulière, a parcouru ses 8 brasses exactement dans le même tems que le toupin en a parcouru 128 pour arriver aux palombes, le cable est parfaitement commis et a 120 brasses de longueur.

Tels sont les véritables principes du commettage, qui sont pratiqués par les meilleurs maîtres cordiers, et qui devraient l'être partout.

DES CORDAGES EN QUEUE DE RAT, REFAITS OU RECOUVERTS.

Il existe, dans quelques manœuvres, des cordages qui fatiguent beaucoup plus par un bout que par l'autre, tels sont, par exemple, les écouets et les écoutes de hune. Pour les rendre plus faciles à manier, pour diminuer leur poids et l'embarras que cause toujours un gros cordage, on a imaginé de faire ces manœuvres une fois plus grosses d'un bout que de l'autre, de sorte qu'un écouet qui aurait, par exemple, dix pouces de circonférence à un de ses bouts qui fatigue beaucoup, n'aurait que cinq pouces de circonférence à l'autre, qui ne fatigue presque pas. Cependant on ne se sert pas généralement de ces queues-de-rat, et beaucoup de maîtres d'équipage leur préfèrent des grelins ordinaires, parce qu'ils ont la faculté de les retourner, c'est-à-dire de se servir de l'autre bout quand le premier est usé ou endommagé. Ils ont d'autant plus raison, à mon avis, qu'une queue de rat étant toujours très difficile à faire, il est fort rare d'en trouver sans quelque défaut qui les affaiblit plus ou moins, d'où il résulte qu'un grelin est généralement plus fort.

De l'ourdissage d'une queue de rat.

Il se fait dans les mêmes principes que celui d'une aussière ordinaire, aux différences près que nous allons faire connaître.

On commence par étendre ce qu'il faut de fils pour faire le bout le plus mince, ou la moitié de la grosseur du gros bout, comme pour une aussière ordinaire. On divise ensuite cette quantité de fils en trois parties égales si l'on veut faire une queue de rat à trois torons, ou en quatre, si on veut en avoir une à quatre torons. Par exemple, si l'on se propose de faire une écoute de hune à trois torons, de neuf pouces de grosseur au gros bout, sachant qu'il faut, pour avoir une aussière de cette force, 384 fils, je divise en deux cette quantité de fils pour avoir la grosseur de la queue de rat, au petit bout, et j'étends 192 fils de la longueur de la pièce, mettant en outre ce qu'il faut pour le raccourcissement des fils.

On aperçoit que chaque pièce doit faire sa manœuvre, c'est-à-dire, que chaque pièce ne doit pas avoir plus de longueur que la manœuvre qu'elle doit faire; car s'il fallait couper une manœuvre en queue de rat, on l'affaiblirait beaucoup en la coupant par le gros bout, et elle deviendrait trop grosse si l'on retranchait du petit bout.

Sachant donc qu'une écoute de hune de neuf pouces de grosseur doit servir à un vaisseau de 74 canons, et que pour un vaisseau de ce rang, elle doit avoir 32 brasses de longueur, j'étends mes 192 fils à 48 brasses si je me propose de la commettre au tiers, et à 43 brasses si je me propose de la commettre au quart. Ensuite je divise les 192 fils en trois, si je veux faire une aussière à trois torons, et je mets 64 fils pour chaque toron; ou bien je divise le nombre total en quatre, pour faire une aussière à quatre torons, et je mets 48 fils pour chaque toron. Jusque-là on suit la même règle que pour faire une aussière ordinaire, mais pour ourdir les 192 fils restant, il faut alonger seulement quatre fils, assez pour qu'ils soient à un pied de distance du carré, et au moyen d'une ganse ou d'un fil de carret, on en attache à chacun des torons, et voilà l'aussière diminuée déjà de quatre fils; on étend de même quatre autres fils qu'on attache encore avec des ganses à un pied de ceux dont nous venons de parler, et la corde se trouve diminuée de la grosseur de huit fils. En répétant 48 fois cette opération, chaque toron se trouve grossi de 48 fils, et ces 192 fils étant joints avec les 192 qu'on avait étendus en premier lieu, la corde se trouve être formée, au gros bout, de 384 fils que nous avons supposé qu'il fallait pour faire une aussière de neuf pouces de grosseur à ce bout. Suivant cette pratique, l'aussière en question conserverait neuf pouces de grosseur jusqu'aux quatre cinquièmes de sa longueur, et elle ne diminuerait que dans la longueur d'un cinquième. Si un maître d'équipage voulait que la diminution s'étendît jusqu'aux deux cinquièmes, le cordier n'aurait qu'à raccourcir chaque fil de deux pieds, au lieu d'un, etc. Car il est évident que la queue de rat s'étendra d'autant plus avant dans la pièce, qu'on mettra plus de distance d'une ganse à une autre.

Du commettage des queues de rat.

Quand les fils sont ourdis, et que ceux arrêtés par les ganses sont aussi tendus que les autres, on démarre le carré; mais comme les torons se trouvent plus gros du côté du chantier que du côté du carré, ils doivent se tordre plus difficilement vers le bout du chantier. Pour parer à cet inconvénient, on ne fait tourner que les manivelles du chantier, et par ce moyen le tortillement se fait d'une manière uniforme.

Quand on a donné aux torons un degré de raccourcissement et de torsion convenable, on les réunit tous comme à l'ordinaire à une seule manivelle qui est au milieu de la traverse du carré, on place le toupin dont les rainures doivent être assez ouvertes pour recevoir le gros bout des torons, et l'on achève de commettre la pièce selon la méthode ordinaire.

On a grande attention à ce que le toupin coure, car, comme l'augmentation de grosseur du cordage fait un obstacle à sa marche, et comme la grosseur du cordage, du côté du carré, est beaucoup moindre qu'à l'autre bout, il arrive souvent, surtout quand on commet ces cordages au tiers, qu'ils rompent auprès du carré.

Si l'on veut faire des grelins en queue de rat, on ourdit les cordons comme les aussières dont nous venons de parler, et on commet comme un grelin ordinaire, à cette exception qu'on ne fait tourner que la manivelle du chantier.

On fait des écouets en queue de rat à quatre cordons, et les cordons à trois torons deux fois commis, ou en grelin ; on en fait depuis 4 pouces de grosseur, jusqu'à 9, et depuis 18 jusqu'à 30 brasses de longueur. On fait des écoutes de hune en aussières à quatre torons depuis 3 jusqu'à huit pouces de grosseur, et depuis 18 jusqu'à 34 brasses de longueur. On en commet aussi en grelin, sur ces mêmes proportions.

DES CORDAGES REFAITS ET RECOUVERTS.

Quand un cordage est usé, il ne reste plus qu'à l'envoyer à l'atelier des étoupières, qui le mettent en étoupes pour servir à calfater; mais s'il n'est qu'endommagé dans une partie de sa longueur, pour avoir frotté sur des rochers, ou pour toute autre cause, on en tire encore parti. Pour cela, on désassemble les torons, on sépare les fils, on les étend de nouveau, et l'on en fait de menus cordages qui servent à une infinité d'usages.

Il y a des cordiers qui font retordre ces fils au rouet, comme on ferait de fils neufs ; mais cette opération qui les affaiblit, ne doit se faire que quand les fils, assez bons d'ailleurs, ne sont endommagés que dans quelques endroits. Dans ce cas on fera très bien de les mettre sur le rouet, et de rétablir les endroits défectueux avec du second brin neuf. Alors des enfans suivent les fileurs pour leur fournir du chanvre, ou pour leur donner le bout des fils quand ils sont rompus.

D'autres cordiers recouvrent entièrement ces vieux fils avec du secon brin ou de l'étoupe, ce qui les fait paraître tout neufs, sans néanmoins les rendre meilleurs. Ils en font des cordes qu'ils commettent quelquefois moins qu'au quart, et s'ils sont de mauvaise foi, ils vendent ces *cordages recouverts* pour des cordes neuves. On s'en sert à divers usages, tant dans le civil que dans la marine, mais jamais pour fourniture de vaisseau.

FIN.

DICTIONNAIRE

EXPLICATIF

DES MOTS TECHNIQUES EMPLOYÉS DANS CET OUVRAGE.

—

A.

ACOTILÉDONE (plante), est celle dont les semences, en germant, ne montrent point de cotylédons. La classe des acotylédones ne renferme point de plante textile qui me soit connue.

ACÉRÉE (feuille), est celle qui est cylindrique, raide, piquante, comme celle du genevrier par exemple.

AFFALER à une côte, être porté, malgré soi, par un coup de vent ou autre accident, sur une côte ou à la côte, de manière à ne pouvoir s'en relever que difficilement. On conçoit qu'il est ici question d'un vaisseau ou de tout autre bâtiment.

AFFINER LE CHANVRE. Contraindre les fibres longitudinales à se séparer au point de faire une filasse suffisamment fine.

AIGRETTE. Touffe de poils soyeux surmontant certaines graines. Par exemple, le pissenlit, l'asclépiade.

AIGUILLONS. Piquans appliqués sur l'épiderme de l'écorce ou des feuilles de certains végétaux, et que l'on peut détacher sans oblitérer une autre partie que cet épiderme. Exemple : le chanvre, l'ortie, le rosier.

AILES. Pétales qui constituent les corolles papilionacées des fleurs légumineuses, et qui sont placés de chaque côté de la fleur. Exemple : le genêt d'Espagne.

ALSINÉES (famille des). Plantes qui ont pour caractère : calice divisé; corolle ordinairement régulière, à cinq lobes; autant d'étamines opposées aux lobes; un style; un fruit à une loge.

AISSELLE. Intérieur de l'angle formé par une branche avec sa tige, un rameau avec sa branche, une feuille avec son rameau, etc.

ALPINES (plantes). Celles qui ne croissent que sur les hautes montagnes.

ALTERNES (feuilles), placées alternativement des deux côtés d'une branche ou d'une tige. *Pétales alternes* placés sur l'espace existant entre les divisions du calice.

AMARRER, lier fortement un cordage de manière à le fixer. On dit : amarrer à bâbord, à tribord; amarrer la barre du gouvernail sous le vent, etc.

AMPLEXICAULE, dont la base embrasse la tige.

AMURES. Trous pratiqués au plat-bord du vaisseau et dans la gorgère de son éperon. On dit *amurer une* voile, quand on la tient orientée au moyen des écoutes ou des écouets qui sont frappés aux angles d'en bas de la voile, et qui passent dans les trous qu'on nomme *amures*.

ANNUELLE, se dit d'une plante qui, dans l'espace d'une année, germe, se développe, fleurit, mûrit ses graines et meurt. Les plantes annuelles ne fructifient qu'une fois dans le cours de leur vie.

ANTHÈRE. Espèce de petit sac, ordinairement jaune, contenant le pollen ou poussière fécondante de la fleur.

APÉTALE. Fleur qui manque de pétales.

APHYLLE, qui manque de feuilles.

ARCHIGRELIN. Cable composé de grelins, d'aussières, et de torons tout à la fois. On n'en fait pas.

ARMEMENT, se dit de l'équipement d'un ou plusieurs vaisseaux de guerre ou marchands. On dit : *faire un armement , armer un vaisseau*, etc.

Aubans. Voyez Haubans.

Aussière ou Hansière. Cordage composé seulement de torons , servant à plusieurs usages pour la garniture des vaisseaux , et à plusieurs opérations, comme touer ou remorquer un bâtiment.

Axillaire. Qui est placé dans l'aisselle d'une feuille ou d'un rameau.

B.

Balancines. Manœuvres qui sont frappées aux barres de hune ou aux chouquets; elles vont passer d'abord dans des poulies qui sont vers les extrémités des vergues; elles repassent ensuite dans des poulies qui sont frappées auprès de l'origine de ces cordages , et le reste tombe le long des mâts. Elles servent à tenir les vergues en balance ou dans une situation perpendiculaire aux mâts. Il y a des balancines de grandes vergues, de civadière , de perroquet de fougue, de grand perroquet,etc.

Balle ou ballot de chanvre. On donne l'un ou l'autre de ces noms à une certaine quantité de queues de chanvre réunies en un seul paquet par un lien.

Bifide (feuille ou pétale), fendu en deux assez profondément.

Bigue, diminutif de **matereau** , qui signifie petit mât. Une bigue est donc un très petit mât.

Bilobé (feuille, pétale, graine), qui est divisé en deux lobes.

Biloculaire (capsule , fruit), qui a deux loges.

Bisannuelle (plante), qui dure deux ans. Voyez annuelle.

Bitord. Menue corde à deux fils, dont on se sert pour faire des enfléchières pour garnir les cadres.

Bitton. Pièce de bois ronde , haute de deux pieds et demi, par où l'on amarre un bâtiment à terre.

Botanique. On appelle ainsi la science qui a pour but la connaissance des végétaux.

Bouline. Manœuvre qui répond à de courts cordages qu'on nomme pattes de boulines, lesquels sont épissés à la ralingue qui répond au bord vertical de la voile. Les boulines servent à tendre le côté de la grande voile qui est du côté du vent, pour aller au plus près. La grande voile, la misaine, le grand hunier et les perroquets ont leur bouline.

Bourgeon. En botanique on nomme ainsi le premier rudiment des feuilles et des rameaux commençant à se développer.

Bractées, petites feuilles d'une forme particulière, souvent colorées, qui accompagnent les fleurs ou sont entremêlées avec elles.

Brague. Corde qu'on fait passer au travers des affuts du canon, et qu'on amarre par les bouts à deux boucles de fer qui sont de chaque côté des sabords. Les bragues servent à retenir les affuts du canon, et empêchent qu'en reculant il n'aille frapper jusqu'à l'autre côté du vaisseau.

Bras. Cordages amarrés aux bouts de la vergue pour la mouvoir et gouverner selon le vent ; la vergue d'artimon, au lieu de bras, a une corde appelée *hource*.

Braye. Voy. Broye, et fig. 3..

Bricole. Se dit de la puissance qu'ont les poids qui sont placés au-dessus du centre de gravité, pour mettre le vaisseau sur le côté ; le lest contre-balance la bricole qui est occasionée par le poids des mâts, des manœuvres hautes, etc.

Brin. On appelle ainsi les filamens du chanvre, surtout quand ils ont été affinés et peignés. Les filamens les plus longs qui restent dans les mains des peigneurs, s'appellent le *premier brin* ; on retire du chanvre qui est resté dans le peigne, des filamens plus courts qu'on appelle le *second brin* ; le reste est l'étoupe.

Broye. Instrument dont on se sert pour rompre le chanvre et séparer la filasse de la chenevotte. Voyez fig. 3.

Broyer. Manière de détacher la chenevotte de la filasse au moyen de la broye.

C.

Cabestan. Cylindre ou cône tronqué qu'on tient dans une situation perpendiculaire au moyen de plusieurs pièces de bois fermement assemblées. On le tourne avec plusieurs leviers ou barres qui le traversent, et au moyen d'un cordage qui se roule sur ce cylindre. Il sert à enlever ou à tirer les plus grands fardeaux.

Cables. Gros et longs cordages en grelin dont on se sert pour retenir un vaisseau dans un lieu, et au bout desquels l'ancre est attachée.

Cadre. Voyez Toupin.

Calfat. Ouvrier qui remplit d'étoupe les ouvertures qu'il y a entre les bordages d'un vaisseau et les fentes qui se rencontrent dans ces bordages.

Calfater. Remplir avec de l'étoupe les fentes qui se trouvent entre les bordages d'un vaisseau.

Calice. Assemblage de petites feuilles vertes qui enveloppent la fleur en bouton, et soutiennent la corolle de la fleur épanouie.

Calicinal. Qui appartient au calice.

Caliorne. Mouffles à trois rouets, garnies de leur cordage ou garant. Les caliornes servent à lever de grands fardeaux.

Campaniforme. Se dit d'une fleur ou d'une corolle qui affecte la forme d'une cloche.

Canaliculée (feuille ou tige), creusée dans sa longueur en forme de petit canal.

Capillaire (feuille), menue comme un cheveu.

Capsule. Fruit sec à une ou plusieurs loges contenant chacune une ou plusieurs graines.

CARÈNE OU NACELLE. Partie inférieure d'une corolle papilionnacée, dans laquelle sont couchés, comme dans un berceau, le pistil et les étamines. La carène est composée de deux pétales quelquefois soudés longitudinalement.

CARENTENIER. Voyez Quarentenier.

CARGUE-FONDS. Cordes que l'on amarre au milieu du bas de la voile, pour la relever vers la vergue, ou la carguer.

CARGUE-POINTS. Cordes qui sont amarrées au bas de la voile, à ses angles, et qui servent à la relever vers sa vergue.

CARRÉ, QUARRÉ, TRAISNE, TRAINEAU. Il consiste en un bâtis en charpente, en forme de traineau, sur le devant duquel s'élèvent deux forts montans pour supporter une traverse dans laquelle passent des manivelles qui servent à tordre les torons ou à commettre la corde. On charge le carré de poids pour que les torons soient bien tendus quand on les commet. Voyez fig. 46.

CARET (fil à), gros fil qui sert à faire des cordages.

CARROSSE. Voy. Chariot.

CAULINAIRE (feuille), qui est attachée le long de la tige.

CHANTIER à commettre; il consiste en un bâtis de deux grosses pièces de bois d'un pied et demi d'équarrissage et de dix pieds de longueur, maçonnées en terre; ces deux pièces éloignées l'une de l'autre de six pieds, supportent une grosse traverse de bois percée de quatre et cinq trous pour recevoir les manivelles. Voy. fig. 44.

CHANVRE. On se sert de ce mot pour exprimer et la plante qui produit la filasse, et la filasse elle-même.

CHARIOT OU CARROSSE. Assemblage de charpente qui sert à soutenir et à conduire le toupin. Il y a des chariots qui ont des roues, et d'autres qui sont en traineau.

Voy. fig. 48. Quelques ouvriers donnent, mal à propos, le nom de chariot au carré.

CHATON (fleur en). Assemblage de petites fleurs incomplettes, souvent unisexuelles, attachées à un pédicule commun, long, flexible, et ressemblant un peu à une queue. Exemple, le noisetier, l'ortie.

CHAUME. Nom que l'on donne à la tige des plantes de la famille des graminées. Ces tiges ne sont jamais recouvertes d'une écorce fibreuse, et, par conséquent, ne peuvent donner de la filasse.

CHENEVIS. Graine du chanvre.

CHENEVIÈRE. Portion de terrain spécialement consacrée à la culture du chanvre.

CHENEVOTTE. Tige du chanvre quand la filasse en a été enlevée.

CHEVALET. Les espadeurs et les commetteurs se servent de chevalets qui sont très différens les uns des autres. Les chevalets des espadeurs sont composés d'une ou de deux planches verticales qui sont assemblées au bout d'une pièce de bois qui est couchée par terre, et qui leur sert de pied; le bout d'en haut des planches verticales a une échancrure demi-circulaire dans laquelle l'ouvrier pose la poignée de chanvre qu'il veut affiner, en la frappant avec une palette de bois qu'on nomme *espadon*. Voyez. fig. 9, 10, 49 et 54.

Le chevalet du commetteur est un tréteau sur lequel il y a des chevilles de bois, et qui sert à supporter les torons et les cordons, pour les empêcher de toucher à terre. Voy. fig. 49.

CHEVRETTE. Petit animal de la classe des crustacés, qui habite les eaux vives des fontaines et des ruisseaux, et qui attaque et détériore le chanvre qu'on y met rouir.

CILIÉ (feuille ou pétale), bordé de poils comme les cils des paupières.

COCHOIR. Voyez Toupin.

COLLET. Espèce de nœud qui se trouve entre la tige et la racine, et qui est le commencement de toutes les deux.

COMMETTAGE. Réunion de plusieurs fils, de plusieurs torons ou cordons, par le tortillement.

COMMETTRE. Réunir plusieurs fils, torons ou cordons, par le tortillement, pour faire des cordages. On dit : *commettre une corde, une corde bien commise,* etc.

COMPLÈTE (fleur), quand elle à calice, corolle, étamines et pistil; elle est incomplète si elle manque d'une ou plusieurs de ces parties.

COMPOSÉE (fleur) celle qui est composée de plusieurs petites fleurs posées l'une à côté de l'autre sur un réceptacle unique, et enveloppées d'un calice commun. Par exemple, le soleil, la marguerite, etc.

COQUES. Faux plis ou espèces de boucles qui se font à une corde qui est trop tortillée.

CORDAGE. Synonyme de corde, mais qui emporte avec lui une idée de longueur. C'est le nom de toutes les cordes qui sont employées dans les agrès d'un vaisseau.

CORDIFORME (feuille), qui affecte dans sa forme, la circonscription d'un cœur.

COROLLE. Enveloppe colorée des étamines et des pistils d'une fleur. Les petites feuilles qui la composent se nomment *pétales*. La corolle est *monopétale*, quand elle est composée d'une seule pièce, *polypétale*, quand elle est composée de plusieurs pétales.

CORPS-MORT. Une ou plusieurs pièces de bois, enterrées profondément ou arrêtées en terre avec de la maçonnerie. Leur usage est de retenir une chaîne ou un organeau, pour avoir un point fixe qui sert à amarrer un vaisseau, ou à d'autres usages.

COTYLÉDONS. Parties latérales d'une semence à deux lobes, et qui forment les deux premières feuilles de la petite plante quand la graine est germée. Quelques plantes n'en ont point et sont appelées *acotylédones*, par exemple les champignons ; d'autres en ont un , et sont appelées *monocotylédones;* ces plantes ne produisent de la filasse que par les fibres intérieures de leurs longues feuilles ; par exemple , l'agavé, le phormion. Toutes les autres en ont deux , par exemple , le chanvre , le til- leul, etc., et sont nommées *dicotylédones.* Celles qui produisent de la filasse l'ont dans leur écorce.

COULADOUX. Cordages qui tiennent lieu , sur les ga- lères, des rides de haubans.

COURIR AU PLUS PRÈS. C'est aller autant qu'il est pos- sible contre le vent. Ainsi , si le vent est nord , on peut aller ouest-nord-ouest, ou , en changeant de bord , à l'est-nord-est.

COURTIES, COURTIL , CURTI. Nom d'une chenevière dans de certains pays.

CRÉNELÉE (feuille), dont les bords sont garnis de dents larges et arrondies.

CROISILLE. Pièce de bois taillée en portion de cercle , qui est sur le rouet des fileurs, et qui porte les mollettes. Voy. fig. 20.

CRUSTACÉ. Classe d'animaux articulés , recouverts d'un test pierreux qui rougit en cuisant ; par exemple , le crabe , l'écrevisse. Voy. Chevrette.

CURLES. Voyez Molettes , et fig. 21.

D.

DÉMATER. Abattre les mâts , amener les mâts. On se sert ordinairement du terme *démâter,* quand on perd ses mâts par la force du vent , ou par le canon de l'en- nemi ; et on dit *abattre* ou *amener les mâts* , quand on le fait volontairement et par des manœuvres.

DEMI-FLEURON. Très petite fleur irrégulière dont le tube se prolonge en languette d'un côté. Elle se trouve sur le réceptacle des fleurs composées. Voyez ce mot.

DENTÉE (feuille), dont les bords sont garnis de dents plus ou moins larges.

DÉRAPER. Se dit des ancres, lorsque la patte ayant quitté le fond, ne retient plus le vaisseau.

DÉRIVE. Se dit du biaisement du cours d'un vaisseau qui ne porte pas à route, et qui le fait aller par un autre rumb de vent que celui par lequel il doit aller.

DÉSARMEMENT. Se dit d'un ou de plusieurs vaisseaux de guerre ou marchands, qu'on désarme. On dit : *le vaisseau ou la flotte a désarmé à tel port.*

DICOTYLÉDONE (plante). Voy. Cotylédon.

DIOECIE. Classe de plantes qui ont des individus mâles, et d'autres individus femelles. Par exemple, le chanvre.

DIOIQUE (plante). Celle dont les fleurs mâles sont portées par des individus, et les fleurs femelles par d'autres individus.

DRISSE. Corde qui sert à hisser la vergue ou la voile le long du mât, ou un pavillon le long de son bâton.

E.

EAU. Faire eau, avoir une voie d'eau : c'est avoir, au-dessous de la ligne de flottaison, une ouverture par laquelle l'eau entre dans le vaisseau. Un coup de canon dans la carène, une cheville oubliée, etc., produisent une voie d'eau.

ÉCORCE. Enveloppe qui environne les racines, le tronc ou la tige, les branches et les rameaux des plantes dicotylédones.

ÉCOUET. Grosse corde que l'on amarre au point d'en bas de la grande voile ou de la voile de misaine, et qui sert à les rappeler en sens contraire de l'écoute pour orienter la voile. Il y a quatre écouets, deux pour la grande voile et deux pour la misaine.

ÉCOUTE. Cordage qui va passer dans une poulie attachée au point ou à l'angle d'en bas des voiles, et qui sert à les tenir dans une situation qui leur fasse recevoir le vent.

ÉCUBIERS, ŒILS. Trous ronds que l'on fait aux deux côtés de l'avant d'un vaisseau, à bâbord et à tribord de l'étrave, pour passer les cables quand on veut mouiller.

ÉGRUGEOIR. Instrument qui ressemble à un banc qui n'a que deux pieds à un de ses bouts, et qui est garni à cette extrémité d'une rangée de dents semblables à celles d'un rateau; l'autre bout qui porte sur la terre est chargé de pierres. En peignant l'extrémité du chanvre femelle avec les dents de l'égrugeoir, on fait tomber le chenevis avec ses enveloppes.

ÉGUILLETTES. Menues cordes terminées en pointe, servant à divers usages.

EMBRASSANTE (feuille), qui embrasse la tige.

EMBRYON. On donne ce nom au germe de la plante, qui se développe lors de la germination.

ÉMÉRILLON. Crochet de fer qui est disposé de telle manière dans son manche, qu'il peut tourner avec beaucoup de facilité. Voy. fig. 31.

ENGAINANTE (feuille) dont la base ou le pétiole élargi embrasse entièrement la tige; par exemple, le blé et la plupart des autres graminées.

ENSIFORME (feuille), longue, étroite comme une épée.

ENTIÈRE (feuille) dont les bords sont unis et n'ont ni fentes, ni crénelures, ni dents.

ÉPARSES (feuilles) placées sans ordre le long des tiges et des rameaux.

ÉPIDERME. Pellicule très mince, sèche et transparente, qui recouvre l'écorce des végétaux.

ÉPISSER un fil ou une corde. C'est l'assembler avec un autre, en entrelaçant tellement les filamens, les fils ou les torons, les uns avec les autres, qu'ils restent unis sans qu'on soit obligé de faire de nœud.

ÉPISSOIR, c'est un instrument de fer, ou de corne, ou d'un bois très dur, tel que buis, gaïac ou sorbier, pointu par un bout, servant à défaire des nœuds, à détortiler les torons d'un cordage, etc.

ÉPISSURE. Assemblage de deux fils ou de deux cordes, par le tortillement, sans faire de nœuds.

ESPADE ou ESPADON. Espèce de sabre de bois à deux tranchans, qui sert à affiner le chanvre. Voy. fig. 11.

ESPADEURS. Ouvriers qui affinent le chanvre en le frappant avec le tranchant d'une espade, sur le bout d'une planche posée verticalement.

ÉTAGUE. Voy. Itague.

ÉTAI. Gros cordage ou grelin qui embrasse par un bout la tête d'un mât, et qui, par l'autre, est estropé à une moque ou caps de mouton. Il sert à affermir les mâts du côté de l'avant. On dit : *le grand étai, l'étai de misaine, d'artimon,* etc.

ÉTAMINE. Petit *filet* surmonté d'une sorte de sac ou *anthère,* pleine de poussière jaune nommée *pollen.* Les étamines sont ordinairement placées au centre de la fleur, autour de l'*ovaire.* Ce sont les organes mâles de la plante, et c'est le pollen qui opère la *fécondation* de l'*ovaire* en s'épanchant sur le *pistil.* Voy. ces mots.

ÉTENDARD ou PAVILLON. C'est le pétale supérieur des fleurs papillonnacées.

ÉTOUPE. On nomme ainsi les filamens du chanvre les plus courts et les plus grossiers. On distingue les étoupes en grosses et fines ; les premières ne sont guère bonnes qu'à calfater ; les secondes peuvent être filées pour faire des toiles grossières.

ÉTOUPE NOIRE. On appelle ainsi les vieux cordages écharpis qui servent à calfater les vaisseaux.

ÉTOUPIÈRES. Femmes qui charpissent les vieux cordages.

ÉTRIPER. Un cordage s'étripe ou est étripé quand ses filamens s'échappent de tous côtés.

ÉTUVE de corderie. Lieu muni de fourneaux et de chaudières, où l'on goudronne les cordages et les fils.

EXOTIQUE (plante), qui est étrangère à la France ou à l'Europe.

F.

FAMILLE des plantes. Groupe de végétaux que des rapports ou caractères communs font réunir dans un même ordre.

FAUX-ÉTAI. Manœuvre qui sert à renforcer le grand étai, et qui servirait à sa place s'il était coupé par un coup de canon. On appelle aussi *faux-étai* une manœuvre qu'on met sous les étais pour soutenir les voiles d'étai.

FER de corderie. Instrument fait avec une bande de fer plate, solidement attachée à un poteau, et sur le tranchant de laquelle on frotte le chanvre pour l'affiner. Voy. fig. 14.

FÉCONDATION, acte par lequel l'ovaire d'une fleur est fécondé, et devient propre à produire des graines fertiles, au moyen du pollen qui est porté sur le stigmate du pistil.

FEUILLES SÉMINALES, synonyme de cotylédons. Voy. ce mot.

FILET, FILAMENT, nom de l'étamine, quand on n'y comprend pas l'anthère.

FILERIE. Endroit où l'on file le chanvre pour en faire des cordes.

FILOUSE. Voyez Quenouille.

FLEURS MALES. Celles qui n'ont que des étamines et pas de pistils.

FLEURS FEMELLES. Celles qui n'ont que des pistils et pas d'étamines.

FLEURS HERMAPHRODITES. Celles qui ont des étamines et des pistils.

FOLIOLES. Petites feuilles dont la réunion forme les feuilles composées.

FOLIOLES CALICINALES, ou SÉPALES. Petites feuilles

composant le calice d'une fleur. Elles sont presque toujours vertes, ce qui les distingue très bien des pétales.

Fourrer une manœuvre; la garnir de toile ou de petites cordes pour l'empêcher de s'user. On fourre avec du bitord, du luzin, etc.

Franc funin. Cordage fait de premier brin et avec tout le soin possible. Les francs funins servent pour embarquer les canons, pour les carènes, pour tirer les vaisseaux à terre, et généralement pour toutes les manœuvres du port où il faut beaucoup de force.

Frottoir. Planche dont la superficie est tellement travaillée qu'elle semble couverte de pointes de diamant. Il y a au milieu un trou dans lequel on passe les poignées du chanvre; en le frottant sur la superficie raboteuse, il s'affine. Voy. fig. 15.

Fusiforme (racine) alongée, un peu renflée au milieu, comme un fuseau.

G.

Gabien. Voyez Toupin.

Galaubans. Longs cordages qui prennent du haut des mâts de hune et des mâts de perroquet, qui descendent jusque sur les deux côtés du vaisseau pour affermir les mâts de hune, qui en ont ordinairement chacun trois, sans compter le galauban volant.

Garant. Cordage qui passe par les poulies ou qui sert à quelque amarrage. On dit : *garant de palan*, ou *tenir en garrant*.

Garcettes. Tresses faites de fil de caret de vieux cordages. Elles servent à divers usages.

Garniture d'un vaisseau. Tous les cordages qui sont nécessaires pour mettre le vaisseau en état.

Garochoir ou corde de **main-torse**. Ce cordage diffère des autres en ce qu'on en tord les torons dans le même sens que les fils.

GÉRANIERS (famille des) groupe de plantes dont les caractères communs sont : calice à cinq folioles ; autant de pétales ; cinq à dix étamines libres ou monadelphes; ovaire simple ; un style ; cinq stigmates ; fruits à cinq loges , ou cinq capsules ; feuilles stipulées.

GERME ou ovaire. Voyez ce dernier mot.

GLADRE, sans poils.

GLAUQUE (feuille), de couleur vert de mer.

GOUDRON. Espèce de résine gluante et aromatique qui découle des pins et sapins , et dont on enduit les cordages. Elle est noire quand elle est cuite , mais il faut prendre garde de la laisser brûler.

GRAPPE (fleurs en), quand elles sont attachées à des pédoncules rameux et placés autour d'un axe commun.

GRÉER. Garnir un vaisseau de toutes ses manœuvres et apparaux.

GRELIN. Cordage composé de cordons ou d'aussières commises ensemble ; ainsi les grelins sont commis deux fois. Les cables ne sont rien autre chose que de gros grelins.

GUINDERESSE. Cordage qui sert à guinder et à amener les mâts de hune.

GUMÈNES OU GUMMES. Cables dont on se sert dans les galères pour retenir les grapins.

H.

HALER le chanvre. Le dessécher pour le disposer à être broyé.

HALOIR. Lieu où l'on dessèche le chanvre par le moyen du feu , pour le disposer à être broyé. Voyez fig. 4.

HAMPE. Tige partant de la racine et dépouillée de feuilles dans toute sa longueur. Par exemple , la tige d'une tulipe.

HASTÉE (feuille), ayant la forme d'un fer de hallebarde. Par exemple l'oseille.

HAUBANS, HAUTBANS OU AUDANS. Gros cordages avec lesquels on soutient les mâts d'un vaisseau à babord et à tribord par derrière. Ils saisissent les mâts par en haut à l'endroit des barres de hune, et par en bas ils sont estropés sur les caps de mouton.

HAUSSIÈRE. Voyez Aussière.

HÉLICE. Ligne tracée en forme de vis autour d'un cylindre, et qui est toujours également distante de son axe. Cette ligne diffère de la spirale en ce que celle-ci est décrite en forme de vis autour d'un cône, et qu'elle s'approche continuellement de son axe. Les pas de vis décrivent des hélices.

HÉLINGUES. Bout de grosse corde qui est retenu par une de ses extréminés à celles des manivelles du chantier par le moyen d'une clavette, et de l'autre à l'extrémité des torons qu'on veut tordre ou commettre.

HERMAPHRODITE (fleur), qui a des étamines et des pistils. Voyez Fleurs.

HOUE OU NARE. Outil de pionnier ou de vigneron, recourbé, dont le tranchant est large par le bout, et qui sert à remuer et labourer la terre.

HOURCE. Corde amarrée à la vergue d'artimon, au lieu de bras.

I.

INDIGÈNE (plante), qui est du pays. Par opposition à *exotique* ou étrangère.

INERME. Sans épines ou sans aiguillons.

INFUNDIBULIFORME (corolle), ayant la forme d'un entonnoir.

ITAGUE OU ÉTAGUE. Cordage qui transmet l'effort d'un palan et qui, assez souvent, passe dans une poulie de renvoi. La grande itague est amarrée par le bout d'en haut au milieu de la grande vergue, et par l'autre bout à la drisse.

L.

Lancéolée (feuille), en forme de fer de lance. Alongée, se rétrécissant en pointe au deux extrémités.

Légume ou gousse. Fruit des plantes de la famille des légumineuses, par exemple le genêt, l'acacia. Capsule longue, membraneuse, s'ouvrant en deux valves, et renfermant les graines.

Légumineuses (famille des), groupes de plantes dont voici les caractères communs. Calice divisé; corolle le plus souvent papillonnacée; étamines ordinairement au nombre de dix; ovaire supère, un style à un stigmate; fruit le plus souvent légumineux; feuilles stipulées.

Liens ou liasse d'étoupe. Quantité d'étoupe torse, pour pouvoir lier ou retenir des ballots, des cordages roués, etc.

Lieures de beaupré. Plusieurs évolutions de cordages, qui servent à assujettir le beaupré avec l'éperon.

Lignes. Petits cordages qui servent à différens usages dans un vaisseau. Il y a des lignes de sonde pour connaître la profondeur de l'eau dans un lieu où l'on veut mouiller. Les lignes d'amarre sont de petites cordes goudronnés qui servent à amarrer d'autres cordes. Les lignes de loc servent à mesurer la vitesse d'un vaisseau. Les lignes à tambour servent à serrer la peau des caisses; etc.

Linéaire (feuille), longue, étroite, à bords parallèles entre eux, terminée en pointe.

Livarde. Corde d'étoupe autour de laquelle ou tortille le fil pour lui faire perdre le tortillement qu'il peut avoir de trop et le rendre plus uni. Voyez fig. 30.

Lobes séminaux. Synonyme de cotylédons. Voyez ce mot.

Longis. Fils de caret simplement étendus, ou faisceaux de fil qui ne sont pas tortillés.

LUSIN. Petit cordage dont on se sert pour lier les enfléchières et le bout des petits cordages.

M.

MAINS OU VRILLES. Filets simples ou rameux au moyen desquels de certains végétaux s'accrochent aux corps environnans.

MANOEUVRES. Tous les cordages qui servent pour le gréement des vaisseaux. On distingue des manœuvres dormantes et des manœuvre courantes. Les manœuvres dormantes sont retenues par les deux extrémités et restent toujours dans la même situation ; les autres roulent dans les poulies, etc.

MANUELLE. Instrument ressemblant à un fouet, composé d'un morceau de bois au bout duquel il y a un trou pour passer une corde qui y est arrêtée par son extrémité, au moyen d'un nœud. Il y a encore des manuelles auxquelles la corde est attachée au milieu, et celles-là s'appellent doubles. On s'en sert pour donner le tortillement en tournant la corde autour de la pièce qu'on commet. Voy. fig. 50 et 51.

MARE. Voy. Houe.

MARGINÉE (feuille), bordée d'une autre couleur que le limbe.

MASSON. Voy. Toupin.

MATEREAU OU MASTEREAU. Diminutif de mât ; petit mât.

MÈCHE OU AME d'une corde. C'est un toron que l'on met dans l'axe des cordes qui ont plus de trois torons, et autour duquel les autres se roulent. On dit qu'un fil a une mèche quand il y a au centre des brins de chanvre qui ne sont presque point tortillés, et autour desquels les autres se roulent. C'est un défaut considérable.

MERLIN. Petit cordage qui sert à faire des rabans, à amarrer de petites poulies, et à lier le bout des gros cordages.

Meule ou Meulon. Tas de chanvre brut.

Molette. Petit rouleau de bois creusé en forme de poulie, dans le milieu, où répond la corde à boyau, et traversé par une broche de fer qui se termine en crochet par un de ses bouts. C'est à ce crochet que les fileurs attachent leur chanvre, qui se tord quand la molette vient à tourner. Voy. fig. 17 et 21.

Monocotylédone (plante), dont les graines ne développent qu'un cotylédon en germant.

Monosperme. Qui ne renferme qu'une seule semence.

Monoïque (plante). Celle qui a des fleurs mâles et des fleurs femelles, mais sur le même pied quoique sur des rameaux différens.

Monoloculaire (fruit). Qui n'a qu'une loge.

Monopétale (corolle). Qui n'a qu'un pétale enveloppant les organes de la fécondation. Par exemple, la campanule, le liseron.

Moucher un cordage. Couper une certaine longueur des bouts pour retrancher ce qui est mal commis, ou ce qui se serait décommis par le service. On dit aussi *moucher du chanvre*, ou rompre sur les dents du peigne les pattes ou l'écorce des racines qui se trouvent au gros bout de la filasse.

Mucronée (feuille), terminée par une pointe aiguë et courte.

N.

Naturaliser une plante. Se dit d'une plante étrangère qui, ayant une constitution physiologique qui lui permet de vivre dans nos climats, s'y répand par le moyen de la culture, ou s'y multiplie elle-même spontanément. Les plantes se naturalisent, mais, quoiqu'en disent la plupart des agronomes, elles ne s'acclimatent pas. Le phormion est aujourd'hui naturalisé dans le midi de la France.

Naiser. Synonyme de rouir. Voyez ce dernier mot.

Naisoir. Voy. Routoir.

O.

Oeils. Voy. Écubiers.

Oeilletons. Rejetons que poussent certaines racines, par exemple celles du phormion, et qui servent à multiplier la plante.

Ombelle (fleurs en). Disposées en parasol et tous les pédoncules se réunissant à un même point, autour de la tige.

Onglet. Partie inférieure du pétale, presque toujours rétrécie ou alongée et d'une couleur plus pâle ou différente.

Orin. Grosse corde attachée par un bout à la croisée de l'ancre, et par l'autre à la bouée qui marque l'endroit où est l'ancre. L'orin sert aussi en plusieurs cas à lever l'ancre, au lieu de la lever avec le cable.

Ourdir. Étendre les fils qui doivent composer une corde, et les disposer comme il convient pour faire les torons.

Ovaire ou Germe. Partie inférieure et souvent renflée du pistil, dans laquelle sont contenus les rudimens des semences.

P.

Palan. Assemblage d'une corde, d'une moufle à deux rouets et d'une poulie simple qui lui est opposée. On s'en sert pour élever quelque fardeau. Il y a des palans où chaque moufle est à deux rouets.

Palombes. Voy. Hélingues.

Panicule (fleurs en), en épi lâche, flexible et ramifié.

Papillonnacées (fleurs). On nomme ainsi les fleurs des pois, haricots, genêts, etc., parce qu'on a cru leur trouver de la ressemblance avec un papillon. Elles se composent de cinq pétales : un supérieur, nommé étendard ; deux latéraux appelés *ailes ;* et deux inférieurs, souvent soudés dans leur longueur, qui forment la *carène*.

Pattes de bouline. Cordages qui partent de la bouline et qui vont s'attacher à différens endroits de la ralingue qui borde le côté vertical de la voile, pour, de concert avec la bouline, orienter le bord de la voile qui est du côté du vent quand on court au plus près.

Pattes du chanvre. L'écorce qui recouvrait les racines et qu'il faut retrancher.

Paumelle. Lisière de drap que le cordier a dans sa main, et dans laquelle il tient le fil pour arrêter le tortillement que la roue imprime, jusqu'à ce qu'il ait bien disposé le chanvre qu'il file. Elle empêche que la main du fileur soit coupée par le fil.

Pédoncule. Petit pied qui porte la fleur. Le pédoncule se ramifie quelquefois en *pédicelles*.

Peigne ou **Séran.** Planche chargée de plusieurs rangs de broches de fer, qui forment des dents sur lesquelles on passe la filasse pour la démêler et l'affiner. Voy. fig. 13.

Peigneurs. Ouvriers qui affinent le chanvre en le passant sur les peignes.

Peignon ou **Ceinture.** Paquet de chanvre affiné et suffisamment gros pour faire un fil de la longueur de la filerie, et que les fileurs prennent autour d'eux, ou qu'ils attachent à une quenouille.

Pentandrie-Pentagynie. Ordre de plantes composé de celles qui ont cinq étamines et cinq pistils dans chaque fleur.

Périgone. Quelques botanistes donnent ce nom

à l'enveloppe florale quand elle est colorée et non accompagnée d'un calice, par exemple, le lis, la tulipe.

PERSISTANT (calice). Celui qui, au lieu de tomber après la florairon, persiste et, quelquefois, prend de l'accroissement.

PÉTALE (ce mot est masculin). On nomme ainsi les petites feuilles colorées qui entourent immédiatement les organes de la fécondation, et qui par leur réunion, forment la *corolle*.

PÉTIOLE. On nomme ainsi le petit pied ou queue qui porte la feuille.

PÉTIOLÉE (feuille), qui a un pétiole ; par opposition à *feuille sessile*, qui manque de pétiole.

PISTIL. Organe femelle d'une fleur, placé au centre de la corolle, et composé de l'*ovaire*, partie inférieure ordinairement renflée ; du *style*, ou filet placé sur l'ovaire ; et du *stigmate*, partie un peu renflée, au moins pour l'ordinaire, couronnant le *style*.

PITTE. Nom que l'on donne en Amérique à l'agavé qui fournit de la filasse ou plutôt des fibres dont on fait des cordes.

POLLEN. Poussière jaune contenue dans les anthères des étamines, et renfermant la liqueur fécondante qui s'introduit dans le stigmate, lors de la fécondation.

POLYPÉTALE. Se dit d'une corolle composée de plusieurs pétales.

POULAINE. Ce mot est ordinairement synonyme d'éperon. C'est la partie qui termine l'avant des vaisseaux ou leur proue, par une espèce de triangle qui est formé par l'assemblage de plusieurs pièces de bois circulaires qui se réunissent à la figure.

PRODE. Manœuvre de galère qui tient lieu et fait l'office des garans de palan sur les vaisseaux.

PUBESCENT. Se dit d'une partie de la plante couverte de duvet ; pétale pubescent, feuilles pubescentes, etc.

Q.

QUARENTENIER OU CARENTENIER. Menu cordage formé de six, neuf, et jusqu'à dix-huit fils, qui sert à quantité d'usages pour la garniture des vaisseaux.

QUENOUILLE OU FILOUSE. Perche de sept à huit pieds au bout de laquelle les fileurs attachent une queue de chanvre, et l'ajustent sur leur côté, à peu près comme les femmes font leur quenouille.

QUEUES DE RAT. Cordages qui sont plus gros par le bout où ils sont attachés, et qui diminuent depuis les deux tiers jusqu'à l'autre bout qui se trouve dans la main des matelots.

QUEUE DE CHANVRE. Paquet de filasse brute dont les brins sont arrangés de façon que toutes les pattes, ou l'écorce des racines sont du même côté.

R.

RABANS. Petites cordes faites avec du merlin. Elles ont ordinairement deux brasses de longueur, et quelquefois elles sont plus longues. On les compose depuis six fils jusqu'à trente ; on s'en sert à garnir les voiles pour les ferler, à plusieurs amarrages, et à renforcer des manœuvres.

RADICALE (feuille) qui sort directement de la racine et non d'une tige.

RADICULE. Rudiment de la racine au moment où il commence à se développer lors de la germination.

RALINGUES. Cordes cousues en ourlet tout autour des voiles pour en renforcer les bords.

RAMEAU. Petite branche qui est une division des grandes.

RATELIER. Espèce de rateau. Il y en a de plusieurs

sortes. Les uns sont attachés à une pièce de bois qui tient au plancher ; d'autres sont sur des piquets qui sont plantés en terre ; d'autres enfin sont scellés dans des murs. Tous servent à soutenir le fil quand on en a filé une certaine longueur. Voy. fig. 24 et 25.

RAYONS. On nomme ainsi les fleurons à languette qui sont placés à la circonférence des fleurs radiées. Par exemple, la marguerite.

RÉCEPTACLE. Partie sur laquelle sont posées les petites fleurs ou fleurons des fleurs composées.

RÉNIFORME (feuille), en forme de rein.

RETORSOIR. Voy. Rouet.

RIDE. Corde servant à raidir une corde plus grosse. La ride de haubans passe dans les caps de mouton et sert à raidir les haubans.

ROUER un cordage. Le plier en rond.

ROUET, TOUR ou RETORSOIR. Machine propre à tordre le chanvre pour le filer, ou les fils pour les commettre. Il consiste en une roue qui fait mouvoir plusieurs molettes. Il y a des rouets de fer et des rouets de bois qui diffèrent les uns des autres par la grandeur, et par la manière dont les pièces sont ajustées. Voy. fig. 16, 22, et 23.

ROUIR ou NAISER. Mettre le chanvre dans l'eau ou dans la terre pour lui faire obtenir un certain degré de décomposition qui détache les fibres de l'écorce de la tige, et rend cette dernière susceptible d'être teillée.

ROUTOIR ou NAISOIR. Fosse remplie d'eau, dans laquelle on met rouir le chanvre.

S.

SÉRAN. Synonyme de peigne. Voy. ce mot.

SESSILE (feuille), qui manque de pétiole.

SPATULÉE (feuille), longue, étroite, s'élargissant tout-à-coup au sommet comme une spatule.

STIGMATE. Partie constamment humide, quelquefois renflée, qui termine le style ou l'ovaire.

STIPULES. Très petites feuilles, de formes et de consistance variables, placées à la base des autres feuilles.

STYLE. Partie du pistil placée entre l'ovaire et le stigmate. Il n'existe pas quand le stigmate est sessile, c'est-à-dire posé immédiatement sur l'ovaire.

T.

TEXTILE (plante), qui est propre à donner de la filasse par l'opération du teillage. Par extension on donne ce nom à toutes les plantes dont on en tire.

TIGE. Les botanistes reconnaissent plusieurs genres de tiges, savoir : 1° Le *tronc* des arbres dicotylédons, tels que le chêne, le poirier, etc. Le *chaume*, propre aux graminées; il est ordinairement articulé et fistuleux. Le *stipe* ou tige des palmiers, cylindrique, non divisé, plus mince à la base qu'au sommet. La *hampe* des plantes liliacées, naissant immédiatement du collet des racines, et dépourvue de feuilles dans toute sa longueur. Enfin on donne le nom général de *tige* à toutes celles qui ne se rapportent à aucune de celles que nous venons de mentionner, comme par exemple, la *tige du chanvre*.

TILLER ou TEILLER. Débarrasser la tige de chanvre de sa filasse, en la rompant brin à brin dans les mains. Les fragmens de tige une fois dépouillés prennent le nom de *chenevotte*.

TOMENTEUX. Se dit des feuilles, tiges, etc., lorsqu'elles sont chargées de poils fins, serrés, entrelacés, d'un aspect cotonneux et souvent blanchâtre.

TORCHONS. Bouchons d'étoupe dont on se sert dans les ports pour essuyer, principalement dans les étuves pour emporter le goudron superflu.

TORON ou TOURON. Assemblage en faisceau de plusieurs fils tournés ensemble, dont on compose les aussières ou les cordages simples. On fait des aussières à trois et quatre torons.

TOUPIN, COCHOIR, CABRE, MASSON, CABIEU. Chacun de ces noms est employé dans diverses corderies, pour désigner un instrument consistant en un cône tronqué, le long duquel sont des rainures pour le mettre entre les fils ou torons qu'on veut commettre. Voy. fig. 39, et 47.

TOUR. Voy. Rouet.

TOURET. Tambour de bois qui est terminé, à chaque extrémité par deux planches assemblées en croix, et qui est traversé par un essieu de fer. Cet instrument sert à dévider le fil; ainsi, les tourets ne sont donc rien autre chose que de grosses bobines. Voy. fig. 26 et 27.

TOURNEVIRE. Gros cordage qui sert à retirer l'ancre du fond de l'eau. Le cable étant trop gros pour le tourner autour du cabestan, ce cordage forme une chaîne sans fin.

TRAINE. Voy. Carré.

TRAINEAU. Voy. Carré.

TRIFIDE (feuille, pétale) fendu en trois, assez profondément.

TUBE. Partie inférieure, cylindrique et plus ou moins alongée, d'un calice ou d'une corolle.

U.

UNIFLORE. Qui ne porte qu'une fleur.

UNILATÉRAL. Qui est placé d'un seul côté.

UNILOCULAIRE. Qui n'a qu'une seule loge.

URTICÉES (famille des) groupe de plantes ayant pour caractère commun : fleurs très variables dans leur forme et dans le nombre de leurs parties, se ressemblant seulement en ce qu'elles manquent de corolle ; fruit monosperme.

V

Valancines. Voy. Balancines.

Valves. Parties d'une capsule, qui, semblables à des portes ou des couvercles, s'ouvrent pour laisser échapper les graines lors de la maturité.

Verticille. Se dit d'un assemblage de feuilles ou de fleurs arrangées circulairement en anneau, autour de la tige ou d'un rameau.

Vivace. Opposé d'*annuelle* et de *bisannuelle*. Il se dit d'une plante qui, sans être un arbuste ou arbrisseau, dure néanmoins plusieurs années, soit que ses feuilles et ses tiges soient persistantes, soit qu'il n'y ait que ses racines qui ne meurent pas pendant l'hiver.

Volubile. Se dit d'une tige qui s'entortille en spirale autour des corps voisins.

FIN DU DICTIONNAIRE DES MOTS TECHNIQUES.

EXPLICATION DES FIGURES.

———

Nota. *Lorsque nous ne renvoyons pas à la page où il est traité d'une figure, c'est qu'on en trouvera l'explication dans le dictionnaire des mots techniques de cet ouvrage.*

———

Fig. 1. *a*, chanvre mâle : — *b*, chanvre femelle. *Voir* page 2.

2. Physiologie de l'écorce du chanvre. A, B, C, ses vaisseaux en spirale, formant les fibres qui composent la filasse. *p.* 54 et 149.

3. La broye, instrument servant à extraire la filasse du chanvre. *p.* 70.

4. Le hâloir, ou construction dans laquelle on dessèche le chanvre au moyen du feu. *p.* 72.

5. Molettes pour essayer la force du chanvre. *p.* 131.

6. Cylindre pour mesurer la force d'une corde. *p.* 134.

7. Romaine pour mesurer la force des cordages. *p.* 135.

8. Autre appareil pour le même usage. *p.* 137.

9. Chevalet simple pour l'espadage du chanvre. *p.* 146.

FIN.

TABLE DES MATIÈRES.

LIVRE PREMIER.

DES PLANTES TEXTILES.

CHAPITRE PREMIER.   Page   1

CHAPITRE II.

LIVRE II.

CHAPITRE PREMIER.

CHAPITRE II.

CHAPITRE III.

CHAPITRE IV.

CHAPITRE V.

CHAPITRE VI.

FIN DE LA TABLE DES MATIÈRES.

TOUL, IMPRIMERIE DE Vᵉ BASTIEN.

www.ingramcontent.com/pod-product-compliance
Lightning Source LLC
Chambersburg PA
CBHW070242200326
41518CB00010B/1656